绿水青山

生态文明建设与绿色发展新范式

——阿勒泰山水林田湖草系统建设实践

师庆三　程维明　海拉提·阿力地阿尔汗　等 / 编著

中国环境出版集团·北京

图书在版编目(CIP)数据

绿水青山生态文明建设与绿色发展新范式：阿勒泰山水林田湖草系统建设实践 / 师庆三，程维明，海拉提·阿力地阿尔汗等编著 .—北京：中国环境出版集团，2021.11

ISBN 978-7-5111-4763-9

Ⅰ. ①绿…　Ⅱ. ①师…　②程…　③海…　Ⅲ. ①生态环境建设—研究—中国　Ⅳ. ① X321.2

中国版本图书馆 CIP 数据核字（2021）第 122434 号

审图号：GS（2021）4413 号

出 版 人　武德凯
责任编辑　曲　婷
责任校对　任　丽
装帧设计　彭　杉

出版发行　中国环境出版集团
（100062 北京市东城区广渠门内大街 16 号）
网　　址：http://www.cesp.com.cn
电子邮箱：bjgl@cesp.com.cn
联系电话：010-67112765（编辑管理部）
010-67112736（第五分社）
发行热线：010-67125803，010-67113405（传真）

印　　刷　北京中科印刷有限公司
经　　销　各地新华书店
版　　次　2021 年 11 月第 1 版
印　　次　2021 年 11 月第 1 次印刷
开　　本　787 × 1092　1/16
印　　张　20.75
字　　数　436 千字
定　　价　120.00 元

《绿水青山生态文明建设与绿色发展新范式
——阿勒泰山水林田湖草系统建设实践》

编审委员会

马国龙（新疆额尔齐斯河流域山水林田湖草生态保护修复工程试点项目指挥部办公室）

塔玛夏·霍西哈尔拜（新疆额尔齐斯河流域山水林田湖草生态保护修复工程试点项目指挥部办公室）

姚腊红（新疆额尔齐斯河流域山水林田湖草生态保护修复工程试点项目指挥部办公室）

闫艺馨（新疆额尔齐斯河流域山水林田湖草生态保护修复工程试点项目指挥部办公室）

贾尔恒·阿哈提（新疆环境保护科学研究院院长　教授级高级工程师）

李永兵（阿勒泰地区水利水电勘测设计院院长　教授级高级工程师）

徐福军（阿尔泰山国有林管理局野生动植物保护处处长　高级工程师）

牛木沙（阿勒泰地区国土勘测设计院院长　高级工程师）

宋春霞（阿勒泰地区科学技术局副科级干部）

祝令波（阿勒泰地区财政局干部）

康卫军（阿勒泰地区审计局干部）

程维明（中国科学院地理科学与资源研究所研究员）

张惠远（中国环境科学研究院生态文明研究中心主任　研究员）

王随继（中国科学院地理科学与资源研究所副研究员）

卢文洲（生态环境部华南环境科学研究所正高级工程师）

郝海广（中国环境科学研究院生态文明研究中心副主任　副研究员）

程　艳（新疆环境保护科学研究院正高级工程师）

刘永萍（新疆林业科学院造林治沙所所长　研究员）

熊俊楠（西南石油大学教授）

侯钰荣（新疆畜牧科学院草业研究所副研究员）

张　哲（中国环境科学研究院生态文明研究中心高级工程师）

赵　星（阿勒泰地区水利水电勘测设计院高级工程师）

刘晓伟（生态环境部华南环境科学研究所高级工程师）

荣　楠（生态环境部华南环境科学研究所助理研究员）

王白雪（中国科学院地理科学与资源研究所博士研究生）

刘占奎（阿勒泰地区审计局干部）

《绿水青山生态文明建设与绿色发展新范式——阿勒泰山水林田湖草系统建设实践》

编写委员会

策划主编：师庆三（阿勒泰地区行署副秘书长　地区生态环境局党组书记　副教授）

科学主编：程维明（中国科学院地理科学与资源研究所研究员）

执行主编：海拉提·阿力地阿尔汗（新疆额尔齐斯河流域山水林田湖草生态保护修复工程试点项目指挥部科技专家办　自治区中青年科技骨干）

副 主 编：张惠远（中国环境科学研究院生态文明研究中心主任　研究员）
王随继（中国科学院地理科学与资源研究所副研究员）
卢文洲（生态环境部华南环境科学研究所正高级工程师）

成　　员：申建文（新疆额尔齐斯河流域山水林田湖草生态保护修复工程试点项目指挥部办公室）
郝海广（中国环境科学研究院生态文明研究中心副主任　副研究员）
刘永萍（新疆林业科学院造林治沙所所长　研究员）
贾尔恒·阿哈提（新疆环境保护科学研究院院长　教授级高级工程师）
熊俊楠（西南石油大学教授）
侯钰荣（新疆畜牧科学院草业研究所副研究员）
马国龙（新疆额尔齐斯河流域山水林田湖草生态保护修复工程试点项目指挥部办公室）
塔玛夏·霍西哈尔拜（新疆额尔齐斯河流域山水林田湖草生态保护修复工程试点项目指挥部办公室）
赵　星（阿勒泰地区水利水电勘测设计院高级工程师）
张　哲（中国环境科学研究院生态文明研究中心高级工程师）
刘晓伟（生态环境部华南环境科学研究所高级工程师）
荣　楠（生态环境部华南环境科学研究所助理研究员）
刘占奎（阿勒泰地区审计局干部）

姚腊红（新疆额尔齐斯河流域山水林田湖草生态保护修复工程试点项目指挥部办公室）
闫艺馨（新疆额尔齐斯河流域山水林田湖草生态保护修复工程试点项目指挥部办公室）
祝令波（阿勒泰地区财政局干部）
程　艳（新疆环境保护科学研究院正高级工程师）
马丽君（新疆虹联信息技术有限责任公司技术员）
王白雪（中国科学院地理科学与资源研究所博士研究生）
申元村（中国科学院地理科学与资源研究所研究员）
宋　杨（中国科学院地理科学与资源研究所工程师）
孙吉祥（中国科学院地理科学与资源研究所高级工程师）
曹彦荣（中国科学院地理科学与资源研究所高级工程师）
雒新萍（中国环境科学研究院生态文明中心助理研究员）
刘海燕（中国环境科学研究院生态文明中心助理研究员）
胡志刚（中国环境科学研究院生态文明中心助理研究员）
秦　岩（中国环境科学研究院生态文明中心助理研究员）

序

阿勒泰地区地处欧亚大陆腹地，坐落在新疆北部，与俄罗斯、哈萨克斯坦、蒙古国三国接壤，是“丝绸之路经济带”北通道，是中蒙俄经济走廊建设的重要节点；拥有4个国家级陆路口岸。该地区北部为阿尔泰山，西南部为萨吾尔山，南部为准噶尔盆地，全区地势呈西高东低，从北部的阿尔泰山脊线到南部丘陵平原层层下降，具有明显的阶梯状地形特点。境内地形特征复杂，地貌类型多样，生态系统齐全，涵盖了构成“山水林田湖草生命共同体”所有的生态要素，是典型的绿水青山生态文明建设与绿色发展新范式的研究试点之一。

独特的地形地貌条件造就了典型的生态环境基础，从古至今，留下了诸多记载和赞誉。从东汉的《后汉书》，到新旧唐书，到宋元史籍，再到清朝的记录和介绍，都证明了其典型性和独特性。如我国战国时期的地理著作《山海经》对阿尔泰山曾有过“平实雅正”的描述。特别是对与内地河流流向相反的河流，即发源于阿尔泰山的我国唯一的西向外流河额尔齐斯河和西向末端“潴为大泽”的乌伦古河都做了专门记述。《中国历史大辞典》“金山”条说，阿尔泰山北有叶尼塞河、南有额尔齐斯河等，都反映了人类对阿尔泰山自然地域的重视和崇敬。

中华人民共和国成立后，为摸清区域资源环境本底状况，新疆地区开展了一系列自然状况调查与研究工作，取得了诸多指导性和战略性成果。如1956—1959年，中国科学院新疆自然资源综合考察队首次对新疆进行了大规模的综合考察，出版了相关专著和报告，并附有一幅1∶250万地貌图，为全面、系统地了解新疆境内自然环境等特征奠定了坚实基础；1970年出版的《中国沙漠分布图（1∶200

万)》和《中华人民共和国沙漠图(1∶400万)》，首次解释了新疆地区(包括阿勒泰地区)荒漠(沙漠)的分布及沙丘运动方向和移动强度的规律；1980年新疆荒地资源综合考察队完成了《阿勒泰地区土地类型图(1∶50万)》，完整地展示了阿勒泰地区不同地貌类型及植被、土壤分布状况；1984—1988年，中国科学院新疆地理研究所根据1∶50万MSS遥感影像和其他参考资料编制了1∶100万新疆地貌草图，并于1994年由袁方策、毛德华和杨发相等编著出版了《新疆地貌概论》，首次对新疆境内不同地貌类型、特征结构等进行了详细描述；2018年，由程维明、包安明、柴慧霞等编著出版的《新疆地貌格局及其效应》，利用中国数字地貌类型、遥感影像等多源数据，对新疆不同地貌特征、格局分布下湖泊面积增长状况、典型冰川变化特征、水资源分布与耕地资源变化进行了分析和评价。

近年来，随着遥感与地理信息系统(GIS)等技术的快速发展，对自然状况、生态环境等的研究呈现出定性描述转向更加定量化、数字化、精细化的发展趋势，同时更加关注由于自然资源开发与利用带来的生态环境问题，由此，生态文明建设、生态环境保护和国民经济发展之间的关系更成为研究的热点。正是基于此背景，该书集生态文明建设的理论和实践于一体，从生态系统与生态文明建设的理论体系出发，系统剖析了“山水林田湖草生命共同体”的科学内涵及其与生态文明建设相关的理论体系和方法论，并对生态修复的原理方法和问题导向及构架等方面进行了详细描述；在此基础上，基于阿勒泰地区生态环境实际情况，地区生态修复的任务和目标，从生态修复的必要性、实施路径和系统修复的工程布局、综合治理及示范，以及支撑体系建设等方面，全面系统地展示了阿勒泰地区生态修复的实践活动和取得的突出成效。

该书以“绿水青山就是金山银山”为理论基础，以“山水林田湖草生命共同体”为指引，围绕构建我国西北边疆生态安全屏障、确保北疆“水塔”生态安全、打造“丝绸之路经济带”生态文明示范区、形成西北干旱地区生命共同体保护修复样板等战略定位，突出以“山水林田湖草”为核心的流域生命共同体维护和功能提升，综合采取护山育林、治污复被、整河还湖、控漠补生、减负增力等措施，统筹部署系统推进山水林田湖草生态保护修复工程，提升区域生态安全，确保“青山不老、银水长流、草原昌盛、绿洲常在、边疆永固”。

通过对阿勒泰地区实施生态修复试点工程，将实现“两河一湖”生态健康水平显著提升、阿尔泰山生态服务功能明显提高、农牧民生态福祉大幅增强、人类活动生态风险明显降低、丝路通道生态安全得到有效保证、生态文明建设水平达到全疆领先水平等目标。这些工程将为维护好阿尔泰山地森林草原国家重点生态功能区和额尔齐斯河生态安全、保护好“丝绸之路经济带”核心区绿色屏障、确保边疆地区社会稳定和长治久安提供重要支撑。同时，这些工程将努力探索形成西北干旱地区山水林田湖草生态保护修复的典型模式，为我国西北干旱地区和“一带一路”沿线提供示范，为建立负责任的生态大国形象及支撑北冰洋权益提供有力保障。

该书是生态脆弱地区生态修复和生态文明建设的首部系统性论著，对提升阿勒泰地区的绿水青山保护和绿色可持续发展等理论水平具有重要的指导作用，对其他区域的山水林田湖草生命共同体维持等也具有重要的参考意义，同时，也推动了科研成果与实用技术的转化应用，为其他区域开展生态保护修复提供借鉴。此外，它的出版可为生态、林业、农业、环境保护、水土保持、水文、地貌等方面的科学研究和工程技术人员以及大专院校师生提供重要的参考。

中国工程院院士

2021 年 5 月 7 日

前言

我国幅员辽阔，地理环境复杂，生态系统多样，但近年来由于国土资源利用混乱，资源环境问题严重，山水林田湖草格局遭到破坏，生态退化严重。统筹山水林田湖草系统治理是党的十九大提出的目标任务，也是新时代农村经济健康可持续发展的必然要求。山水林田湖草系统是农业生产活动的重要场所，通过探索农业发展新路径，使农业生产步入良性发展轨道，逐步解决生产过程中对农业资源的过度消耗以及不利于生态环境保护等问题，有效推动山水林田湖草系统治理，切实落实“绿水青山就是金山银山”的理念。为了促进“山水林田湖草生命共同体”的生态建设，国家设立山水林田湖草生态保护修复工程（以下简称“山水工程”），明确了对山水林田湖草进行全面保护、整体修复、综合管理的工作思路。

习近平总书记多次指出新疆工作在党和国家工作全局中具有特殊重要的战略地位，他还指出新疆是我国西北重要的安全屏障，战略地位特殊、面临的问题特殊，做好新疆工作意义重大。阿勒泰地区地处新疆北部，位于欧亚大陆腹地，与俄罗斯、哈萨克斯坦、蒙古国三国接壤；是中国西北唯一与俄罗斯接壤的地区，是“丝绸之路经济带”北通道和新疆参与中蒙俄经济走廊建设的重要节点城市；拥有 4 个国家级陆路口岸；是新疆的相对丰水区，素有北疆“水塔”之称；是全国六大林区之一，同时被国务院确定为水源涵养型山地草原生态功能区。阿勒泰地区境内北部为阿尔泰山，西南部为萨吾尔山，南部为准噶尔盆地，地貌类型多样，生态系统复杂，涵盖了山水林田湖草系统所有的生态要素，是典型的“山水工程”试点之一。“山水工程”整合自然资源、优化配置、实施可持续发展，从生命共同体角度出发，因地制宜，综合治理，以达到加强土地利用、促进环境改善、强化污染治理等绿色发展目标，实现区域复合生态系统的协调发展。同时，也是维护生态安全和改善生态环境质量，全面落实党中央治疆方略，实现新疆社会稳定和长治久安总目标的重要内容。

本书基于伊犁哈萨克自治州阿勒泰地区科学技术局“阿勒泰山水林田湖草生命共同体机制机理与关键修复技术研究”“阿勒泰地区山水林田湖草方案效益评估”“新疆乌伦古湖水污染成因分析与污染防治对策研究”等项目，在梳理生态系统相关理论体系概念的基础上，对阿勒泰地区山水林田湖草生命共同体内在机制和山水林田湖草系统治理在阿勒泰地区的实践进行了深入研究和探索。全书共 10 章，前三章为理论研究部分，后七章为实践应用部分。第 1 章为绿水青山的生态系统与生态文明建设的理论体系，主要对绿水青山、生态文明建设、生态系统的定义进行解读，对生态系统整体性和协同性、复合生态系统理论、生态系统服务及其权衡协同理论、景观生态学、人与自然和谐共生等概念及问题进行描述和介绍；第 2 章为山水林田湖草生命共同体的科学内涵，主要从山水林田湖草生命共同体的科学内涵、生命共同体各要素属性及配置关系、生命共同体的资源禀赋、生命共同体各要素间的作用机制，以及人类活动与生命共同体互动机制、建立和实施科学高效的监管体制等方面进行阐述；第 3 章主要讲述了山水林田湖草生命共同体生态系统修复的原理和方法，分别从系统修复体现的生态学基本原理及规律，生态系统各要素间相互依存、相互制约的关系，生态系统耦合的机制机理，我国古代人与自然和谐统一思想的发展，开展生态系统修复的作用和意义，以及生态系统完整性评价六个方面进行介绍；第 4 章分析了阿勒泰地区山水林田湖草生命共同体现状与问题，主要从阿勒泰地区社会和自然状况、环境质量现状、生态修复的必要性、生态保护的工作基础、存在的问题和面临的形势等方面介绍了阿勒泰开展生态修复的必要性和基础工作；第 5 章分析了阿勒泰地区生态修复的意义和必要性、五方面的任务和六方面的目标等；第 6 章从总体思路、主要目标、实施路径等方面对系统修复总体思路与实施路径研究进行了介绍；第 7 章为系统修复工程总体布局与实施，包括生态系统空间格局、总体布局和生态保护修复分区方案；第 8 章为乌伦古河流域水环境综合治理实践，主要从乌伦古河流域生态系统现状和格局、乌伦古河流域水环境治理研究乌伦古河流域生态分区和生态修复总体布局、乌伦古河流域生态经济与生态产业布局模式、乌伦古河流域生态综合治理的建设方案五个方面进行详细介绍；第 9 章介绍了阿勒泰地区山水林田湖草系统保护修复工程与成效，包括修复工程、重点工程的修复成效等；第 10 章为山水林田湖草保护修复可持续管理等的总结和凝练，从生态保护修复成效评估技术、阿勒泰地区系统修复成效评估实践案例、系统修复制度支撑体系三方面阐述了系统修复支撑体系的制度、科技、资金和人才等。

全书由程维明负责统稿和定稿。前言和后记由程维明负责编写。第1章、第2章由师庆三、程维明、王随继、王白雪编写。第3章由卢文洲、荣楠、刘晓伟、海拉提·阿力地阿尔汗等编写。第4章由师庆三、张惠远、郝海广、张哲、秦岩等编写。第5章由海拉提·阿力地阿尔汗、郝海广、闫艺馨、胡志刚等编写。第6章由张哲、海拉提·阿力地阿尔汗、张强、闫艺馨、申建文、姚腊红、刘占奎等编写。第7章由师庆三、张惠远、张强、郝海广、张哲、雒新萍等编写。第8章由刘永萍、侯钰荣、卢文洲、赵星、马国龙、刘晓伟等编写。第9章由张惠远、郝海广、张哲、马国龙、刘海燕等编写。第10章由海拉提·阿力地阿尔汗、申建文、刘占奎、祝令波、姚腊红、马国龙等编写。

本书的顺利编写及出版得到众多老师、同事、学生和亲人们的大力支持。师庆三副秘书长、程维明研究员、张惠远研究员、王随继副研究员、海拉提·阿力地阿尔汗科技骨干等审阅了稿件，并提出了重要的修改建议；申建文主任、刘永萍研究员、熊俊楠教授、侯钰荣副研究员、郝海广副研究员、卢文洲正高级工程师、马国龙工程师、赵星高级工程师、张哲高级工程师、刘晓伟高级工程师、刘占奎、姚腊红、闫艺馨、马丽君技术员、王白雪博士、申元村研究员、宋杨工程师、孙吉祥高级工程师、曹彦荣高级工程师等参加了文字校对和图件编辑的相关工作。在此向他们表示深深的敬意和感谢。

本书在编写过程中，得到阿勒泰地委、行署和新疆额尔齐斯河流域山水林田湖草生态保护修复工程试点项目指挥部等有关部门领导的大力支持，并得到伊犁哈萨克自治州阿勒泰地区科学技术局“阿勒泰山水林田湖草生命共同体机制机理与关键修复技术研究”、“阿勒泰地区山水林田湖草方案效益评估”、“新疆乌伦古湖水污染成因分析与污染防治对策研究”等项目的资助，在此谨以谢忱。

由于作者能力所限，书中疏漏之处在所难免，恳请广大同行专家和读者批评指正。另外，作者承诺在本书中出现的一切学术问题，全部责任由作者自行承担。

编委会
2021年6月

目录

第 1 章　绿水青山的生态系统与生态文明建设的理论体系 …… 1
1.1　绿水青山及生态含义 …… 3
1.1.1　绿水青山 …… 3
1.1.2　绿水青山的组成要素 …… 5
1.1.3　绿水青山的生态含义 …… 6
1.2　生态文明建设 …… 7
1.2.1　生态文明建设的内涵与外延 …… 7
1.2.2　生态文明建设的理论体系 …… 9
1.3　绿水青山的生态系统及理论体系 …… 12
1.3.1　绿水青山的生态系统整体性和协同性 …… 13
1.3.2　绿水青山的复合生态系统理论 …… 15
1.3.3　绿水青山的生态系统服务及其权衡协同理论 …… 22
1.4　绿水青山与生态文明建设下的景观生态学发展 …… 25
1.4.1　景观生态学的概念 …… 26
1.4.2　景观生态学的研究对象和内容 …… 27
1.4.3　绿水青山与生态文明建设的景观生态学 …… 29
1.5　绿水青山与生态文明建设背景下的人与自然的和谐共生 …… 30
1.5.1　人与自然的关系演变 …… 31
1.5.2　人类对自然环境的影响 …… 32

1.5.3 自然环境对人类不合理行为的反馈 …… 33
1.5.4 人与自然的协调发展 …… 34
参考文献 …… 36
第2章 山水林田湖草生命共同体的科学内涵 …… 41
2.1 山水林田湖草生命共同体的科学内涵 …… 44
2.2 生命共同体各要素属性及配置关系 …… 45
2.2.1 各要素的属性及其特色系统 …… 45
2.2.2 要素配置关系 …… 47
2.3 生命共同体的资源禀赋 …… 48
2.4 生命共同体各要素间的作用机制 …… 50
2.4.1 山与水的相互作用机制 …… 50
2.4.2 水与林、草、田的相互作用机制 …… 51
2.5 人类活动与生命共同体互动机制 …… 52
2.5.1 人类主动式互动机制 …… 52
2.5.2 人类被动式互动机制 …… 54
2.6 建立和实施科学高效的监管体制 …… 54
2.7 结语 …… 55
参考文献 …… 56
第3章 山水林田湖草生命共同体的生态系统修复基本原理 …… 57
3.1 系统修复体现的生态学基本原理及规律 …… 59
3.1.1 干扰理论 …… 59
3.1.2 群落演替理论 …… 59
3.1.3 生态系统稳定性理论 …… 60
3.1.4 生态位理论 …… 60
3.2 生态系统各要素间相互依存、相互制约的关系 …… 60
3.3 生态系统耦合的机制机理 …… 61
3.4 我国古代人与自然和谐统一思想的发展 …… 61
3.4.1 人与自然和谐统一思想的发展历程 …… 61
3.4.2 阿勒泰地区各民族的生态环境保护意识 …… 62
3.5 开展生态系统修复的作用和意义 …… 63
3.5.1 生态修复是实现可持续发展的重要措施 …… 64
3.5.2 生态修复促进环境承载力恢复 …… 64

3.5.3 生态修复的生态价值 …… 64
3.6 生态系统完整性评价 …… 65
3.6.1 生态系统完整性内涵 …… 65
3.6.2 生态系统完整性评价方法 …… 66
参考文献 …… 68

第 4 章 阿勒泰地区山水林田湖草生命共同体现状与问题 …… 71

4.1 阿勒泰地区社会和自然概况 …… 73
4.1.1 地理位置与区位 …… 73
4.1.2 地貌与气候 …… 74
4.1.3 水文和水资源 …… 77
4.1.4 植被资源 …… 79
4.1.5 矿产资源和土壤类型 …… 81
4.1.6 生物资源 …… 81
4.1.7 旅游资源 …… 84
4.1.8 产业发展和土地利用现状 …… 84
4.2 阿勒泰地区生态系统空间格局 …… 86
4.2.1 空间分布特征 …… 86
4.2.2 生态系统构成 …… 87
4.3 阿勒泰地区环境质量现状 …… 89
4.3.1 水环境状况 …… 89
4.3.2 土壤环境质量状况 …… 91
4.3.3 生态环境质量状况 …… 91
4.3.4 城市空气质量状况 …… 93
4.4 阿勒泰地区生态环境现状 …… 93
4.5 目前国内生态系统修复存在的问题 …… 96
4.5.1 对山水林田湖草生命共同体理念理解不深 …… 96
4.5.2 生态系统修复相关制度亟待完善 …… 97
4.5.3 工程资金来源单一 …… 102
4.5.4 其他问题 …… 103
参考文献 …… 104

第 5 章 阿勒泰地区生态修复的意义、任务与目标 …… 109

5.1 阿勒泰地区生态修复的意义和必要性 …… 111

5.1.1 生态修复的重要意义 ······111
5.1.2 生态修复的必要性和重要性 ······112
5.2 阿勒泰地区生态保护与修复的目标 ······117
5.2.1 开展额河流域生态保护和环境治理，提升和保障水生态安全 ······117
5.2.2 推进可可托海矿区修复和绿色矿山建设，恢复和改善矿山生态环境 ······118
5.2.3 实施额河中下游河谷水生态调度工程，保护修复林草生态 ······118
5.2.4 抓好自然保护地建设，生物多样性保护与国际合作取得成效 ······119
5.2.5 打造“新疆最洁净的地方”，改善城乡人居环境质量状况 ······120
5.2.6 推进生态文明示范建设，完善生态环境保护与治理体制机制 ······121
第6章 阿勒泰地区山水林田湖草保护修复总体思路与技术路线 ······123
6.1 生态系统修复需要遵循的基本原则 ······125
6.1.1 生态修复的基本要求 ······125
6.1.2 生态修复的基本方略 ······125
6.1.3 生态修复的基本原则 ······128
6.2 阿勒泰地区生态修复的总体思路 ······129
6.2.1 把流域健康和功能提升作为区域生态保护修复的核心和关键 ······129
6.2.2 从生态系统整体性角度建立分区治理格局 ······130
6.2.3 以有限目标为导向进行分类分区施策 ······131
6.2.4 发挥体制机制引导作用，全力保障修复进展和成效 ······132
6.3 阿勒泰地区生态修复的技术路线 ······132
6.3.1 诊断识别流域内生态环境问题 ······132
6.3.2 建立区域山水林田湖草生命共同体分区治理格局 ······133
6.3.3 分区分类设定工程及实施目标 ······133
6.3.4 明确年度工程项目计划及成效 ······133
6.3.5 按一体化思路提出工程实施保障制度措施 ······133
6.4 阿勒泰地区生态修复关键技术 ······134
6.4.1 森林生态系统修复现状 ······136
6.4.2 森林生态系统修复关键技术 ······138
6.5 阿勒泰地区生态保护与修复成效评估技术 ······141
6.5.1 评估方式 ······141
6.5.2 评估原则 ······141
6.5.3 评估流程 ······142

6.5.4 评估指标体系 ……143
6.5.5 综合评估及应用 ……144
参考文献 ……145

第7章 阿勒泰地区山水林田湖草保护修复的布局与实施 ……147

7.1 阿勒泰地区生态修复工程总体布局 ……149
7.1.1 总体布局 ……149
7.1.2 分区思路 ……149
7.2 生态保护与修复分区方案 ……150
7.2.1 分区方案 ……151
7.2.2 分区特征与重点任务 ……151
7.3 阿勒泰地区关键生态过程分析 ……157
7.3.1 流域水土迁移过程分析 ……157
7.3.2 流域控制单元划分 ……159
7.3.3 鱼类产卵场及洄游路线判识 ……161
7.3.4 景观生态源汇过程与生态安全格局分析 ……161
7.4 阿勒泰地区重点生态修复区域识别 ……163
7.4.1 自然保护地 ……163
7.4.2 生态重要区 ……165
7.4.3 生态敏感区 ……167
参考文献 ……169

第8章 乌伦古河流域水环境综合治理实践 ……171

8.1 乌伦古河流域生态系统现状和格局 ……173
8.2 乌伦古河流域水环境治理研究 ……173
8.2.1 我国湖泊湿地水环境治理研究现状 ……173
8.2.2 乌伦古河流域生态环境现状 ……175
8.2.3 乌伦古河流域生态环境问题与成因分析 ……177
8.2.4 乌伦古河流域综合治理总体思路与设计 ……180
8.3 乌伦古河流域生态分区和生态修复总体布局 ……182
8.3.1 乌伦古河流域生态分区 ……182
8.3.2 乌伦古河流域生态修复总体布局 ……182
8.4 乌伦古河流域生态经济与生态产业布局模式 ……183
8.4.1 生态经济产业发展布局 ……183

8.4.2 生态经济和生态产业工程 ……184
8.5 乌伦古河流域生态综合治理的建设方案 ……187
8.5.1 分区保护与修复模式及措施选择 ……187
8.5.2 分区重点建设内容 ……189
参考文献 ……193
第 9 章 阿勒泰地区山水林田湖草系统保护修复工程与成效 ……195
9.1 阿勒泰地区山水林田湖草系统保护修复工程 ……197
9.1.1 山地生态涵养功能保护修复工程 ……197
9.1.2 草地生态修复与持续利用工程 ……199
9.1.3 绿洲生态功能提升与人居环境改善工程 ……203
9.1.4 “两河一湖”生态保护与修复工程 ……212
9.1.5 生物多样性保护与荒漠化防治工程 ……219
9.1.6 生命共同体治理能力提升工程 ……223
9.1.7 “两山”转化与资源枯竭型矿山转型示范工程 ……227
9.2 阿勒泰地区县域生态修复工程成效 ……230
9.2.1 阿勒泰市万亩苗圃基地建设打造“以林养库”新模式 ……230
9.2.2 布尔津县城东生态屏障保障工程 ……231
9.2.3 富蕴县中水利用生态恢复灌溉工程 ……232
9.2.4 哈巴河县人居环境整治建设项目 ……233
9.2.5 吉木乃县喀拉苏水源工程 ……234
9.2.6 福海县金塔斯自然保护区牧民生态搬迁工程项目 ……234
9.2.7 青河县山水林田湖草生态保护修复试点项目 ……235
9.3 阿勒泰地区草地生态修复技术与成效分析 ……236
9.3.1 近自然修复技术 ……237
9.3.2 人工促进修复技术 ……238
9.3.3 修复成效 ……246
9.4 阿勒泰地区生态修复的成效评估 ……259
9.4.1 中期成效评估结果 ……259
9.4.2 流域生态保护与修复成效 ……270
9.4.3 主要做法及经验 ……277
参考文献 ……280

第10章 山水林田湖草保护修复可持续管理创新 …… 283
10.1 山水林田湖草项目实施管理拟攻克难题 …… 285
10.1.1 山水林田湖草项目覆盖区域大，项目管理难度大 …… 285
10.1.2 山水林田湖草项目责任单位多，资金额度大，监管责任重 …… 285
10.1.3 山水林田湖草项目需多部门协同完成，网络复杂，数据整合难度大 …… 285
10.1.4 山水林田湖草项目涉及边界流域，数据安全性处理要求高 …… 285
10.1.5 阿勒泰地区施工周期短，时间周期长，成效显现周期长，增加项目验收难度 …… 286
10.2 山水林田湖草项目实施管理可借鉴的制度经验 …… 286
10.2.1 坚持系统治理与示范引领相结合，形成系统管理合力 …… 286
10.2.2 坚持科学规划与因地制宜相结合，实现标准引领推进 …… 287
10.2.3 坚持制度监督与全程审计相结合，保障工程合法、合规 …… 288
10.2.4 坚持生态修复与高质量发展相结合，多种模式改善民生 …… 288
10.3 山水林田湖草项目可借鉴的全生命周期项目管理技术与平台模式 …… 289
10.3.1 全生命周期项目管理平台的设计 …… 289
10.3.2 全生命周期项目管理的具体应用 …… 290
10.3.3 全生命周期项目管理应用成效 …… 296
10.3.4 全生命周期项目过程跟踪审计 …… 296
10.3.5 未来目标和期望 …… 299
10.4 山水林田湖草项目组织机构设置 …… 301
10.4.1 组织实施 …… 301
10.4.2 资金筹措与监管 …… 303
10.4.3 制度创新与保障措施 …… 305
10.4.4 加强模式总结和示范推广 …… 307
后记 …… 309

第1章

绿水青山的生态系统与生态文明建设的理论体系

1.1　绿水青山及生态含义

1.1.1　绿水青山

2005 年，习近平总书记在浙江安吉余村考察时首次提出“绿水青山就是金山银山”的论述，这一重要理念是习近平生态文明思想的重要组成部分，是在深入思考发展经济与保护环境关系的基础上作出的重大理论创新，是马克思主义理论中国化的重大理论成果，是对生态环境保护和生态文明建设实践的理论升华。这充分体现了发展理念与发展方式的重要转折与变革，阐明了生态环境保护与经济社会发展之间辩证统一的关系，并旗帜鲜明地指明了两者存在协同共赢的路径，创造性地指出保护生态环境就是保护生产力，就是保护自然价值和增值自然资本，也是保护经济社会发展的潜力和后劲，为推进绿色发展、建设美丽中国提供了根本遵循和行动指南。

“绿水青山”是指良好的生态环境，既包括我们可以直接消耗的自然物质资源，又包括我们间接消费的精神层面的生产与服务。但“绿水青山”的总量是有限的，马克思认为人直接地是自然存在物，自然是人类存在和发展的前提和基础，人不能脱离自然（中共中央马克思恩格斯列宁斯大林著作编译局，1979a，1979b，2009），而是要在人类的生产、生活实践中完成人与自然的和谐相处（赵建军等，2015）。这就要求人类正确审视人与自然的关系，深刻认识生态环境的价值，保护好“绿水青山”。因为没有“绿水青山”这个前提条件，“金山银山”既不可能获得，也不可能持续。

“绿水青山就是金山银山”之间的关系，本质上反映的是人与自然的关系，追求的是人与自然的和谐，只有在保护好“绿水青山”的前提下来利用和改造自然，才能实现人类自身发展。更进一步地讲，“绿水青山就是金山银山”理念指明了人与自然从冲突走向和谐的方向，就是实现人与自然共同发展，实现经济与社会的和谐（李杨，2021）。

此外，为了全面、科学、直观地反映和评价“绿水青山就是金山银山”建设和转化情况，浙江大学环境与资源学院通过对现有生态文明、可持续发展指标体系的分析，以及对全国 1 892 个县“绿水青山就是金山银山”建设情况的充分调研，运用层次分析法和大数据分析方法对“绿水青山就是金山银山”建设和转化进行研究，提出了“绿水青山就是金山银山”发展指数的概念。“两山指数”（“Lucid Waters and Lush Mountains are Invaluable Assets” Evaluate Index，简称 LLEI）能反映出区域生态环境质量与生态资产状况、“绿水青山”向“金山银山”的转化程度、“绿水青山就是金山银山”保障程度以及转化路径，是量化表征“绿水青山就是金山银山”建设水平和成效、引导推动绿色发展的综合性指数。指标体系以节约自然资源、合理空间格局、优化生产和生活方式为原则，把环境质量底线、生态环境红线、资源利用上线作为基本的指标要素，明确了生态环境、特色经济、民生发展和保障体系四大内容。鉴于此，“绿水青山就是金山银山”指标被进一步分为“绿水青山”指数、“两山转化”指数和“两山保障”指数，共包含环境质量、生态状况、民生福祉、生态经济、生态补偿、社会效益、制度创新和资金保障 8 项任务 20 个具体指标（表 1-1）。

表 1-1 “两山指数”评估指标

<table>
<tr><th>目标</th><th>任务</th><th>序号</th><th>指标</th><th>目标参考值</th></tr>
<tr><td rowspan="10">构筑绿水青山</td><td rowspan="6">环境质量</td><td>1</td><td>环境空气质量优良天数比例</td><td>完成上级规定的改善目标；达到环境空气质量二级标准</td></tr>
<tr><td>2</td><td>集中式饮水水源地水质达标率</td><td>100%（剔除地质因素、调水因素等影响）</td></tr>
<tr><td>3</td><td>地表水水质达到或优于Ⅲ类水的比例</td><td>完成上级规定的考核任务；保持稳定或持续改善</td></tr>
<tr><td>4</td><td>地下水水质达到或优于Ⅲ类水的比例</td><td>完成上级规定的考核任务；保持稳定或持续改善</td></tr>
<tr><td>5</td><td>受污染耕地安全利用率</td><td>＞95%</td></tr>
<tr><td>6</td><td>污染地块安全利用率</td><td>＞95%</td></tr>
<tr><td rowspan="4">生态状况</td><td>7</td><td>林草覆盖率</td><td>丘陵区≥40%
平原区≥16%</td></tr>
<tr><td>8</td><td>物种丰富度</td><td>稳定提高</td></tr>
<tr><td>9</td><td>生态保护红线面积</td><td>不减少</td></tr>
<tr><td>10</td><td>单位国土面积生态系统生产总值</td><td>稳定提高</td></tr>
<tr><td rowspan="7">推动“绿水青山就是金山银山”转化</td><td>民生福祉</td><td>11</td><td>居民人均生态产品产值占比</td><td>稳定提高</td></tr>
<tr><td rowspan="3">生态经济</td><td>12</td><td>绿色、有机农产品产值占农业总产值比重</td><td>稳定提高</td></tr>
<tr><td>13</td><td>生态加工业产值占工业总产值比重</td><td>稳定提高</td></tr>
<tr><td>14</td><td>生态旅游收入占服务业总产值比重</td><td>稳定提高</td></tr>
<tr><td>生态补偿</td><td>15</td><td>生态补偿类收入占财政总收入比重</td><td>稳定提高</td></tr>
<tr><td rowspan="2">社会效益</td><td>16</td><td>国际国内生态文化品牌</td><td>获得</td></tr>
<tr><td>17</td><td>“绿水青山就是金山银山”建设成效公众满意度</td><td>＞95%</td></tr>
</table>

续表

目标	任务	序号	指标	目标参考值
建立长效机制	制度创新	18	“绿水青山就是金山银山”基地制度建设	建立实施
		19	生态产品市场化机制	建立实施
	资金保障	20	生态环保投入占 GDP 比重	＞3%

资料来源：“绿水青山就是金山银山”“两山指数”评估指标体系：https: //wenku.baidu.com/view/59470ae1b2717fd5360cba1aa8114431b90d8ea8.html。

值得注意的是，对于每个区域而言，不同的区域拥有各自独特的资源禀赋，其生态产业的发展是受其地理、历史、生态等多方面影响的，因此其“绿水青山就是金山银山”发展方向也是因地制宜、独一无二的。“绿水青山就是金山银山”发展不是简单、单一模式的发展，因此在发展指数中需要体现其相容性，既可以评价出不同自然禀赋下的区域发展方式，又可以通过评价发现区域内可挖掘的潜在发展因子，拓宽其发展路径，加深“绿水青山”的转化程度。

1.1.2 绿水青山的组成要素

2017 年 10 月，党的十九大报告将人与自然和谐共生作为习近平新时代中国特色社会主义思想基本方略的重要内容（习近平，2017），将建设美丽中国作为全面建设社会主义现代化国家的重大目标，明确提出要统筹山水林田湖草生态系统治理，坚持人与自然和谐共生。建设生态文明是中华民族永续发展的千年大计，必须树立和践行“绿水青山就是金山银山”的理念，坚持节约资源和保护环境的基本国策，像对待生命一样对待生态环境，统筹山水林田湖草系统治理，实现最严格的生态环境保护制度，形成绿色发展方式和生活方式，坚定走生产发展、生活富裕、生态良好的文明发展道路，建设美丽中国，为人民创造良好生产生活环境，为全球生态安全作出贡献。2018 年，习近平总书记在全国生态环境保护大会上指出，新时代推进生态文明建设，要坚持人与自然和谐共生（新华社，2018），“绿水青山就是金山银山”，“山水林田湖草是生命共同体”（姜霞等，2019）。

近年来，在“绿水青山就是金山银山”理论正确引领下，生态文明建设被融入经济社会发展的各个方面，经济发展与生态质量互动更加良性持久，绿色高质量发展理念更加深入人心，以山水林田湖草为基底的“生命共同体”格局也基本奠定（沈满洪，2018）。“山水林田湖草”是“绿水青山”的基本组成要素，是“绿水青山”生态文明思想的核心内容与最终落脚点，同时也是“绿水青山就是金山银山”转化的实践特征。“绿水青山就是金山银山”转化涉及主体多、利益多、事务杂，是一项跨区域、跨时间、跨部门、跨行业的系统性工程（张环宙等，2021）。因此，必须精准找到一根主线，牢牢把握和始终围绕生态建设这根主线。同时，“绿水青山就是金山银山”理论的转化，需要系统引入马克思主义世界观与方法论，以全局观、系统论与辩证法，牢固树立生态红线底线思维，制定具有地方特色的生态文明建设指导思想，为资源环境约束下的经济发展指明路径和方法（张环宙等，2021）。要落实“绿水青山就是金山银山”理论，就要依据区域地理特征，保护“山水林田湖草生命共同体”，挖掘“绿水青山”资源优势，不断提升生态系统服务价值和功能。

生态兴则文明兴，生态衰则文明衰。“绿水青山”本质上就是“山水林田湖草生命共同体”，是“山水林田湖草”各要素协调发展、相互作用构成的统一协调的生态系统。“山水林田湖草”既是地球上整个生物圈的重要基础，也是生态系统最基本的组成部分，各要素相互依存，构成一个关系复杂的有机生命整体，各生命体内部和相互之间不断进行物质运动及能量转移，任何环节的变化都会对整个生态系统造成影响。因此，山水林田湖草生态保护修复应重视前期调查，按照自然生态的整体性、系统性及其内在规律，全面梳理区域生态重点问题，科学评价生态系统现状及人类活动对生态环境的影响，并将区域作为一个有机整体，整体设计、分项治理；依据“山水林田湖草”生态要素的特点，有针对性地提出区域生态保护修复范围、重点任务与管理措施，并按照生态系统本身的自然属性，打破行政界限，找出重点，由点及线，由线及面，由面及块，系统解决生态系统各环境要素的问题，提高治理与保护效率，破解生态环境与经济发展的难题。深刻理解和领悟“保护生态环境就是保护生产力，改善生态环境就是发展生产力”及“绿水青山就是金山银山”的理念，通过山水林田湖草系统保护与修复工作的推进，引领当地调整产业结构，帮助贫困地区发展绿色经济，充分发挥地区自然生态潜力，变资源优势为产业优势，形成生态服务、产业联动，达到区域可持续发展，最终实现“绿水青山就是金山银山”的发展目标。

1.1.3 绿水青山的生态含义

习近平总书记曾深刻指出“我们既要绿水青山，也要金山银山”，揭示了人与自然和谐的生态伦理观。所谓“绿水青山”，指的是结构和功能良好的生态系统。生态系统是人与自然相互依存、相互影响的有机整体，维持人与自然和谐健康发展的基本导向是以人的福祉为目标，而人的福祉既包含了对物质财富和精神财富的需求，也包含对良好生态环境的需求。正如《之江新语》中写道：“我们追求人与自然和谐，经济与社会的和谐，通俗地讲，就是既要绿水青山，又要金山银山。”

绿水青山泛指自然环境中的水、土地、大气、生物、化石能源以及由基本生态要素形成的各种生态系统。绿水青山不是简单意义上的“有山有水”，从生态学角度来看，“绿水青山”就是指我们赖以生存的水域、山岳等自然生态系统处于健康、稳定的状态，其尚没有被我们人类生活、生产活动所破坏。因此，“绿水青山”就是指拥有健康功能的整个生态系统，具有良好的生态承载力、良好的生态系统结构、良好的生态系统弹性、良好的生态系统整体性和良好的生态可持续性等，不仅表现在有形的生态资源（如木材、水果、饮用水等）方面，更注重无形的生态服务（如氧吧、文化、旅游等），强调人与自然和谐的生态发展。“绿水青山”的理念体现在生态保护和修复方面，即应采用“师法自然”的生态修复方法，通过模拟自然，尤其是地貌、土壤、水文、生态，构建人与自然和谐系统，将以基于自然的解决方案为主、人工促进为辅的理念始终贯穿生态修复全过程，建立生态自净化系统、河湖生态系统和生物多样性系统，依靠水、土壤、植物、微生物四大核心要素，最大限度地削减污染，产生生态红利。深入理解和把握“绿水青山就是金山银山”重要理念，坚持在保护中发展，在发展中保护，走出一条生态文明建设之路。

1.2 生态文明建设

1.2.1 生态文明建设的内涵与外延

党的十八大报告以“大力推进生态文明建设”为题，独立成篇地系统论述了生态文明建设，将生态文明建设提高到一个前所未有的高度。报告明确指出生态文明建设是关系人民福祉、关乎民族未来的长远大计，要求把生态文明建设放在突出位置，融入经济建设、政治建设、文化建设、社会建设的各方面和全过程。针对十八大报告中提出的“大力推进生态文明建设”，我们要深刻认识到加快推进生态文明建设的重要性和紧迫性，始终坚持和全面落实节约资源和保护环境的基本国策，最终建设成以资源环境承载力为基础、以自然规律为准则、以可持续发展为目标的资源节约型、环境友好型社会。面对资源约束趋紧、环境污染严重、生态系统退化的严峻形势，必须以“绿水青山就是金山银山”为指导，践行“山水林田湖草生命共同体”的生态理念，必须树立尊重自然、顺应自然、保护自然的生态文明理念，走可持续发展道路。

“生态”一词源于古希腊文字，意思是指家或者我们的环境。简单地说，生态就是指一切生物的生存状态，以及它们之间和它与环境之间环环相扣的关系。生态后来还被定义为许多美好的事物，如健康的、美的、和谐的事物。“文明”是指人类所创造的财富的综合，特别是精神财富。文明是人类在认识世界和改造世界的过程中所逐步形成的思想观念以及不断进化的人类本性的具体体现（谷树忠等，2013）。

生态文明，是指以人类为中心，人类及其所依托自然环境构成的整体表现出来的文明形态。即人类在认识自然、利用自然、征服自然过程中所形成的人与自然环境关系的综合表述（吴立利等，2021），也就是人类遵循人、自然、社会和谐发展这一客观规律而取得的物质与精神成果的总和；是以人与自然、人与人、人与社会和谐共生、良性循环、全面发展、持续繁荣为基本宗旨的文化伦理形态，也就是人类在改造客观物质世界的同时，积极改善和优化人与自然的关系，在此过程中所取得的物质、精神、制度方面成果的总和。历史经验告诉我们，生态兴则文明兴，生态衰则文明衰，建设生态文明关系到经济社会的和谐发展。

建设生态文明是新时代的需要，更是当前经济建设的迫切需要和国家生存与发展的迫切需要。近年来，国内学者纷纷提出建设生态文化、生态文明的问题，有的甚至明确提出三个文明（即物质文明、精神文明和生态文明）有机统一与协调发展（阿伦·盖尔等，2021；李海生等，2021；马晓茜等，2021；万冬冬，2021）。国外也有人提出建设"环境保护式的社会"和工业化文明应转变为环保文明等论点（Wu et al., 2021）。这些远见卓识深刻地反映了时代的要求。

建设生态文明的关键是解决人类与自然界的关系问题，彻底改变人类以主人和征服者自居、一味掠夺自然界的旧思想，树立人类是自然界的一部分，并将与自然界共存共荣，因此必须与自然界和谐相处、协调发展的新思想，这正是新时代的特征，也是人们思想上的一次革命。提出建设生态文明，也就是要很好地完成这一思想的转变。在我国建设生态文明，除紧迫的客观需要外，在理论上又是三个效益并重论的必然发展，相对于经济效益的是物质文明，相对于社会效益的是精神文明，相对于生态效益的是生态文明。要真正实现三个效益并重，就必须三个文明并提。建设生态文明也是马克思和恩格斯有关论点在新时代的必然发展。马克思称自然界是"一切劳动资料和劳动对象的第一源泉"，恩格斯更明确指出："我们连同我们的头脑都是属于自然界，存在于自然界的。"这样，当新时代到来时，必然要求建设生态文明，以正确处理人类与自然界的关系，求得共同发展。生态文明建设和物质文明、精神文明建设互相促进、相得益彰。

"生态文明"的确切内涵，指出了进行生态文明建设的真正目的，要求把生态文明作为一种新的发展理念。因此，在现时人类发展状态下，生态文明就是一种发展理念，其本质上属于精神文明的范畴，表现为物质文明的建设方式。"绿水青山就是金山银山"就表达了生态文明的发展理念，是马克思主义哲学中精神对物质、上层建筑对经济基础反作用观念的具体表现（吴立利等，2021）。

生态文明建设的提出不仅是时代的需要，同时也是广大人民群众的基本愿望。生态环境和群众的利益息息相关，生态文明建设是以群众为中心，将目标放到了中国未来长久的发展上，是一项能够维护百姓基本利益，能够造福子孙后代的伟大事业。环境问题也是民生问题，所以环境保护人人有责，每个人都应该像爱护自己的生命一样爱护自己的家园、爱护自然环境。

中国的发展一定是遵循大自然的发展规律，并且是建立在文明社会的基础上的，对于环境保护的责任将会长期作为国家的基本国策来执行，并且会积极地向国际上生态文明建设的榜样国家学习和交流，和世界上各国的友好邦邻坚持推动绿色环保的理念，并且持续地推动低碳发展、循环发展，为子孙后创造一个绿水青山的生态文明家园。

1.2.2 生态文明建设的理论体系

（1）生态文明建设理论体系的起点——人与自然和谐共生

人与自然的关系是人类社会最基本的关系，马克思和恩格斯系统论证了人、人类社会和自然三者之间的关系，并将人与自然关系的高度和谐作为共产主义社会的基本特征。恩格斯在《自然辩证法》中谈到，人与动物的根本分界在于人不仅能够适应自然，而且能够根据自己的需要改造自然、支配自然，这是人类主观能动性的表现。但是，人类主观能动性的发挥要以把握自然规律为前提。恩格斯列举了小亚细亚等地的人民由于盲目乐观地改造自然而造成人与自然对立的现象，从而使当地发展受到自然界的威胁和制约。人类三大古文明的兴衰史也证明了以牺牲自然为代价的发展是不健康、不持续、不长久的。同时，恩格斯强调，人类每一次对自然的胜利都可能会被其消极的结果所湮灭，所以在人与自然的矛盾运动中才越来越理解到人与自然对立统一的本质、越来越体会到人与自然关系对人类发展的影响。

中国共产党人继承和发展了马克思主义生态思想，在处理人与自然的关系中形成了中国共产党的生态文明建设思想。并指明解决生态问题，根本在于厘清和处理好人与自然的关系。

党的十八大以来，以习近平同志为核心的党中央在继承马克思主义经典和历代中央领导集体生态思想的基础上，提出了一系列新理论、新观点，重塑人与自然的共生关系（习近平，2018）。习近平总书记强调“人与自然是生命共同体”，要树立生态文明新理念，实现人与自然的和谐相处，让人民享受绿水青山之美，构筑人与自然和谐共生新局面。

党的十八大以来，习近平总书记多次强调生态建设的重要意义，并将其提升到民生福祉、文明兴衰和民族永续发展的高度。我们要实现的社会主义现代化是天蓝、地绿、水清的现代化，是人与自然和谐相处的现代化；我们要实现的民族复兴梦是全民小康、民主健全、文化繁荣、社会和谐的梦，也是建设美丽中国的生态梦。生态兴衰关乎文明兴替，解决生态问题根源在于实现人与自然关系的平衡，这是一本生态账，也是一本“功在当代，利在千秋”的代际账，要长久算、整体算、综合算，实现中华民族永续健康发展。

（2）生态文明建设思想的逻辑主线——处理经济发展与生态环境保护关系的历史演变

追溯中华人民共和国成立以来我国历届中央领导集体生态思想的演变历程可以看出，正确处理经济发展和生态保护二者之间的关系是党和国家始终重视的问题。对这一关系不同时期的回答，体现了党的生态思想在科学把握经济发展与环境保护关系的历史进程中合乎国情的演进逻辑。

中华人民共和国成立之初，党中央在带领人民集中精力发展经济的同时，也给予生态建设高度重视，提出要妥善处理农业生产开荒和防范水患的关系，要认识到植树造林“对于促进我国自然面貌和经济面貌的改变具有重大的意义”（中共中央文献研究室，1995）。20 世纪 70 年代，周恩来总理多次指出生态保护的重要意义，提出要把良好生态提高到体现社会主义优越性的高度，特别强调要了解“各国环境问题对经济、社会发展的重大影响”（刘东，1996），并以此为鉴，认识我国的生态问题。尽管由于当时“左”倾错误思想的影响，使这些政策走样变形，没有得到很好的贯彻和落实，但这些对经济建设和生态保护二者关系的初步探索，为后来历届领导集体所继承和发展。改革开放以来，工作重心转移到经济建设上，中国特色社会主义事业建设取得了历史性成就，但同时环境问题也日益凸显。以邓小平同志为核心的党的第二代中央领导集体把生态建设提升到基本国策高度，提出“三统一、三同步”的基本方针，为正确处理经济建设和生态建设、经济效益和生态效益提供了政策依据。以江泽民同志为核心的党的第三代中央领导集体对经济建设和生态保护辩证关系的认识更加深化，面对生态问题全球化的严峻挑战，汲取当时国际生态治理理念，提出了可持续发展战略。他强调，要高度重视环境保护，实现经济和环境的良性循环，并创造性地提出了“保护环境的实质就是保护生产力”的重要论断。进入 21 世纪，以胡锦涛同志为总书记的党中央为解决经济发展与生态建设之间的矛盾，提出科学发展观，要求统筹经济发展和生态建设。党的十八大确立了包括经济建设和生态文明建设等在内的“五位一体”的社会主义建设总布局，将生态同经济提升到实现社会主义现代化同等重要的高度。新时代，以习近平同志为核心的党中央提出了一系列生态文明建设的重要论断，特别是“绿水青山就是金山银山”的提出，是对新时代经济发展与生态文明建设关系的更好诠释。因此，中国共产党生态文明建设思想的形成过程，很大程度上就是探索经济发展与生态建设互促互进的探索历程。如何消释二者之间的矛盾是我们党生态文明建设思想的重要内容。

（3）中国共产党生态文明建设思想的逻辑归宿——人的自由全面发展

新时代，要秉承马克思主义的最高价值目标，实现人与自然的和谐共生，追求人与人关系的协调，促进人的自由全面发展（贾可忍，2020）。

1）实现人的自由全面发展是马克思主义的终极价值目标

马克思主义是一个关于实现全人类解放的科学理论，这里的“解放”不仅指摆脱资本主义的阶级剥削压榨，实现人的独立平等，也指人类实现从“必然”到“自由”的飞跃，实现自由全面的发展。马克思和恩格斯立足资本主义时代条件，揭露了在资本主义社会，资本及掌握资本的资本家有独立和个性，而劳动者却丧失了个性自由，成为和被教育为机器的附庸。由于资本主义的社会分工，产生了人与自身劳动、人与劳动产品、人与人关系的异化，人民毫无自由和发展可言。基于此，马克思和恩格斯设想未来的社会将是一个自由人的联合体，人与人的发展、人与社会的发展互为前提，不再以牺牲对方为条件；劳动不再仅是谋生手段，而是生活乐趣的源泉；分工也不再具有阶级性，成为人自由从事的活动；人与人、人与自然的关系高度和谐，人类达到“自由王国”。

2）良好的生态环境是人的自由全面发展的必要条件

在马克思主义关于人的自由全面发展思想的研究中，多数学者认同实现人的能力、交往关系、需求等方面的发展是其重要内容。马克思、恩格斯虽未系统论述生态建设对上述几方面人的发展的影响，但是生态环境对人的自由全面发展的意义不容置疑、不能忽视。

人的自由全面发展不仅需要一定的物质条件，也需要良好的生态环境。改革开放以来，我国在实现经济快速发展、人民物质生活水平普遍提高的同时，也产生了一系列生态环境问题。党的十九大做出我国社会主要矛盾转化的历史性论断，生态建设短板与人民群众对环境的更高需要之间的矛盾也成为新时代社会矛盾的重要方面。为此，要着力解决重大生态问题，走向生态文明新时代，还大地以绿、天空以蓝、河流以清，为人民群众提供更多高质量的生态产品，满足人民日益增长的“美丽中国”的需要，实现良好可持续的代内发展和代际发展，使良好生态成为人民幸福之基、发展之基。

人是自然存在物，也是社会存在物，始终处于一定的社会关系中。人的发展离不开一定的社会关系，单个的、独立的人是不存在的，人对自然的改造过程也处于一定的社会关系中。建设生态文明就是要追求绿色、持续、协调的生产生活方式和产业结构，矫正人与人之间的社会关系，形成有序协调的人与自然的关系。

3）以正确的生态文明观为指导，实现人的自由而全面发展

生态文明是人合乎自然规律地、辩证统一地处理人与自然关系的智慧结晶，是继工业文明后人类的一种更先进的文明形态。生态文明建设的本质在于转变由于人盲目地、不合乎规律地改造自然而造成人与自然关系扭曲的局面，达到人与自然的辩证统一，实现人在对自然规律认识基础上的自由发展，进而在自由的基础上实现全面发展。党的十九大报告提出，“人与自然是生命共同体”。人与社会都是在自然界长期发展过程中产生的，人类及其社会生存和发展依赖自然界。人的存在和发展源于人对自然的认识和改造，这是一个人类利用自然满足自身需要的过程，也是一个人类认识和把握客观自然规律，与自然相互作用、相互依赖的过程，是一个人的本质力量对象化和自然主体化的过程。正是在人与自然的双向互动的实践过程中，人的本质力量得到发挥并不断发展。建设生态文明，走向生态文明是当今人类面临的共同课题，要树立“生命共同体”“命运共同体”意识，以正确的生态文明观为指导，摒弃传统的征服自然的理念，将生态文明建设融入全方位、各层次的建设中，才能实现人与自然和谐的共生，才能实现人的自由全面发展。以人对自然之“真”，求自然对人之“善”，达人的自由全面发展之“美”，这种发展才是持续的、健康的、稳定的、全面的发展。

中华人民共和国成立至今，中国共产党的生态文明思想从萌芽走向成熟，从零碎走向系统，有其内在的演进逻辑。考察分析这一演进逻辑，对于更完整准确地把握中国共产党的生态文明思想具有重要意义，对于绿水青山美丽中国建设有着指导作用，对于坚持和发展中国共产党人的生态思想、丰富和发展马克思主义生态思想具有重要价值。

1.3 绿水青山的生态系统及理论体系

“生态系统”一词是英国植物生态学家 Tansley 于 1935 年首先提出来的。生态系统，简称 ECO，是 Ecosystem 的缩写，指在自然界一定的空间内，生物（生物群落）与环境（物理环境）构成的统一整体，在这个统一整体中，生物与环境之间相互影响、相互制约，并在一定时期内处于相对稳定的动态平衡状态。也就是说，在自然界任何生物群落都不是孤立存在的，它们总是通过能量和物质的交换与其生存的环境不可分割地相互联系、相互作用着，共同形成一个统一的整体，这样的整体就是生态系统。所以，自然界中只要在一定空间内有生物和非生物成分存在，并通过物质和能量流动、信息传递将它们联结成一个功能上的整体，这个整体就是一个生态系统。例如，森林中的乔木、灌木、草本等绿色植物，利用太阳光能，通过光合作用将二氧化碳、水、

矿物质等转化成有机物质，食草动物依赖这些绿色植物而生存。而食草动物又成为食肉动物的物质和能量来源。通过这些营养关系和其他联系，把森林中的各种生物和非生物条件连成一个整体，在这个整体中，物质不断地循环，能量不断地流动。由此可见，地球上有许多大大小小的生态系统，一片森林、一块草地、一个湖泊、一条河流、一块农田或一座城市，甚至一个养鱼缸都是一个生态系统。而分布有森林、灌丛、草地和溪流的一个山地地区或是包含着农田、果园、草地、河流和村庄的一片平原地区也是生态系统。整个生物圈就是由陆地和海洋等各种不同生态系统镶嵌而成的地球上最大的生态系统。

对于一个生态系统，要想维持其各项机能正常运转，外界环境提供输入（物质和能量）和接受输出（热量、生物的代谢产物等）二者缺一不可，而且这种运转经常受到外界环境的影响，所以生态系统是一个开放的系统。但是生态系统并不是完全被动地接受外部环境的支配，正常情况下其自身具有一定的调节能力，能针对外界干扰和破坏做出相应的调整和修复，以便维持系统正常的结构和功能，保持相对的平衡状态，所以生态系统是一个集控制和反馈于一体的系统。对于生态系统而言，一般都会经历从简单到复杂、从年轻到成熟的发展阶段，每个阶段都具有不同的特征，故生态系统是一个动态发展的系统，准确把握生态系统的发展演变规律，能为未来预测提供重要的科学依据。

“生态系统”这一概念的提出，使我们对生命和自然界的认识提升到了更全面、更高一级别的水平。经济和科学技术的飞速发展给人类社会带来文明与进步，但由于人口的急剧增长和人类对自然资源与环境施加的压力，人类与自然、环境的矛盾越来越尖锐，全世界都面临着资源短缺、能源危机、环境污染等重大问题和挑战。所以，对生态系统的研究为我们了解复杂的自然界和解决人与自然资源的矛盾提供了有力手段。当前人类如何合理地利用有限的自然资源、如何做到人与自然和谐相处、如何使整个生态系统可持续发展等问题的解决都依赖于对生态系统的结构和功能、生态系统的动态变化、生态系统的反馈和调节、生态系统的稳定性等问题的认识和深入探究。

1.3.1　绿水青山的生态系统整体性和协同性

生态系统是一个整体的功能单元，其尺度可大可小，存在方式、目标和功能都表现出统一的整体性。生态系统中包含的各个成分就像不同的零件，它们按照一定的方式组合起来形成一个统一的结构整体，通过各个零件相互作用执行着一定的功能。

一个完整的生态系统主要由两大部分组成：非生物物质和生物有机体。其中，生物有机体又能按照其获取能量方式与所起的作用不同被进一步划分为生产者、消费者和分解者三个类群（图 1-1）。

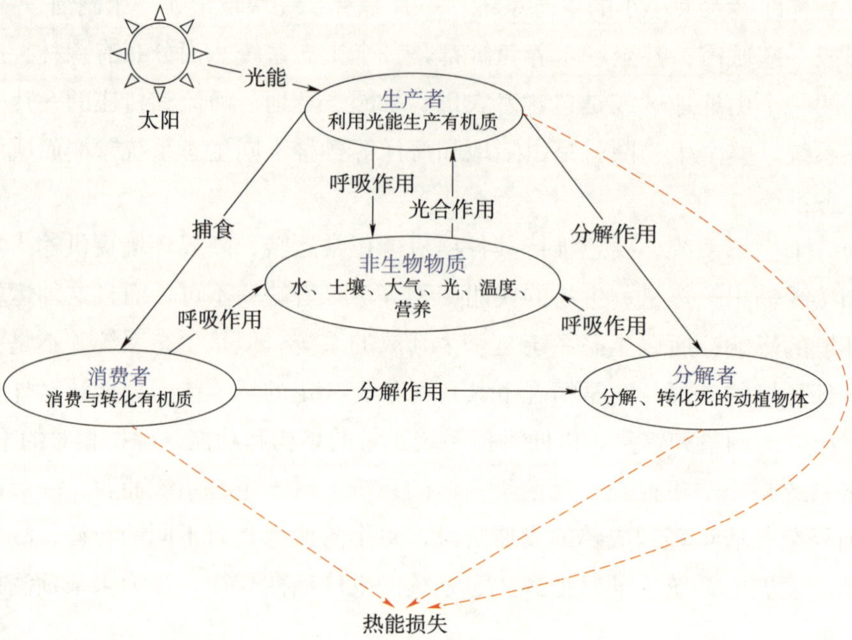

图 1-1　经典的生态系统组成成分之间的关系图（改自：王建，2001）

1.3.1.1　非生物物质

非生物物质包括太阳辐射能、水、二氧化碳、氧、氮、矿物盐类、酸、碱、蛋白质、脂肪、糖类、腐殖质等物质，以及任何时间在生物有机体之外出现的元素或化合物。它们是生物赖以生存的物质和能量的源泉，组成了生物有机体的外部环境。非生物物质是否参加生态系统的组成，关键在于它们是否被生物有机体所利用或对生物有机体产生影响，所以它们是维系生物生存的生命支持系统，是一个完整生态系统不可或缺的部分。

1.3.1.2　生物有机体

如前所述，生物有机体由生产者、消费者和分解者三个类群组成。

（1）生产者

生产者（Producers）包括所有的绿色植物、蓝藻、光合细菌和化学能合成细菌。它们是生态系统中的自养成分，主要通过绿色植物的光合作用（$6CO_2 + 12H_2O \xrightarrow{光能/叶绿素} C_6H_{12}O_6 + 6H_2O + 6O_2\uparrow$）利用太阳能把从环境中吸收的无机物合成为葡萄糖、淀粉、脂肪和蛋白质等有机化合物，为地球上一切生物提供赖以生存的物质和能量，所以它们是生态系统中最基本、最关键的成分，是生态系统中的生产者。

（2）消费者

消费者（Consumers）包括各类动物，它们不能利用太阳能自己生产有机化合物以供自身需要，只能直接或间接依靠生产者所生产的有机化合物获取营养物质和能量维持自身的生存。根据食性的不同可将消费者分为草食动物和肉食动物。

草食动物（Herbivores）又称植食动物，是指直接以植物为食而获得营养的动物，也称第一级消费者，如马、羊、牛、食草昆虫等。

肉食动物（Carnivores）是指以草食动物为食物来源的动物，其中直接捕食植食动物的是第一级肉食动物，为第二级消费者，如蛙类、食昆虫的鸟类、捕食鼠类的黄鼬等。主要以第一级肉食动物为食的动物，如狐狸、狼、蛇等，为第二级肉食动物，属第三级消费者。狮、虎、鹰等动物主要以第二级肉食动物和植食动物为生，是第三级肉食动物，属第四级消费者，有时它们被称为顶部肉食动物，在自然界它们的数量很少，但躯体强壮，凶猛有力。消费者还包括那些既食动物又食植物的杂食性动物，如鲤鱼、某些鸟类和靠取食其他生物组织与营养成分的寄生生物，以及以动物尸体为食的腐食性生物，如蚯蚓、秃鹫等。由此可见，级别越高，动物越凶猛，数量也越少。

（3）分解者

分解者（Decomposers）主要指细菌、真菌和一些原生动物。它们把动植物的排泄物和死亡的有机残体等复杂的有机物逐渐分解为简单的无机物（如水、二氧化碳等）释放到环境中，被生产者重新吸收利用，所以分解者又称为还原者（Reducers），它们在有机物的降解过程中获得能量和营养物质。分解者广泛分布于生态系统中，时刻不停地促使自然界的物质发生循环。如果没有分解者，地球表面就会堆满有机物，生态系统中的各种营养物质很快就会发生短缺并导致整个生态系统的瓦解，所以它也是一个完整的生态系统中不可缺少的组成部分。

在自然界，每个生态系统一般都由生产者、消费者、分解者和非生物部分组成。但从理论上讲，一个能够自我维持的生态系统，只要有非生物成分、生产者和分解者这些基本成分就够了，消费者动物不一定是必要成分，它们的存在只不过使生态系统变得更加丰富多彩。

1.3.2　绿水青山的复合生态系统理论

现今，地球上的各种生态系统都不同程度地受到了人类活动的干预和影响，尤其陆地自然生态系统的许多地区已经被开发利用，其中的一部分又经过深度加工而彻底改变，变为农田、果园、鱼塘和城市等。即在一定的社会、经济和科学技术条件下，经过人们的干预把自然生态系统分别改造和建设成为农业生态系统和城市生态系统。这些人工生态系统都是以人为核心，以自然环境为基础，通过频繁的社会与经济文化活动，彼此紧密结合共同形成了一个复杂的整体，即社会—经济—自然复合生态系统。这样的系统与自然生态系统在组分、结构和功能方面虽有其相似的一面，但也有其独特性。它既服从自然规律的制约，更受社会性质和经济规律的羁绊。由此可见，现代地理学与生态学不仅研究自然生态系统，同时研究社会、经济、自然复合生态系统和人与自然的共生协调关系，这是人类社会经济持续发展的需要。

1.3.2.1 复合生态系统的定义

社会—经济—自然复合生态系统（social-economic-natural complex ecosystem）是由人类社会、经济活动和自然条件共同组合而成的生态功能统一体。在社会—经济—自然复合生态系统中，人类是主体，环境部分包括人的栖息劳作环境（包括地理环境、生物环境、构筑设施环境）、区域生态环境（包括原材料供给的源、产品和废弃物消纳的汇及缓冲调节的库）及社会文化环境（包括体制、组织、文化、技术等），它们与人类的生存和发展休戚相关，具有生产、生活、供给、接纳、控制和缓冲功能，构成错综复杂的生态关系。

荀子曰："水火有气而无生，草木有生而无知，禽兽有知而无义，有气、有生、有知，亦且有义，故最为天下贵也。"当然，从生态学角度，人只是地球上生物的一种，是不是"最为天下"值得商榷，是最有创造性和破坏性的高级动物却一点也不假。荀子在这里把整个生态系统从环境到生物到人都描述出来了：金、石、水、火、草、木、禽、兽、天、地构成绚丽多彩的生态景观，再加上人气、人生、人知、人义、人文就构成了生机盎然的生态社会。人类社会是一类以人的行为为主导、自然环境为依托、资源流动为命脉、社会文化为经络的社会—经济—自然复合生态系统。马世骏和王如松（1984）将其定义为社会—经济—自然复合生态系统（图 1-2）。

复合生态系统的概念是我国生态学家马世骏（1984）率先提出来的。早在 20 世纪 70 年代，我国生态学家马世骏先生就根据他多年研究生态学的实践，以及关于人类社会所面临的的人口、粮食、资源、能源、环境等生态和经济问题的深入思考，提出了将自然系统、经济系统和社会系统复合到一起的构思。80 年代初，马世骏和王如松进一步提出复合生态系统是人与自然相互依存、共生的复合体系，是以人为主体的社会、经济系统和自然生态系统在特定区域内通过协同作用而形成的复合系统，并从复合生态系统的角度提出了可持续发展的思想。而生态工程是实现复合生态系统可持续发展的途径。

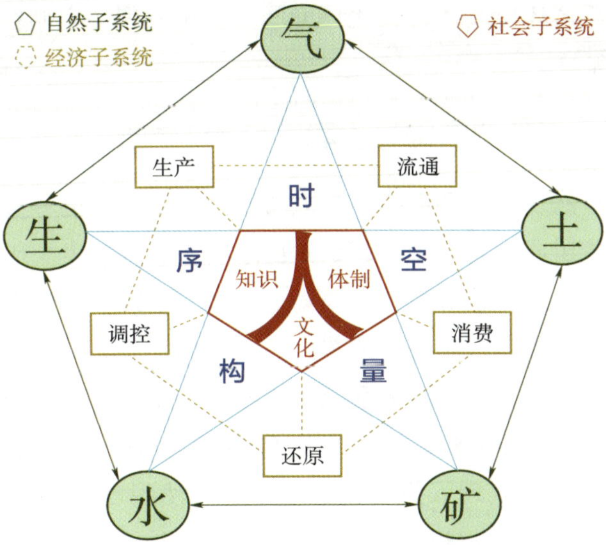

图 1-2　社会—经济—自然复合生态系统示意图

（资料来源：马世骏等，1984）

袁旭梅和韩文秀（1998）认为“复合生态系统由多个独立的子系统组成，各系统按照一定方式存在着，相互作用，复合系统不是各子系统的简单迭加，而是子系统的复合，社会—经济—自然系统就是一个复合系统”；郝欣和秦书生（2003）提出复合生态系统是以人为主体的社会经济系统和自然生态系统在特定空间内通过协同作用而形成的复合系统，即所谓的社会—经济—自然复合系统，并探讨了复合生态系统构成要素之间的联系以及它的演化发展，同时也指出了可持续发展是由复合生态系统的复杂性本质所决定的。

石建平（2003）进一步将复合生态系统的定义阐述为“由两个或两个以上的相互联系组成的一个以自然生态系统为基础，与社会、经济系统相互融合，人类经济社会活动与环境（包括生物）相互作用的循环式复杂系统”。叶文虎（2004）认为，建立在自然生态基础上的人类社会是一个高级的复杂系统，由生物、环境和人口组成的人工生态系统是依赖能量的转换和供需而共存的。秦书生（2008）分析了复合生态系统的动态演化特征、非线性特征、自反馈特征、循环再生特征、协同共生等自组织特征。

人类社会是一类以人的行为为主导、自然环境为依托、资源流动为命脉、社会体制为经络的人工生态系统。20 世纪 80 年代初，马世骏等（1984）中国生态学家在总结了调整、协调、循环、自生为核心的生态控制论原理的基础上，提出了社会—经济—自然复合生态系统的理论和时（届际、代际、世际）、空（地域、流域、区域）、量（各种物质、能量代谢过程）、构（产业、体制、景观）及序（竞争、共生与自生序）的生态关联及调控方法，指出可持续发展问题的实质是以人为主体的生命与其栖息劳作环境、物质生产环境及社会文化环境间的协调发展，它们在一起构成社会—经济—自然复合生态系统。

1.3.2.2 复合生态系统的结构与功能

社会—经济—自然复合生态系统，是人与自然和谐共生的一种形态，由自然、经济和社会三种子系统组成。自然子系统，是由水、土、气、生、矿及其之间的相互关系来构成的人类赖以生存、繁衍的生存环境；经济子系统，是指人类主动地为自身生存和发展组织有目的的生产、流通、消费、还原和调控活动；社会生态子系统，是人的观念、体制及文化构成。这三个子系统相辅相成。复合生态系统理论的核心是生态整合，通过结构整合和功能整合，协调三个子系统及其内部组分的关系，使三个子系统的耦合关系和谐有序，实现人类社会、经济与自然间复合生态关系的可持续发展（蒋高明，2018；马世骏等，1984）。

第一个子系统是自然子系统。自然子系统是人类赖以生存和繁衍的生存环境，可以用水、土、气、生、矿及其之间的相互关系来描述。自然子系统中第一是水，水资源、水环境、水生境、水景观、水安全等，有利有弊，既能成灾，也能造福。第二是土，人类依靠土壤、土地、地形、地景、区位等提供食物、纤维，支持社会经济活动，土是人类生存之本。第三是气和能，人类活动需要利用太阳能以及太阳能转化成的化石能。能的驱动促使了一系列空气流动和气候变化，提供了生命生存的气候条件，也造成了各种气象灾害、环境灾害。第四是生物，即植物、动物、微生物，特别是人类赖以生存的农作物，以及灾害性生物，比如病虫害甚至流行病毒，与我们的生产和生活都休戚相关。第五是矿，即生物地球化学循环，人类活动从地下、深山、海洋开采大量的建材、冶金、化工原料以及对生命活动至关重要的各种微量元素，但我们开采、加工、使用过程中只用了其中很少一部分，大多数以废弃物形式出现，产品用完或没有用完废弃会造成污染。这些生态因子数量的过多或过少都会发生问题，比如水多、水少、水浑、水脏就会发生水旱灾害和环境事故（蒋高明，2018；马世骏等，1984）。

第二个子系统是以人类的物质能量代谢活动为主体的经济子系统。人类能主动地为自身生存和发展组织有目的的生产、流通、消费、还原和调控活动，这就是复合生态系统的经济子系统中的生产者、流通者、消费者、还原者和调控者，这五类实体相辅相成、相互耦合。人们将自然界的物质和能量变成人类所需要的产品，满足眼前和长远发展的需要，就形成了生产系统；生产规模大了，就会出现交换和流通，包括金融流通、商贸物质流通以及信息和人员流通，形成流通系统；接下来是消费系统，包括物质的消费，精神的享受，以及固定资产的消费；再就是还原系统，城市和人类社会的物质总是不断地从有用的东西变成“没用”的东西，再还原到自然生态系统中进入生态循环，也包括我们生命的循环以及人的康复；最后是调控系统，调控有几种途径，包括政府的行政调控、市场的经济调控、自然调控以及人的行为调控。

社会的核心是人，人的观念、体制和文化构成复合生态系统的第三个子系统，即社会生态子系统。社会生态子系统由社会的知识网、体制网和文化网三类网络通过错综复杂的系统关系所组成，由体制网和信息流所主导。首先是知识网，即人的认知系统，包括哲学、科学、技术等；第二是体制网，是由社会组织、法规、政策等形成的；第三是文化网，是人在长期进化过程中形成的观念、伦理、信仰和文脉等。三足鼎立，构成了社会生态子系统的核心控制系统（蒋高明，2018；马世骏等，1984）。

这三个子系统相互之间是相生相克、相辅相成的。研究、规划和管理人员的职责就是要了解每一个子系统内部以及三个子系统之间在时间、空间、数量、结构、秩序方面的生态耦合关系。其中时间关系包括地质演化、地理变迁、生物进化、文化传承、城市建设和经济发展等不同尺度；空间关系包括大的区域、流域、政域直至小街区；数量关系包括规模、速度、密度、容量、足迹、承载力等量化关系；结构关系包括人口结构、产业结果、景观结构、资源结构、社会结构等；还有很重要的序，每个子系统都有它自己的序，包括竞争序、共生序、自生序、再生序和进化序。

总之，复合生态系统的功能可形象地用八面体来表示，其六个顶点分别表示系统的生产加工、生活消费、资源供给、环境接纳、人工控制和自然缓冲功能，它们相生相克，构成了错综复杂的人类生态关系，包括人与自然之间的促进、抑制、适应、改造关系。人对资源的开发利用、储存、扬弃关系以及人类生产、生活活动中的竞争、共生、隶属等关系。其中复合生态系统的生产功能不仅包括物质和精神产品的生产，还包括人的生产；不仅包括成品的生产，还包括废物的生产。复合生态系统的消费功能不仅包括商品的消费、基础设施的占用，还包括无劳动价值的资源与环境的消费、时间与空间的耗费、信息以及作为社会属性的人的心灵和感情的耗费。在人类生产和生活活动后面，还有一只“看不见的手”，即生态服务功能在起作用，包括资源的持续供给能力，环境的持续容纳能力，自然的持续缓冲能力及其自组织自调节能力。正是由于这种服务功能，经济得以持续、社会得以安定、自然得以平衡。

1.3.2.3 复合生态系统的整合框架

复合生态系统的整合框架包括一维基本目标、二维基本任务、三维基础构架、四维动力学与控制论机制、五维耦合方法与能力建设五个层次，从而可以阐释复合生态系统的科学内涵与社会内涵（表1-2）（马世骏等，1984）。

表 1-2 复合生态系统的科学与社会整合框架

	科学整合与学术目标	社会整合与应用目标
一维 基本目标	复杂性的生态辨识、模拟和调控	可持续能力的规划建设与管理
二维 基本任务	人与自然的共轭生态博弈： 局部与整体； 分析与综合	环境与经济的共轭生态管理： 眼前与长远； 效益与代价
三维 基础构架	社会—经济—自然生态关系的耦合； 关系辨识—过程模拟—系统调控； 物（硬件）—事（软件）—人（心件）融合	循环经济—和谐社会—安全生态 生态规划—生态工程—生态管理 观念更新—体制革新—技术创新
四维 动力学与 控制论	资源—资金—权法—精神； 竞生—共生—再生—自生； 开拓—适应—反馈—整合； 胁迫—服务—响应—建设	自然环境—经济环境—体制环境—社会环境； 身心健康—人居健康—产业健康—区域健康； 横向联合—纵向闭合—区域整合—社会融合； 认知文化—体制文化—物态文化—心态文化
五维 耦合方法与 能力建设	水—土—木—金—火； 元—链—环—网—场； 物质—能量—信息—人口—资金； 时间—空间—数量—结构—功序； 生产—流通—消费—还原—调控	净化、绿化、活化、美化、进化的景观生态； 污染治理—清洁生产—生态产业—生态政区—生态文明； 城乡统筹—区域统筹—人与自然—社会与经济—内涵与外延； 生态服务—生态效率—生态安全—生态健康—生态福祉； 温饱境界—功利境界—道德境界—信仰境界—天地境界

复合生态系统理论的核心在于生态整合，包括结构整合：城乡各种自然生态因素、技术及物理因素和社会文化因素偶合体的等级性、异质性和多样性；过程整合：城乡物质代谢、能量转换、信息反馈、生态演替和社会经济过程的畅达、健康程度；功能整合：城市的生产、流通、消费、还原和调控功能的效率及和谐程度。复合生态系统理论的复合包括对象的复合、学科的复合、方法的复合、体制的复合、人员的复合，强调物质、能量和信息三类关系的综合，系统的时（届际、代际、世际）、空（地域、流域、区域）、量（各种物质、能量代谢过程）、构（产业、体制、景观）及序（竞争、共生与自生序）关系的统筹规划和系统关联是生态整合的精髓。

1.3.2.4 复合生态系统管理理念与实践

蔡庆华等（2003）将流域作为社会—经济—自然复合生态系统进行研究，探讨了河流生态学中生态系统管理问题；刘青等（2007）分析研究了江河源区复合生态系统的内涵、特征、结构，在此基础上提出了江河源区复合生态系统具有三大服务功能：生态功能、经济功能和社会功能；吴刚等（2000）在对区域复合生态系统的物质流、能量流、价值流等系统研究的基础上，对三峡库区的农林复合生态系统从经济、生态、社会及综合效益方面进行评价。

王如松（2003）最早明确提出复合生态管理概念，并论述了其要义。王如松认为，“复合生态管理旨在倡导一种将决策方式从线性思维转向系统思维，生产方式从链式产业转向生态产业，生活方式从物质文明转向生态文明，思维方式从个体人转向生态人的方法论转型。通过复合生态管理将单一的生物环节、物理环节、经济环节和社会环节组装成一个有强生命力的生态系统，从技术革新、体制改革和行为诱导入手，调节系统的主导性与多样性、开放性与自主性、灵活性与稳定性，使生态学的竞争、共生、再生和自生原理得到充分的体现，资源得以高效利用，人与自然高度和谐”。石建平（2004）认为复合生态系统各子系统和各要素之间相互依存、相互作用地耦合在一起，以物质、能量、信息流的循环利用为基础特征，系统输出端和输入端有机连接，以废物减量化、资源再利用和废弃物再循环为基本原则，使物质和能量以最低投入达到最高效率的使用和最大限度的循环利用，同时信息在系统中传递通畅，功能最大。并着力于运行机制和长效机制的建立，探讨建立包含决策机制、实施机制、补偿机制、监督机制、评估机制等。他设计建立了城市复合生态系统良性循环框架，并以此为基础直接放大为省域复合生态系统良性循环的基本框架。

综上所述，复合生态系统管理源于自然资源管理。从自然资源管理到生态系统管理再到复合生态系统管理是人类经济社会发展和环境不断演进的历史必然。自然资源管理着重于对资源的经济价值和短期调控，在这个过程中人类起到的仅是调控作用；生态系统管理是以系统整体可持续发展为目标，注重的是保护生态系统本身的自然状态，保护生态系统的完整性。而在生态文明建设背景下孕育的复合生态系统管理，注重的是人类活动对这些过程和生态系统结构、功能结果的影响，其本质特征是系统性。

1.3.2.5 复合生态系统主要内部矛盾

复合生态系统内部也存在一系列矛盾，如人类生活对自然生态环境条件的相对稳定性的要求与当前自然生态环境急剧变化的矛盾，人类改变自然环境的快速性与自然环境恢复和调节的缓慢性之间的矛盾，地球上蕴含的矿产和地下水资源等的有限性与人类的需要及开采能力的无限性之间的矛盾。再如地球的体积是有限的，物质的生产也是有一定限度的，而人口的发展如无计划则是无限的。

1.3.3 绿水青山的生态系统服务及其权衡协同理论

生态系统服务（Ecosystem Services）是指人类从生态系统获得的所有惠益，包括供给服务（如提供食物和水）、调节服务（如控制洪水和疾病）、文化服务（如精神、娱乐和文化收益）以及支持服务（如维持地球生命生存环境的养分循环）。人类生存与发展所需要的资源归根结底都来源于自然生态系统。生态系统的能流、物流和信息流等生态过程产生的生态系统功能是生态系统服务的基本来源，而人对不同层次的需求则是生态系统服务形成的基本驱动力。以生态系统服务为主体构成的自然资本对人类社会福祉产生重要影响，其效能既包括为人类生存与发展提供所需的食物、淡水和生产生活原材料等基础服务，也包括愉悦人类精神文化层面的高级服务，更包括维系地球系统正常演进的环境支持服务。因此，生态系统服务是人类赖以生存和发展的资源与环境基础（傅伯杰等，2009）。

1.3.3.1 生态系统服务权衡协同的定义

生态系统服务的概念是随着对生态系统结构、功能及其生态过程的深入研究而逐渐提出并不断发展的。由于生态系统服务种类的多样性、空间分布的不均衡性以及人类使用的选择性，生态系统服务之间的关系出现了动态变化，表现为此消彼长的权衡、相互增益的协同等形式，仅仅对其进行价值评估已经不足以满足决策需求，需要对多种生态系统服务之间的权衡（Trade-off）与协同（Synthesis）作用机制、类型及其特征进行分析（Bryan，2013；Su et al.，2012；李双成等，2001）。所谓权衡是指某些类型生态系统服务的供给，由于其他类型生态系统服务使用的增加而减少的状况；协同是指两种或多种生态系统服务同时增强的情形。

生态系统服务之间的权衡源自人类做出的管理选择，并且能够改变生态系统所提供的服务的类型、大小与相对组合。当某一种生态系统服务的供给由于另外一种生态系统服务使用的增加而减少时，则产生了权衡（Bohensky et al.，2006；Swallow et al.，2009）。根据 Assessment（2005）对生态系统服务的分类，可以按照其时间、空间尺度以及可逆性程度的不同，对生态系统服务之间的权衡进行划分。即权衡常常发生在小区域与大区域、中短期与长期以及可逆性服务与不可逆性服务之间（图 1-3）。

在自然资源短缺问题日益突出的情形下，一种生态系统服务或人类活动的增加，常常会导致其他服务或活动的减少（Tallis et al.，2008）。例如，在山地农业区，粮食产量的提高往往伴随着土壤侵蚀风险的增加；而城市的扩张则造成生物多样性的减少。过去一个世纪中，供给服务的增加已经付出了调节和文化服务及生物多样性降低的代价（Assessment，2005；Bennett et al.，2007）。在生产实践中，必须同时考虑多种生态系统服务和多种生产功能，而不仅仅追逐一种服务的收益，因为任何一种生态系统服务或正或负都与其他服务相关（Bennett et al.，2007）。

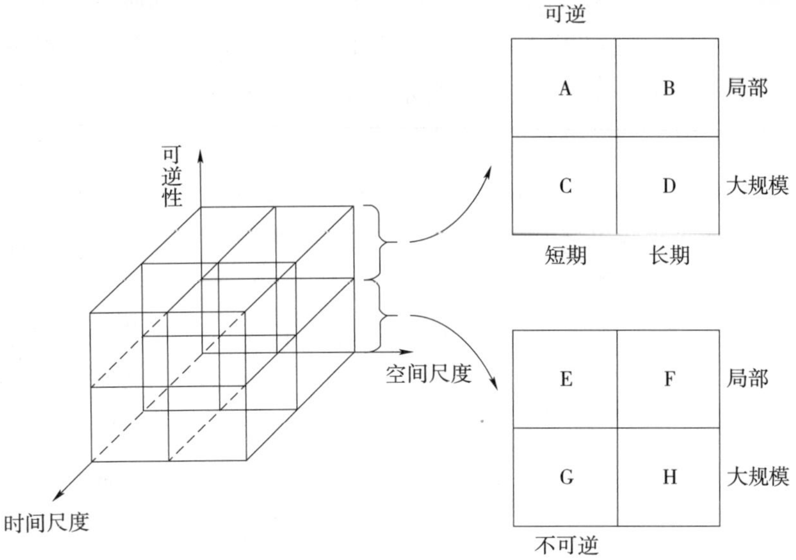

图 1-3 八类生态系统服务的权衡（根据时空尺度与可逆性程度划分）图

（资料来源：Assessment，2005）

从科学研究层面来说，目前对于多重生态系统服务之间的关系尚不清晰。一些学者的研究结果表明，在生物多样性和生态系统服务供给之间存在协同（Nelson et al.，2009；Maes et al.，2012；Perring et al.，2012）；然而，也有学者认为调节服务与供给服务之间存在权衡（Su et al.，2012；Swallow et al.，2009），因此，需要更多本地化的实验观测和研究来证明它们之间的作用类型（Perring et al.，2012）。不同生态系统服务之间的相互关系及其外在表现如何？人类活动等外界扰动如何影响生态系统服务变化？在管理实践中，如何才能避免由于尺度不匹配造成的管理措施的缺失和管理效能的低下？为了回答上述问题，需要在分析生态系统服务之间多重非线性关系的基础上，辨识不同尺度下权衡与协同形成的驱动因素、类型特征、响应速率及时空格局，从而深化生态系统服务研究。

1.3.3.2 生态系统服务权衡协同类型与形成机制

生态系统服务之间非线性动态关系的形成有自然因素和人为因素两个方面。即使没有人为干预，自然生态系统服务之间关系也会受到内外两方面的作用力，前者如气候变化、生物入侵等，后者是生态系统内在的演替过程。自然因素引起的生态系统服务之间的此消彼长是一种竞争而非权衡关系；人类社会根据自身需求和价值伦理对生态系统施加的选择性干预引起的生态系统服务之间的动态变化，即为权衡与协同，其驱动力通常包括市场化的激励措施、政策和利益相关方的偏好等。

权衡常常发生在小区域与大区域、短期与长期以及可逆性服务与不可逆性服务之间，因而可以从空间、时间和可逆性三个方面去分析与理解生态系统服务之间的权衡（Boyd et al., 2007）。空间权衡是指区域间生态系统服务的相互消长。例如，某区域尝试保持和提高一种服务的供给（如食物等），引起了另一区域很多生态系统服务的大幅下降（Tilman et al., 2002）。时间权衡是指现时的生态系统服务利用可能对未来造成的影响。例如，短期为追求经济利益而实施的粮食生产中施用化肥和农药等措施，会对土地长期的调节和支持功能产生权衡。

根据两种生态系统服务在二维坐标体系构成的曲线特征，权衡关系可以归纳为无相互关联、直接权衡、凸权衡、凹权衡、非单调凹权衡以及反S形权衡等（Lester et al., 2013）。

生态系统服务簇及其权衡受到社会经济和文化因素的影响。通常认为，人们对供给服务最容易感受到，但3 379份面对面问卷调查表明，个体对与之生活密切相关的环境调节服务（如空气净化）等感知最深。研究结果表明，正规教育、环境行为和性别变量是影响人们觉察生态系统提供服务能力的重要因素。通过冗余分析和层次聚类分析，确定了社会偏好导致的生态系统服务权衡和服务簇，清晰地发现了在供给服务和调节服务以及文化服务之间的权衡（Martín-López et al., 2012）。研究发现，市场激励政策和措施，如商品市场、碳税、水总量管制与交易、生物多样性拍卖、生物质能源市场化等，通过土地利用的传导作用最终影响生态系统服务的权衡与协同。激励政策与土地利用、土地利用与生态系统服务之间的关系是非线性的，并且具有时空异质性特征。这些关系具有一对多、多对一和多对多三种模式（Bryan et al., 2013）。

1.3.3.3 生态系统服务权衡协同研究方法与分析工具

在自然科学领域，目前常用的生态系统服务权衡与协同研究方法主要有图形比较、情景分析及模型模拟等（Lautenbach et al., 2010）。图形比较是通过对每一生态系统服务类型进行空间制图，然后应用GIS等工具进行叠加等空间分析，比较其空间重合度，最终识别权衡与协同的类型及区域。情景分析是目前权衡与协同研究最为常见的一种方法，是通过制定若干生态保护或社会经济发展优先或兼顾的情景，来分析各种生态系统服务之间的动态变化。模型模拟途径是指通过机理或统计模型计算出不同生态系统服务的物理量，然后进行权衡与协同分析，最后通过多目标优化等方法，提出满足目标要求的规划方案。

在生态系统服务的模拟和权衡协同分析中，目前较为成功的工具包括ARIES

（ARtificial Intelligence for Ecosystem Services）、InVEST（Integrated Valuation of Ecosystem Services and Tradeoffs）等（Villa et al.，2009）。其中应用最为广泛的是由美国斯坦福大学和世界自然基金会等参与的“自然资源计划”（Natural Capital Project）开发的 InVEST 软件。InVEST 是一个为生态系统服务的评估模拟与权衡提供支持的多层模型。

1.3.3.4　生态系统服务权衡协同的尺度效应与不确定性

从供给方来说，生态系统服务的尺度依存特性来自生态系统功能的尺度效应（Zhang et al.，2013）。一些生态系统服务只在局地尺度发挥效应，如土壤形成等；另一些服务空间范围则是宏大的，如气体调节等。一些生态系统服务持续的时间较短，如汛期洪水减缓等；另一些服务能够长期存在，如水源涵养等。从需求方来说，生态系统服务的尺度依存特征由不同层次消费者在不同阶段对服务需求的差异而导致。不同时空尺度的生态系统服务供给与消费相互作用是权衡与协同具有尺度依存特征的主要原因。从空间尺度来说，由于不同生态系统服务供给与需求在空间上不一致，生态系统服务的空间转移会导致不同层次利益相关方对服务的权衡与协同（Bohensky et al.，2006）。例如，上、中、下游对河流的水源涵养、水质净化、土壤保持、灌溉、防洪、航运等方面的权衡与协同。不同尺度利益相关方对生态系统服务需求的短期与长期利益差异也会引起权衡与协同效应。

一般认为，权衡与协同分析的不确定性来自生态系统服务币值化过程或模型模拟物理量过程。要减少评估过程的不确定性，加大样本数量、使用标准化的评估方法以及提高数据质量是重要途径。

1.4　绿水青山与生态文明建设下的景观生态学发展

景观生态学是现代生态学的一个年轻分支（Farina，1998；Naveh et al.，1994），它的产生和发展得益于人们对现实大尺度生态环境问题的逐步重视，也得益于现代生态科学和地理科学的发展以及其他相关学科领域的知识积累。地理学家、生态学家、土地规划设计和管理人员在试图协调人类社会发展过程中的土地和相关资源开发利用（即农业耕作、城市发展和其他建设）与保护自然生态环境和生态过程之间矛盾的多方努力中，建立和发展了景观生态学。当代大尺度生态环境与可持续发展问题，要求在更大时空尺度上阐明比种群、群落及生态系统生态学研究内容更多的新问题，包括人类活动影响在内的各种机制与过程，以便为土地利用和资源管理的决策提供更具可操作性的行动指南，这为景观生态学的发展提供了巨大的推动力。现代遥感技术、计算机技术及数学模型技术的发展，为景观生态学的发展提供了有力的技术支持。现代生态学、地理学、系统学、信息论等相关学科领域的发展，为景观生态学的发展奠定了坚实的理论基础，使景观生态学不仅成为分析、理解和把握大尺度生态问题的新示范，而且成为真正具有实用意义和广阔发展前景的应用生态学分支。

景观生态学具有综合性、多学科、多层次的特点，这些特点是景观生态学取得重大成功并得到广泛应用的优势所在，成为指导景观规划与管理、生物多样性保护、生态工程、环境保护及实现人类可持续发展的重要理论基础，承载了生态学从理论走向应用的重要历史使命，也是自然科学与社会科学相结合的典范。

1.4.1 景观生态学的概念

景观生态学研究的对象是景观，由于景观生态学的多学科渊源，景观生态学研究者的专业背景多样，加之学科发展处于早期阶段，不同专业背景和不同地区的学者对景观生态学概念的理解也不尽相同（表 1-3），但无论在西方文化中还是在中华文化中，景观都是一个色彩纷呈的名词，也是一个极其大众化的名词。一般公众、宣传媒体和广告都将景观作为一个意义十分广泛和模糊的名词加以应用，更容易引起人们的混淆和误解，为科学地界定和准确地理解景观概念带来了困难。因此，在准确理解和掌握景观生态学的概念之前，必须对景观这一概念进行全面的理解和比较。

表 1-3　景观概念及其研究的发展

景观概念	作为美学意义上的概念	作为地理学意义上的概念	作为生态学意义上的概念
以景观为对象的研究	景观作为审美对象，是风景诗、风景画以及园林风景学科的研究对象	作为地理学的研究对象，主要是从空间结构和历史演化上研究	景观作为景观生态学及人类生态学的研究对象，不但从空间结构及其历史演替上研究，更重要的是从功能上研究
具体定义	是人类能够感知和认识，并能从中得到发展所需要的物质、能量、信息的空间实体	指包含一定组分，并有相互影响和作用的地理综合体	狭义景观是指在几十千米到几百千米范围内，由不同类型生态系统所组成的、具有重复性格局的异质性地理单元；广义景观则包括出现在从微观到宏观不同尺度上的，具有异质性或斑块性的空间单元

景观生态学（Landscape Ecology）定义的最简单表述是：研究景观的结构、功能和变化的学科。景观结构指的是斑块之间的空间关系，景观功能指的是空间要素间的相互作用，而景观变化则包括结构和功能随时间的变化。

“景观生态学”一词最早是1939年由德国植物学家特罗尔（Salisbury, 1939）在利用航空相片研究东非土地利用问题时首先提出来的，用来表示对支配一个区域单位的自然—生物综合体的相互关系的分析。但他当时并不认为景观生态学是一门新的学科，或是科学的新分支，而认为景观生态学是综合的研究方法。

20世纪60年代，德国汉诺威大学景观管理和自然保护研究所首次对景观生态学做了系统理论的解释，认为景观生态学是“研究相关景观系统的相互作用、空间组织和相互关系的一门科学”。佐讷维尔德（Zonneveld, 1979）认为，景观生态学是景观科学的决定性的细分。他认为景观生态学把景观作为由相互影响的不同要素组成的有机整体来研究，并认为土地是景观生态学的核心内容。按照佐讷维尔德的观点，景观生态学不像生态学那样属于生物科学，而是地理学的一个分支。他认为凡是对独立的土地要素所进行的任何综合自然地理的或综合的调查研究，事实上都应用了景观生态学方法。

Pickett等（1989）在林德国际生态研讨会上讨论了景观生态学发展的两个中心问题：一是连接自然地理和生物地球化学，描述和解释尺度为几千米的陆地表面格局；二是连接生物生态学，研究生物与环境间的相互作用，景观生态学要研究的是景观格局对过程的控制与影响机制。

Wiens（1962）认为，景观生态学将景观格局及其随时间的变化与景观功能和过程相连接，并研究这种空间关系怎样作用于生态和环境系统的功能，以及其怎样受人类活动的影响。同时，它还研究怎样运用景观的知识来预测景观价值的变化。

Pickett等（1989）认为景观生态学是一门研究空间格局对生态过程影响的学科。

1998年，国际景观生态学会将景观生态学定义为：“对于不同尺度上景观空间变化的研究，它包括景观异质性的生物、地理和社会的因素，它是一门连接自然科学和相关人类科学的交叉学科。”

1.4.2 景观生态学的研究对象和内容

景观生态学的研究对象和内容可概括为以下几个方面（图1-4）。

（1）景观结构：即景观组成单元的类型、多样性及其空间关系。例如，景观中不同生态系统（或土地利用类型）的面积、形状和丰富度，它们的空间格局以及能量、物质和生物体的空间分布等，均属于景观结构特征。

（2）景观功能：即景观结构与生态学过程的相互作用，或景观机构单元之间的相互作用。这些作用主要体现在能量、物质和生物有机体在景观镶嵌体中的运动过程之中。

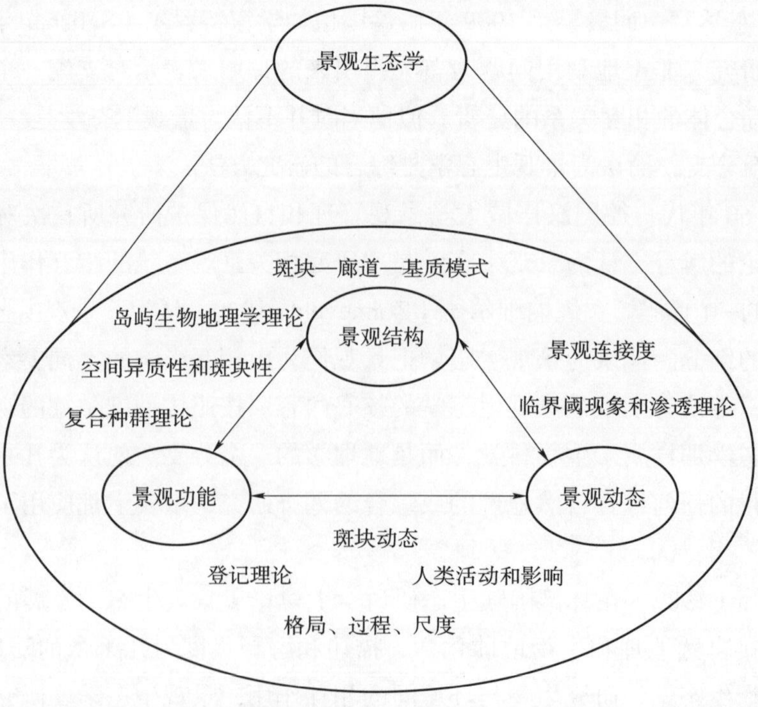

图 1-4　景观结构、功能和动态的相互关系以及景观生态学中的基本概念和理论图

（资料来源：邬建国，2007）

（3）景观动态：即指景观在结构和功能方面随时间的变化。具体来讲，景观动态包括景观结构单元的组成成分、多样性、形状和空间格局的变化，以及由此导致的能量、物质和生物在分布与运动方面的差异。

景观结构、景观功能和景观动态是相互依赖、相互作用的。无论在哪一个生态学组织层次上（如种群、群落、生态系统或景观），结构与功能都是相辅相成的。结构在一定程度上决定功能，而结构的形成和发展又受到功能的影响。比如，一个由不同森林生态系统和湿地系统所组成的景观，在物种组成、生产力以及物种循环诸方面都会显著不同于另一个以草原群落和农田为主体的景观。即使是组成景观的生态系统类型相同，数量也相当，它们在空间分布上的差别也会对能量流动、养分循环、种群动态等景观功能产生明显的影响。景观结构和景观功能都会随时间的变化而变化，景观动态是多种人为的、自然的、生物和非生物因素共同作用的综合性结果。与此同时，景观功能的变化可能会导致景观结构的变化，如优势物种的减少或灭绝对生境结构造成影响，导致养分循环过程受到干扰，从而导致生态系统结构的改变。目前，人们关注最多的景观动态是过度放牧、森林砍伐、农田开垦、城市扩张等，以及由此造成的植被破坏、水土流失、土地沙化、生物多样性减少等生态功能方面的破坏。

综上所述，景观生态学的基本任务可以简单概括为以下四个方面。

（1）景观生态系统结构与功能的研究：通过探究景观生态系统中的物理过程、化学过程、生物过程以及经济社会过程来探讨景观生态系统的结构、功能、稳定性及演替。通过对景观生态系统中物质流、能量流、信息流、价值流的研究，来模拟景观的动态变化，从而建立各类景观的优化模式。

（2）景观生态的检测和预警研究：人类活动会对景观生态产生各种影响，因此有必要对人类活动影响和干预下的自然环境变化进行监测，并对景观结构和功能可能发生的改变及环境变化做出预警。

（3）景观生态设计与规划研究：在区域生态良性、可持续发展的前提下，对景观生态进行合理的规划和设计，达到与区域相协调的生态结构。

（4）景观生态保护与管理研究：景观生态学不仅要研究景观生态系统自身发生、发展和演化的规律，还要探求合理利用、保护和管理景观的途径与措施。

1.4.3　绿水青山与生态文明建设的景观生态学

由以上对景观生态学定义的简单表述可知，景观生态学就是研究斑块之间的空间关系、空间要素间的相互作用及这些空间关系和相互作用随时间变化的科学。景观生态系统是由多种要素相互关联、相互制约构成的。而绿水青山的组成要素包含了山水林田湖草，参照《全国土地利用分类》（毛德华等，2016；王春连等，2010；徐燕侠，2013；许策等，2017）划分景观类型，可以将“绿水青山”包含的生态景观划分为林地、草地、耕地、水域等，按照景观分类系统的不同等级（陈爱莲等，2010），这些不同要素构成的景观可以分为森林生态系统、草地生态系统、水域生态系统、农田生态系统等。这些不同的生态系统，在生态文明建设中表现为水生态文明建设、森林生态文明建设、农田生态文明建设、荒漠生态文明建设和城镇生态文明建设等，形成健康有序的生态运行机制和发展机制，从而组成了绿水青山与生态文明建设的景观生态学（表1-4）。

水生态文明建设以水资源高效利用和有效保护为核心，加强水资源管理，以水资源的可持续利用保障经济社会的可持续发展；森林生态文明建设以保护建设森林、湿地、荒漠生态系统和维护生物多样性为重点，实施好天然林资源保护、退耕还林、京津风沙源治理、“三北”防护林等重大生态修复工程，完善重大生态工程建设布局，加快构筑国土生态安全屏障；农田生态文明建设以维持稳定持续的农田生态系统为目标，利用生态学的原理和方法，建立遵循自然规律的农业生产体系；荒漠生态文明建设以土地治理和生态修复为重点，创新荒漠化土地的利用；城镇生态文明建设以生态文明宜居为目标，促进城镇产业的生态化转型与发展，构建更多绿色宜居生态空间（谷树忠等，2013）。

表 1-4 景观分类系统 （参照《全国土地利用分类》）

一级分类	二级分类	描述
林地	有林地	阔叶林、针叶林、混交林等
	灌木林地	灌木林地、其他灌木林地等
	其他林地	疏林地和未成林地等
	灌丛	多分布在阴坡的灌丛
草地	沼泽草地	分布在排水不畅的滩地
	其他草地	以天然草本植物为主，用于放牧或割草的所有草地
耕地	旱地	主要靠降水种植作物的耕地，一般无灌溉
	水浇地	指有水源保证或灌溉设施，一般能正常灌溉的耕地
水域	水域	包括湖泊、河流、水库等
建设用地 / 裸地	建设用地和裸地	城市、农村建设用地，部分道路、工矿用地及裸地等

习近平总书记提出“绿水青山就是金山银山”的理念及“山水林田湖草生命共同体”的概念，其实就是为了保护好我们赖以生存的环境，建设好生态文明。无论是“绿水青山”还是“山水林田湖草”，都是关系人民福祉、关乎民族未来的长远大计。面对资源约束趋紧、环境污染严重、生态系统退化的严峻形势，必须树立尊重自然、顺应自然、保护自然的生态文明理念，把生态文明建设放在突出地位，融入经济建设、政治建设、文化建设、社会建设各方面和全过程，努力建设美丽中国，实现中华民族永续发展。

1.5 绿水青山与生态文明建设背景下的人与自然的和谐共生

党的十八大以来，以习近平同志为核心的党中央把建设美丽中国摆在重要地位，把生态文明建设纳入“五位一体”总体布局，将“坚持人与自然和谐共生”纳入新时代坚持和发展中国特色社会主义基本方略，把绿色发展纳入新发展理念，把污染防治纳入三大攻坚战，打响了蓝天、碧水、净土的保卫战。我国生态环境保护发生了历史性、转折性、全局性变化，生态文明理念更加深入人心。“十四五”规划建议提出：建设人与自然和谐共生的现代化；持续改善环境质量，增强全社会生态环保意识，深入打好污染防治攻坚战。这些重要论述，为新时代生态文明建设进一步明确了方向，提供了重要遵循。

1.5.1 人与自然的关系演变

人与自然是一个有机整体，人类的生存和发展一刻也不能脱离自然界，人类社会发展的历史就是人与自然相互依存、相互影响和相互作用的历史。因此，人类自诞生之日起，就密切关注其自身与自然之间的关系，而人类对人与自然之间关系的认识是随着科学与技术的发展而改变的。在古代社会，由于科学技术水平很低，人类不仅对自然界的奥秘无法理解，而且无法抗拒强大的自然力，因此对自然产生了敬畏和崇拜感；近代以来，随着科学技术的迅猛发展，人类不仅破解了一个又一个自然之谜，而且在改造和征服自然的过程中取得一个又一个重大胜利，因而随之产生了人类中心主义思想。20 世纪 50 年代以来，科学技术的“滥用”导致了严重的生态危机，它促使人类重新反思人与自然之间的关系，这种反思促进了反人类中心主义思想的诞生。今天，人们终于意识到，自然也具有内在价值，也在一定程度上具有主体性、主动性和目的性。通过对人类自己所造成的生态危机的深刻反思，人们逐渐认识到，人与自然之间的关系完全是一种共存共荣的合作伙伴关系，而绝不是征服与被征服的敌对关系；而且，自然界是我们人类的衣食父母，为我们人类的生存提供了一切物质基础。在这种思想指导下，人类提出了可持续发展战略。要想实现可持续发展，促进人类文明水平的进一步提高，我们就必须有目的、有意识地保护环境，维持生态平衡，与自然和谐共处。我国由于人口众多，人均自然资源少，条件较差，因而可持续发展战略对我国的社会发展具有特殊重要的意义。我们必须清醒地认识到我国环境问题、生态问题的严重性，坚持科学发展观，努力协调人与自然之间的关系，为构建和谐社会提供保证（林永政，2007）。考察人类社会的发展进程可以发现，人类与自然的关系既对立又统一，大致经历了对抗、征服、和谐发展三个阶段。

（1）对抗阶段。那时，人类刚刚诞生，使用着原始简陋的生产工具，生产力水平不高，调节和改造自然的能力不足，人类与自然的关系是原始的统一。一方面，人类依靠简单的工具或者直接从自然界获取一切所需；另一方面，对于人类来说自然界神秘莫测，主宰人类命运的“神力”无处不在。自然界是人类依存的对象，同时又让人类感到恐惧、迷信和崇拜，原始的宗教和迷信由此产生。

（2）征服阶段。在与自然斗争的过程中，人类的实践能力进一步增强，特别是随着近现代科学技术和生产力的飞速发展，人类征服、改造甚至驾驭自然的步伐加快加大，人类的欲望进一步膨胀，人类不再满足于“利用和改造自然”，而要“统治和主宰自然”。在人类践踏大自然的过程中，人与自然的平衡关系被打破，自然在人类的“统治和主宰”下逐渐“退化”，而人类在征服中逐渐发现，人类赖以生存和发展的基础——自然环境遭到了灾难性的破坏。

（3）和谐发展阶段。在征服阶段，人类不得不面对滥用资源、污染环境、破坏生态等日益威胁人类自身生存和发展的危机，这进一步引发人类开始理性地反思人与自然的关系问题，逐渐认识到人与自然和谐相处、协调发展才是人类生存和发展之道。人类破坏了自己生存的自然环境，人类自身也将毁灭（朱红兵，2018）。

考察人与自然关系的演化进程，不难看出，自然是人类生存和索取物质的对象，同时也是人类精神生活和精神财富产生及进步的源泉。人类改善自身的生活条件，提升自身的生活水平，必须改造自然以提升环境的舒适程度；与此同时，对自然的改造也必须适度，必须保护好生态环境，这是人与自然关系演化至今给人类提出的时代要求。因此，人类必须理性思考人与自然的关系问题，树立正确的人与自然和谐共生的观念，坚持可持续的发展理念，维持生态平衡，发展生态产业，走可持续的社会经济发展模式，以期实现人与自然的和谐发展。

1.5.2 人类对自然环境的影响

当前，人与自然的矛盾性质和特点发生了历史性的变化，人类在为自己征服、改造自然的奇功而自豪的同时，也体会到了自身生存环境所面临的危机。自然环境是人类生存的基础，自然资源的过度消耗、生态环境的污染、无节制的人口膨胀，使人类赖以生存的地球环境遭到破坏，人与自然的生态平衡失稳，导致了诸如全球气候变暖、生物多样性逐渐消失、土地沙漠化、资源匮乏等一系列全球生态环境危机。

梭罗说，只有人与自然有某种温柔的关系，生活才是名副其实的生活。这种主张把人类社会中与人为善、和谐共处的关系拓展到了自然界，即主张人与自然和谐共生的关系。这和当下的环境伦理思潮不谋而合。环境伦理，将伦理对象扩展到自然存在，促使我们以最道德的方式最大限度地适应自然环境。这是人类对环境污染和生态失衡问题的一种反思，是人与生态环境之间利益分配与善意和解的关系，是人与自然和谐共生的关系。

总体来看，人类对自然环境的积极影响表现为以下几个方面（伍光和等，2002）：

（1）通过开垦和养殖活动把大量天然生态系统改造成农业生态系统，把可食用的某些植物培养成农作物，把可食用、观赏的野生动物驯化为饲养动物，满足了人们的需求。

（2）培育了优于天然土壤的各种农业土壤，这些优渥的土壤用来种植粮食、蔬菜、瓜果、花卉等，以保证对人类需求的供给。

（3）人类对地表和近地表物质的机械搬运使地貌发生了变化，但这种改变为农业生产、采矿、水利和交通建设所必需。

（4）水利建设改变了地表水的时空分布，保证了航运和灌溉，也是人类对环境的积极改造。

人类对自然环境的改造在带来积极影响的同时，也会带来了负面影响。例如，农业开发会导致森林和草原受到破坏；捕食、猎取其他动物会加剧物种的减少，甚至带来物种的灭绝；破坏原有地貌会导致地表稳定性减弱，使侵蚀强度增加等；不合理的灌溉和耕作会造成土壤盐渍化、改变土壤渗透能力、加剧土壤侵蚀和土地荒漠化等；破坏水源涵养林会引起突发性洪流；盲目抽取地下水将导致区域性地下水位下降，河流上游超量用水将导致下游断流等。此外，人类对大气圈与气候也造成了很大影响，燃烧化石燃料使大气 CO_2 浓度急剧增加，造成氧平衡失调；人为活动增加了大气固体微粒含量，使到达地表的太阳能辐射发生改变，导致了气温变化；排放到空气中的氟利昂严重破坏了臭氧层。至于从陆地到水体，从大气到土壤和生物的污染，就更是人类对地理环境最消极的影响了。

1.5.3 自然环境对人类不合理行为的反馈

人类在征服自然、利用自然取得巨大成果的同时，对自然均衡状态的破坏也达到了相当严重的程度。目前全球存在的人与自然的突出问题主要有人口问题（人类自身问题）、资源问题（自然问题）、环境问题、生态问题（人与自然的关系问题）。

19 世纪初，全世界人口总数不过 10 亿，20 世纪初达到了 16 亿，20 世纪末已猛增到 60 亿。截至 2020 年 3 月 25 日，全球 230 个国家人口总数为 7 585 204 179 人。其中中国以 14.0005 亿人位居第一，成为世界上人口最多的国家。人口的爆炸性增长已经成为人与自然关系中首要的问题。20 世纪 50 年代初期，全世界人均占有耕地面积 0.57 hm^2，70 年代中期降为 0.39 hm^2，90 年代初进一步减少到 0.28 hm^2。据统计，2011 年世界人均耕地面积为 0.25 hm^2，我国人均耕地面积仅占世界人均耕地面积的 42.4%，仅有 0.106 hm^2。耕地的缺乏必然导致粮食的不足，目前全世界共有 100 多个国家需要粮食援助，人地关系矛盾成为人与自然环境问题中首先要解决的问题之一。

部分物种灭绝、水土流失、土地盐碱化、荒漠化、气候变迁等都是自然过程。不合理的人类活动往往会促进不利于人类本身的过程加速发展，反过来损害甚至毁灭人类文明。例如，20 世纪物种的加速灭绝已经使生物多样性的丧失达到空前的程度，灭绝物种达 100 万种以上。据不完全统计，21 世纪现有物种的 1/3 也将灭绝，几乎相当于过去数百万年正常灭绝物种的总和。而大多数物种的灭绝将对科学和人类本身造成严重危害。又如近 200 年来，全球森林面积至少减少了 40%，寒温性针叶林，热带、亚热带森林被大面积砍伐，开辟为永久性农田。草原也被破坏，20 世纪全球草原面积已减少近半，绿色植物的急剧减少破坏了大气氧平衡，已经造成全球性生态灾难。

乱砍滥伐、过度放牧、过度樵采等不合理的资源利用，导致了水土流失加剧和部分地区的荒漠化。中国是世界上水土流失最为严重的国家之一，由于特殊的自然地理和社会经济条件，使水土流失成为主要的环境问题。中国的水土流失分布范围广、面积大，根据公布的中国第二次遥感调查结果，中国的水土流失面积达 356 万 km^2，占国土总面积的 37%，土壤流失严重，根据统计，中国每年流失的土壤总量达 50 亿 t。目前全球荒漠化土地面积达到 3 600 万 km^2，占陆地总面积的 1/4，且每年仍按 5 万～7 万 km^2（平均 6 万 km^2）的速度扩大，土地荒漠化已成为全球生态的“头号杀手”。全世界受荒漠危害的国家达 110 多个，10 亿人口受到直接威胁。

此外，过量用水导致的河流水量减少、断流，湖泊缩小、海水入侵河口段等一系列问题；过量开采导致的能源与矿产枯竭也是全球性问题；环境污染空前严重，新污染源和污染物不断增加，污染范围日益扩大。环境污染造成的后果已明显威胁到人类自身的生存与发展。严峻的现实赋予我们全新的使命，即为了人与自然的协调发展与人类社会的可持续发展，重新审视人与自然的关系，建立科学的、综合的区域开发理论。

1.5.4 人与自然的协调发展

近代以来，由于科学技术的发展，人类认识自然、改造自然的能力大大提高，人类实践的范围不断扩大，使得更多的“天然自然”转化为“人化自然”。“人化自然”表明人与自然之间的相互联系、相互渗透越来越密切。人与自然之间客观上形成的依存链、关联链和渗透链，必然要求人类在认识自然、改造自然、推动社会发展的过程中，不仅要自觉地接受社会规律的支配，同样要自觉地接受自然规律的支配，促进自然与社会的稳定和同步进化，推动自然与社会的协调发展。

另外，人与自然之间又是相互对立的。人类为了更好地生存和发展，总是要不断地否定自然界的自然状态，并改变它；而自然界又竭力地否定人，力求恢复到自然状态。人与自然之间这种否定与反否定，改变与反改变的关系，实际上就是作用与反作用的关系，如果对这两种“作用”的关系处理得不好，特别是自然对人的反作用在很大程度上存在自发性，这种自发性极易造成人与自然之间关系的失衡。

人类活动包括生产活动、消费活动和人类本身的发展，都必须适应自然环境的承受力和容量；人类所谓“改造”和“征服”自然的行动，必须以自然地理环境整体，而不是以个别组成要素为出发点；人类活动必须遵循自然的发展规律，而不能违背自然规律。总之，必须根除人与自然对抗，树立两者协调发展的观念，也就是要树立可持续发展观念。

可持续发展最早出现于1980年世界自然保护同盟的《世界自然资源保护大纲》，“必须研究自然的、社会的、生态的、经济的以及利用自然资源过程中的基本关系，以确保全球的可持续发展”。1981年，美国布朗（Lester R. Brown）的《建设一个可持续发展的社会》，提出以控制人口增长、保护资源基础和开发再生能源来实现可持续发展。1987年，世界环境与发展委员会发布《我们共同的未来》报告，将可持续发展定义为：“既能满足当代人的需要，又不对后代人满足其需要的能力构成危害的发展”，系统阐述了可持续发展的思想。20世纪90年代以来，可持续发展应遵循的发展原则得到了进一步的补充和完善。目前，发展科学技术也成为世界各国实现可持续发展的重大举措，用以维护生态平衡、改善人类生存环境、提高人民生活质量、保证人与自然的协调发展。妥善处理好人口、资源、环境的关系，关系到经济和社会的持续、快速发展，人民生活质量的提高和人类的生存和发展。我国人口众多、资源相对短缺和生态环境脆弱的现实国情要求我们必须坚持绿色发展，树立尊重自然、顺应自然、保护自然的生态文明理念，正确处理好经济发展同生态环境保护的关系，走可持续发展的生态发展之路。

总之，人类向自然的无止境索取和破坏性开发，引发各种不可持续现象的发生，人类社会日益受到严重的“生存危机”的拷问，其“根源在于以往人类对于维系自身生存发展的自然生态系统的忽视”（朱红兵，2018），“人类社会经济活动不可超越生态系统所规定的‘界限’以维护人类生存系统及其可持续性，这是‘可持续发展’问题的本原”。坚持以现代生态自然观为指导，坚持可持续的发展理念，维护人与自然系统的平衡，才能真正使人类社会得以持续、健康发展（赵玲等，1998）。为了子孙后代的可持续发展，我们应考虑生态系统的承载力和范围，运行和控制经济系统的发展，实现经济系统与生态系统的良性协调发展。在改造和利用自然的同时，保证生态环境的稳定与繁荣。充分运用人类的智慧和创造力维护生态平衡，与自然界建立和谐共存关系，创造人类更加美好的未来。

可持续发展要求人们开发利用自然条件和自然资源时，兼顾当代人和后代人的权益，即兼顾眼前利益和长远利益。按照我们的理解，还应该兼顾局部和区域的利益甚至全人类和整体自然环境的利益。简言之，就是要兼顾人与自然利益。地球在众多星球中成为拥有独特地理环境、发育生命与人类的幸运行星，可谓来之不易，人类应加倍珍惜地球的自然环境。

参考文献

[1] Farina A. 1998. Principles and Methods in Landscape Ecology. London: Chapman & Hall Ltd.

[2] Bohensky E L, Reyers B, Jaarsveld A. 2006. Future ecosystem services in a Southern African river basin: a scenario planning approach to uncertainty. Conservation Biology, 20(4): 1051-1061.

[3] Bryan, Brett A. 2013. Incentives, land use, and ecosystem services: synthesizing complex linkages. Environmental Science & Policy, 27(27), 124-134.

[4] Assessment M E. 2005. Ecosystems and human well-being: synthesis.

[5] Tilman D, Cassman K G, Matson P A, et al. 2002. Agricultural sustainability and intensive production practices. Nature, 418(6898): 671-677.

[6] Lester S E, Costello C, Halpern B S, et al. 2013. Evaluating tradeoffs among ecosystem services to inform marine spatial planning. Marine Policy, 38(MAR): 80-89.

[7] Nelson E, Mendoza G, Regetz J, et al. 2009. Modeling multiple ecosystem services, biodiversity conservation, commodity production, and tradeoffs at landscape scales. Frontiers in Ecology and the Environment. 7(1): 4-11.

[8] Salisbury E J. 1939. The British Islands and their Vegetation. Nature, 144(3642): 305-306.

[9] Villa F, Athanasiadis I N, Rizzoli A E. 2009. Modelling with knowledge: A review of emerging semantic approaches to environmental modelling. Environmental Modelling and Software, 24(5), 577-587.

[10] Su C H, Fu B J, He C S, et al. 2012. Variation of ecosystem services and human activities: A case study in the Yanhe Watershed of China. Acta Oecologica, 44: 46-57.

[11] Tallis H, Kareiva P, Marvier M, et al. 2008. Ecosystem Services Special Feature: An ecosystem services framework to support both practical conservation and economic development. Proceedings of the National Academy of Science, 105(28): 9457-9464.

[12] Boyd J, Banzhaf S. 2007. What are ecosystem services? The need for standardized environmental accounting units. Ecological Economics, 63(2-3): 616-626.

[13] Maes J, Paracchini M L, Zulian G, et al. 2012. Synergies and trade-offs between ecosystem service supply, biodiversity, and habitat conservation status in Europe. Biological Conservation, 155(Complete): 1-12.

[14] Lautenbach S, Volk M, Gruber B, et al. 2010. Quantifying Ecosystem Service Trade-offs. International Environmental Modelling and Software Society (iEMSs). International Congress on Environmental Modelling and Software Modelling for Environment's Sake,

Fifth Biennial Meeting, Ottawa, Canada.

[15] Bennett E M, Balvanera. 2007. The future of production systems in a globalized world. Frontiers in Ecology and the Environment, 5(4): 191-198.

[16] Swallow B, Sang J, Nyabenge M O, et al. 2009. Tradeoffs, synergies and traps among ecosystem services in the Lake Victoria basin of East Africa. Environmental Science & Policy, 12(4): 504-519.

[17] Martín-López B, Iniesta-Arandia I, García-Llorente M, et al. 2012. Uncovering Ecosystem Service Bundles through Social Preferences. PLoS ONE, 7(6): e38970.

[18] Wu M H, Liu Y H, Xu Z C, et al. 2021. Spatio-temporal dynamics of China's ecological civilization progress after implementing national conservation strategy. Journal of Cleaner Production, 285: 124886.

[19] Perring M P, Standish R J, Hulvey K B, et al. 2012. The Ridgefield Multiple Ecosystem Services Experiment: Can restoration of former agricultural land achieve multiple outcomes? Agriculture Ecosystems & Environment, 163: 14-27.

[19] Pickett S T A, McDonnell M J. 1989. Seed bank dynamics in temperate deciduous forest.// Leck M A, Parker V T, Simpson R L. Ecology of Soil Seed Banks. Academic Press.

[20] Wiens H J. 1962. Atoll Environment and Ecology. Geographical Journal, 128(4): 544-545.

[21] Zhang Y J, Holzapfel C, Yuan X Y. 2013. Scale-dependent Ecosystem Service.//Wratten S, Sandhu H, Cullen R, Costanza R. Ecosystem Services in Agricultural and Urban Landscapes. Wiley-Blackwell.

[22] Naveh Z, Lieberman A S. 1994. Landscape ecology: theory and application. New York: Springer-Verlag.

[23] Zonneveld B J M. 1979. Winterhardiness in Sempervivum. Houslekes, 10(2): 56-57.

[24] 阿伦·盖尔，曲一歌 . 2021. 生态文明的生态社会主义根源 . 国外社会科学前沿 (02): 29-41.

[25] 蔡庆华，唐涛，邓红兵 . 2003. 淡水生态系统服务及其评价指标体系的探讨 . 应用生态学报，(01): 135-138.

[26] 陈爱莲，朱博勤，陈利顶，等 . 2010. 双台河口湿地景观及生态干扰度的动态变化 . 应用生态学报，21(05): 1120-1128.

[27] 傅伯杰，周国逸，白永飞，等 . 2009. 中国主要陆地生态系统服务功能与生态安全 . 地球科学进展，24(06): 571-576.

[28] 谷树忠，胡咏君，周洪 . 2013. 生态文明建设的科学内涵与基本路径 . 资源科学，35(01): 2-13.

[29] 郝欣，秦书生 . 2003. 复合生态系统的复杂性与可持续发展 . 系统辩证学学报，(04): 23-26.

[30] 蒋高明. 2018. 社会—经济—自然复合生态系统. 绿色中国, (12): 52-55.
[31] 姜霞, 王坤, 郑朔方, 等. 2019. 山水林田湖草生态保护修复的系统思想——践行“绿水青山就是金山银山”. 环境工程技术学报, 9(05): 475-481.
[32] 李海生, 张惠远, 张强, 等. 2021. 以生态文明引领黄河文明复兴. 环境保护, 49(Z1): 54-57.
[33] 林永政. 2007. 从系统协调的观点看和谐社会的构建. 边疆经济与文化, (11): 72-73.
[34] 李双成, 郑度, 杨勤业. 2001. 环境与生态系统资本价值评估的若干问题. 环境科学, (06): 103-107.
[35] 李杨. 2021. “两山”理念的理论贡献与实践路径研究. 理论研究, (01): 27-32+38.
[36] 刘东. 1996. 周恩来关于环境保护的论述与实践. 北京党史研究, (03): 28-30.
[37] 刘青, 胡振鹏. 2007. 江河源区复合生态系统研究. 江西社会科学, (02): 250-253.
[38] 中共中央马克思恩格斯列宁斯大林著作编译局. 1979a. 马克思恩格斯全集：第 42 卷. 北京：人民出版社.
[39] 中共中央马克思恩格斯列宁斯大林著作编译局. 1979b. 马克思恩格斯选集：第 3 卷. 北京：人民出版社.
[40] 中共中央马克思恩格斯列宁斯大林著作编译局. 2009. 马克思恩格斯文集：第 1 卷. 北京：人民出版社.
[41] 马世骏, 王如松. 1984. 社会－经济－自然复合生态系统. 生态学报, (01): 1-9.
[42] 马晓茜, 张海夫, 郭祖全. 2021. 基于民族生态文化视角的云南生态文明建设研究. 生态经济, 37(02): 216-221.
[43] 毛德华, 王宗明, 罗玲, 等. 2016. 1990—2013 年中国东北地区湿地生态系统格局演变遥感监测分析. 自然资源学报, 31(08): 1253-1263.
[44] 秦书生. 2008. 复合生态系统自组织特征分析. 系统科学学报, (02): 45-49.
[45] 沈满洪. 2018. 从生态省建设到美丽中国建设，浙江在线 https: //zjnews.zjol.com.cn/gaoceng_developments/201807/t20180726_7864356.shtml.
[46] 石建平. 2003. 县域复合生态系统的理论构建. 福建论坛（经济社会版）, (05): 6-8.
[47] 石建平. 2004. 复合生态系统信息图谱的研制. 地球信息科学, (02): 109-114.
[48] 万冬冬. 2021. 中国特色生态文明建设的重要意义. 中国集体经济, (07): 95-96.
[49] 伍光和, 田连恕, 胡双熙, 等. 2000. 自然地理学（第三版）. 北京：高等教育出版社.
[50] 王春连, 张镱锂, 王兆锋, 等. 2010. 拉萨河流域湿地系统景观格局多尺度分析. 资源科学, 32(09): 1634-1642.
[51] 王建. 现代自然地理学. 2001. 北京：高等教育出版社.
[52] 王如松. 2003. 资源、环境与产业转型的复合生态管理. 系统工程理论与实践, (02): 125-132+138.
[53] 邬建国. 2007. 景观生态学：格局，过程，尺度与等级. 北京：高等教育出版社.

［54］吴刚，李静，邓红兵 . 2000. 农林生态系统界面生态学初探 . 应用生态学报，(03): 459-460.
［55］吴立利，李伟 . 2021. 生态文明内涵的逻辑辨析 . 昆明学院学报，43(01): 37-41.
［56］习近平 . 2017. 决胜全面建成小康社会，夺取新时代中国特色社会主义伟大胜利——在中国共产党第十九次全国代表大会上的报告 . 理论学习，(12): 4-25.
［57］习近平 . 2018. 在纪念马克思诞辰 200 周年大会上的讲话 [J]. 实践（思想理论版），(06): 5-10.
［58］新华社 . 2018. 习近平出席全国生态环境保护大会并发表重要讲话 . 创造，(05): 9-10.
［59］徐燕侠 . 2013. 城市区域生态系统结构与格局遥感调查与变化分析（硕士）. 杭州：浙江大学 .
［60］许策，李超，张天柱，等 . 2017. 基于地形梯度的河北省怀来县山地生态系统空间分布及变化特征分析 . 水土保持通报，37(05): 198-204+212.
［61］叶文虎 . 2004. 人与自然系统中的三种生产理论 . 安徽科技，(06): 6-8.
［62］袁旭梅，韩文秀 . 1998. 复合系统的协调与可持续发展 . 中国人口・资源与环境，(02): 53-57.
［63］张环宙，沈旭炜，李寒凝 . 2021. “绿水青山就是金山银山”的浙江实践与转化路径 . 环境与可持续发展，46(01): 120-125.
［64］赵建军，杨博 . 2015. “绿水青山就是金山银山”的哲学意蕴与时代价值 . 自然辩证法研究，31(12): 104-109.
［65］赵玲，黄冬梅 . 1998. 可持续性发展与现代生态自然观 . 吉林地质，(01): 52-55.
［66］朱红兵 . 2018. 浅析生态自然观与可持续发展的关系 . 中国集体经济，(01): 86-87.
［67］中共中央文献研究室 . 1995. 新中国成立以来重要文献选编：第十一册 . 北京：中央文献出版社 .

第2章

山水林田湖草生命共同体的科学内涵

山水林田湖草是地表常见的自然景观，是人们赖以生活的重要环境单元，也是人类之所依托而繁衍生息的重要物质基础，更是人类社会独有的一切文明和文化得以产生、演进和升华的温床。

以山为例，随着古人对生存环境意识的加强，一些文化现象和文明雏形也便随之产生。汉字中的“山”始见于殷商时代象形文字“癸山敦”中的“山”字，呈现出三座峰峦相接的形状，既表示形态也表示多重之意（三在古代常用来表示多数之意），至春秋时代的“山且丁爵”中的“山”字，已由先前的敦实演变为清瘦，而到秦代的小篆（秦篆），“山”字更趋于线条化，此后发展为隶书和楷书的山字（陈政，1986）。而“山”的本义是地面上由土石构成的隆起部分，因为山是高耸的而引申出“大”等含义（陈政，1986），如高山巍峨。由于古人对山水林田湖草等景观的认识加深，与之相关的类似文化现象便不断产生，形成记述各种自然现象、人类活动、上古传说、占卜未来的文字符号，进一步丰富了诗词歌赋等文艺作品。“三山半落青天外，二水中分白鹭洲”，李白将山水画卷以名联的方式展现在其律诗《登金陵凤凰台》中，成为千古佳句，表达着苍天之下山水相依相生的关系。有山重水复就有万水千山、有青山绿水因之有山清水秀，隐含着山地良好的植被覆盖和冲积平原逶迤连绵的草地的保土洁水的天然作用，山水林草彼此之间的联系在这些成语中已经有所展现。此外，湖光山色、江山如画、锦绣河山、深山老林、丰草长林、沧海桑田、襟江带湖等，这些成语无不揭示着山水林田湖草景观中两两之间的交相辉映、相依相生的密切关联特性。所有上述成语展现了山水林田湖草等景观的美好秀丽，给人清新、明澈、悠然之感。

随着人口的增长和社会经济的发展、人口密度的增大和生产工具的现代化，人们对环境的影响能力和影响程度也在逐渐增大，对生态系统的负干预能力也在增大。这使得原有的部分天然生态空间逐渐被人们的生产和生活空间所挤占，造成生态退化和生态系统服务功能下降等问题。尤其是一些极端的生产生活方式，如焚林而猎、焚林而田、竭泽而渔等，严重地破坏了生态系统的原有平衡，改变了山水林田湖草不同景观的布局、丰度或规模，使得生态环境变差、生态功能弱化，最终会极大地威胁到人类的生存质量，挤压人类的有效生存空间。当然，一些自然灾害也会导致生态环境变差、生态系统功能降低。随着当代人们意识的提高，人们力争减少对生态环境的负面干预，并且极力做出正面干预，为此，一些国家及其不同部门开始积极应对生态退化问题，开展生态工程以修复退化、受损的生态系统。但是，护山、治水、养田各自为政的单要素治理模式忽视了生态系统的完整性，成效并不明显，常常是旧问题尚未彻底解决却又产生了新问题，部分地区甚至出现生态系统再退化问题（彭建等，2019）。显然，良好的生态环境是人类赖以生存和逐步提高生活水平的前提，地球部分地方的生态环境存在脆弱性或者趋于恶化，而生态保护和生态修复是人类目前面临的艰巨任务之一。在我国，为了更好地推进生态文明建设，保障生态系统功能完整性，财政部、国土资源部与环境保护部于2016年9月联合发文，明确要求以“山水林田湖草是一个生命共同体”为重要理念开展山水林田湖草生态保护修复工作，在生态环境受损区、重要生态功能区、生态脆弱区及生态敏感区对国土空间实施整体保护、系统修复、综合治理。显然，这里的“整体”“系统”和“综合”，是我们正确理解山水林田湖草生命共同体内在机制的钥匙。

本章以“山水林田湖草是一个生命共同体”的科学论断为理论指导，以地表广泛分布的流域这一地貌单元为其相互联结或者关联的共同纽带，探讨流域尺度内这一生命共同体中各要素间的内在作用机制，包括彼此间的区位分布特征、天然的空间配置关系、各自蕴含的资源禀赋、彼此之间的相互促进作用机制或相互制约作用机制，以及人类活动与该生命共同体间的主要互动机制。

2.1 山水林田湖草生命共同体的科学内涵

一个地区地表所有要素是构成其地表整个环境必不可少的组成部分，是物质流、能量流、信息流等传送和接收的紧密环节，是维护环境协调发展的根本所在。以往人们对资源开采利用、环境保护及修复等采取的措施很难达到系统化、综合化和高效化。

2013年11月9日，习近平总书记在《关于〈中共中央关于全面深化改革若干重大问题的决定〉的说明》中指出：“我们要认识到，山水林田湖是一个生命共同体，人的命脉在田，田的命脉在水，水的命脉在山，山的命脉在土，土的命脉在树。用途管制和生态修复必须遵循自然规律，如果种树的只管种树、治水的只管治水、护田的单纯护田，很容易顾此失彼，最终造成生态的系统性破坏。”这是“山水林田湖是一个生命共同体”概念的首次论述。2017年7月19日，习近平总书记主持召开中央全面深化改革领导小组第三十七次会议，在通过《建立国家公园体制总体方案》时将“草”纳入山水林田湖同一个生命共同体中（成金华等，2019）。从此，山水林田湖草生命共同体的概念更为具体、充实，内涵更为完整。这一科学论断成为指导人类与自然之间建立和谐关系的重要原则，对统筹山水林田湖草的系统保护、有效管理、合理建设和科学治理具有重要指导作用。

许多学者已经从不同方面对山水林田湖草生命共同体进行了充分解读，探讨了“山水林田湖草生命共同体”的科学内涵和实践路径（成金华等，2019；王波等，2018；

王金南等，2017；王夏晖等，2018；张惠远等，2019），以及关于生命共同体生态保护的方法、技术和制度建设（成金华等，2019；刘威尔等，2016；吴钢等，2019；邹长新等，2019）；针对具体生态保护修复案例，提出了以多要素综合、多部门协作、多渠道保障、多目标优化为核心内容的山水林田湖草“多目标跨区联动”保护修复模式（王振波等，2019）。认为生命共同体各要素之间是普遍联系和相互影响的，不能实施分割式管理；人类必须处理好人与自然、局部与整体、发展与保护的关系（中共中央文献研究室，2017）。在自然资源利用和生态系统保护中要遵循系统论的思想和管理方法（中共中央文献研究室，2017；邹长新等，2018）。

作为生命共同体的山水林田湖草总归有其存在的地理范围，由于所考虑的范围不同，山水林田湖草生命共同体的空间尺度也会有所不同，例如，它明显存在着全球尺度、国际尺度、国家尺度、省域尺度、县域尺度等不同的尺度范围，这些尺度的划分基本具有行政边界分割的性质。另外，根据自然地理特征，其空间尺度又可以表现为气候带尺度、地貌类型尺度、土壤类型尺度等；从形成的天然系统来看，最基本的则是流域尺度，而多个相关的流域构成的综合体则可称为区域尺度。

流域是以河流为纽带、以整个汇流面积为区域形成的具有统一物质流、能量流、信息流的相对独立的天然系统，是解读山水林田湖草生命共同体相互关系及相互作用机制的理想区域。下面主要从流域尺度来探讨山水林田湖草生命共同体的主要特性、内外作用机制及其表现形式，为以流域为单元的生态保护、环境修复和天人和谐发展的实践提供理论支撑。

2.2　生命共同体各要素属性及配置关系

2.2.1　各要素的属性及其特色系统

把流域作为一个环境单元，山水林田湖草这六类生命要素的空间分布或者区域分布具有显著的差异性（图 2-1）。山是具有较大地势梯度的立体物理形态，是岩石、土壤等作为基础而形成的显著向上凸起的地形体，为其他相关生命要素提供了发展的依附面、立身空间、成长动能或者归宿场所，也是流域内形成各种生态系统的物质和环境的基础。

水是流域系统内最为灵动的生命要素，它常常以地表径流的形式昭告着其生命体的存在。其数量大小受到气候的强烈影响，其空间分布受到山体地形特征的控制；山体等地表入渗条件对其形体和量态有极大的影响，也与太阳辐射强度等关系密切。流域中的水为流域内生态系统的生命要素组合体提供和传输必需的营养品。当然，通常认为流域中的水就是河流，但不限于河流。流域中除河流水体外，水体还有多样化、多形态的表现形式，如降水、地下水、泉水，甚至是山体高处的积雪、冰川，以及冬季山体的雪被、山谷洼地中的水冰，也都是泛指的水。因此，在研究流域中的水体时，要正确选择研究对象。此外，流域中水要素有其必然的外延，即水与赋存其中的各种生物群落一起构成了水生态系统。

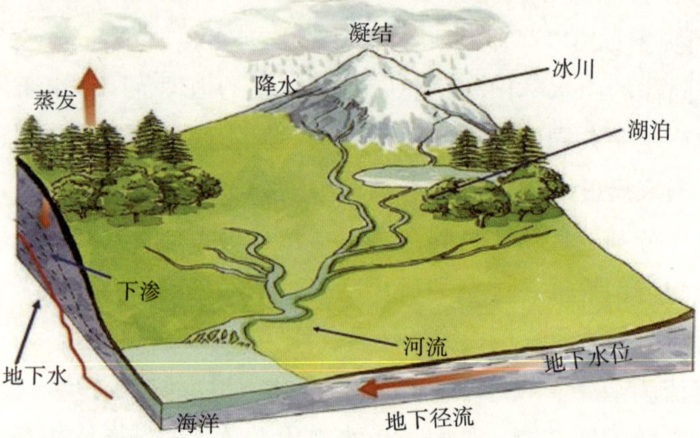

图 2-1　流域内山水林田湖草生命共同体各要素分布特征示意图

资料来源：https: //image.baidu.com。

林是流域内依附在山体或者其他地貌单元上聚集生长的表生木本植物体系，依赖于山体或特殊地貌单元内土壤中生命营养元素和水的供给，它受到气候和土壤水分含量的制约，也与山体地形属性有关。由于不同的林种对土壤水含量或者气候状况有着不同的适应能力，甚至也关联于土壤质地和类型，因此，流域内林种会存在区域分异或者依地貌单元的分异现象。例如，林木种类在流域中常常随着海拔高程的变化出现分异，具有较为明显的带状分布规律；也会发生与山体或地貌单元的坡度、坡向以及地表物质岩性有关的分异现象。林是流域中生态系统的重要组成成分，林木的种类、种群数量、空间配置与环境构成了森林生态系统。

田是因应人类农业生产活动而逐渐形成的地表同类作物聚集生长的微地貌单元，它的地形地貌、作物类型和长势都受到人类活动的影响。随着人类从狩猎社会进化到农耕社会，田在流域中的面积占比从无到有且逐渐增大，直至近年来随着人地关系的和谐重构和城镇化建设，使得流域内田地面积占比逐渐持稳或者略有减少。在流域内所有这六类生命要素中，田是后来者，是人类活动的印记，也是人类健康生活和世代繁衍的重要支撑基础。田既为地块，也包含作物，二者一起构成了农业生态系统。

湖是地表相对低洼处水体的聚集场所，它的形成必须具备两个基本条件：一是洼地地貌形态；二是源源不断的径流来源。此外，还有一些其他条件，例如湖泊水体边界下的沙土体和岩体的下渗能力足够小，以保持湖盆内部的持续蓄积来水；湖泊的入湖总水量要大于出湖总水量等。近百年来，随着人类活动的加强，一些河川径流被人工大坝拦截而形成水库，这些水库是典型的人工湖，其性质类似天然湖泊，应当纳入湖的范畴。人工修筑的大大小小的水库，在流域空间上增加了地表径流的蓄水点，使得流域内部的湖泊数量相对于天然湖泊显著增加；同时，一些流域内由于对湖泊的围垦、填湖造地等，也会使得湖泊数量和总面积大为减少。湖泊与其中的动植物、微生物等构成了湖泊生态系统。

草是流域中生命共同体中最为多见的植物类型，也是最为普遍和顽强的植被体系，有点土壤就扎根，落点雨水就出芽。在山体、林下或者田边地头，都是其生长发育的场所，只要满足些微生长条件，草就乐于就地生长。干旱时枯萎、严冬时凋零，一旦雨水来临或者春暖，它又会展现勃勃生机。草与草地及其他生物一起构成了流域内草地生态系统。

2.2.2　要素配置关系

流域内山水林田湖草生命要素彼此之间具有的关系较为复杂多样，依据区位分布、地势响应、内在属性等，大致可以分为邻里关系、依附关系、交叠关系、嵌套关系、延伸关系五大类（图 2-2）。

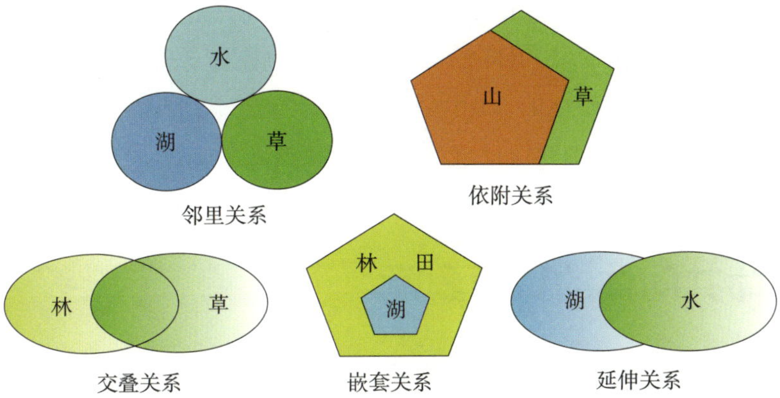

图 2-2　流域内山水林田湖草生命共同体各要素之间的空间配置关系概览图

（资料来源：王随继等，2021）

邻里关系是生命共同体各要素中部分要素之间所展现出的基本关系，它们在空间上表现为相邻而存，相不穿插，彼此之间有共同的边界；在秉性上各自保持自有属性、互不干涉。例如，草与湖、水与草、水与湖之间通常呈现的是比较典型的邻里关系。

依附关系表示生命共同体中某一要素以另一要素为其生命依托，是其存在的基础。由此可见，二者在重要性上似有不平等之嫌，但是，作为生命共同体的并列要素，各有各自的特有属性和生态系统，是大自然丰富多彩的体现。如草和山之间的关系就是草依附于山地地表，成为典型的依附关系。

交叠关系是生命共同体中两个要素各自在分布空间上可以部分重合，在重合空间内两类生命共同体的各自属性保持不变，但二者可以和谐共存、共同成长，如草和林的生长区常常可以部分交叠，表现出林下有草、稀树草原等景观特征明显的空间分布关系，形成鲜明的交叠关系。

嵌套关系是指生命共同体中一个要素在空间上可以被另一要素包围，呈嵌套状，其中被包围者对于空间或者地形的依赖性更强。如湖可以被田地包围，也可以被林地或者草地包围，在形成空间上表现出嵌套关系。

延伸关系表示生命共同体中某一个要素向另一个要素在空间上适度推进且属性发生部分更替现象，而且，随着时间的变化，这种现象具有可逆转性，即能够发生反方向的适度推进且属性发生部分更替。如湖与河水、湖与滨湖草地之间通常会表现出这类关系。当湖泊萎缩时，河水可以向湖心方向适度推进延伸、原有的滨湖三角洲或者河口处则转化为河流地带，表现为河流推进、湖泊后退的延伸关系，其他无河流注入的湖滨则通常可以转化为草地，表现为草地推进、湖泊后退的延伸关系；而当湖泊扩张时，湖泊向入湖河流的上游方向适度推进延伸，同时以滨湖区替代河水注入处的河口区或者河流三角洲区域，表现出河流后退、湖泊推进的延伸关系，湖泊周边的草地则又会被滨湖占据，表现为草地后退、湖水扩展的延伸关系。

认识山水林田湖草生命共同体各要素之间的空间配置关系，可以增进对生命共同体的整体性、依存性和联动性的认识，有利于在流域的系统规划、生态保护、环境修复等可持续发展理念的实践中遵循自然规律、达到所要的效果。

2.3 生命共同体的资源禀赋

山水林田湖草不但是生命共同体的组成要素，也是流域系统中的自然资源区块，人类赖以生存的重要自然资源程度不一地蕴含在这些不同的区块中。因此，山水林田湖草生命共同体诸要素各有其特色的资源禀赋（图 2-3）。

流域内的自然资源随着流域内生命共同体诸要素区位分布的不同而有所不同，对于人类社会来说，土地资源是农业发展的基础，成为重要的农业资源禀赋之一，其资源链包括水田、梯田、坡地等，或者粮田、菜地、果园等，这些都是生命共同体田这一自然区块的重要组成部分。此外，生长于田地中的优势作物、特色作物、稀有作物及药用作物等，又构成了农业资源中的次级资源链。

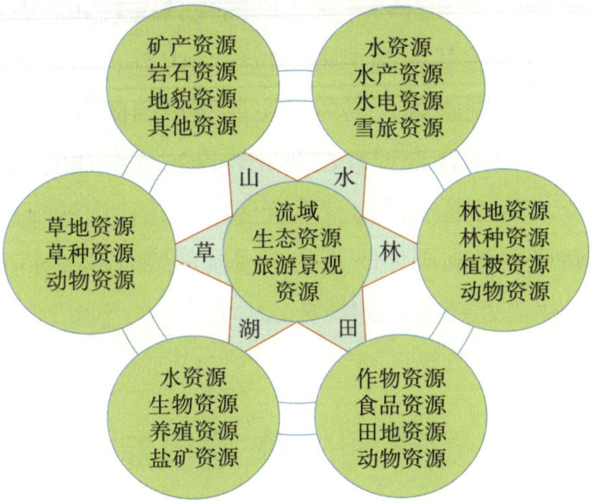

图 2–3　山水林田湖草生命共同体各要素的典型资源
（包括共有的核心资源和特有的典型资源）示意图

（资料来源：王随继等，2021）

生命共同体中的林和草分别蕴含着林业资源和草业资源，构成了植被资源大类，伴随着生长于斯或者以其为生的诸如哺乳动物和禽类动物等，无论是人工养殖的还是天然繁衍的，它们共同构成了林草区块内的动物资源链。同时，现代社会中，依赖于林草资源的畜牧业又是社会发展和人类社会进步的必须珍贵资源。因此，生命共同体中的林和草蕴含着动植物跨界的且极为丰富的资源禀赋。

水是生命共同体中极为重要的构成要素，是流域生态系统不可或缺的生命元素，林草无水即枯萎，粮田无水则荒芜，湖盆无水则不成其为湖泊。显然，林田湖草各要素都不能缺少水，而生存于林田湖草区块中的高等动植物和水生生物更是终生依赖于水。流域生命共同体中的水，其本身就是珍贵的资源，随着人口的增长和畜牧业的发展，流域内水资源安全问题成为当代人们极为关注的科学问题之一，也是对人类社会生产生活影响极为深刻、敏感的要素之一。依据水体在流域内的不同表现形式，除水体本身作为珍贵资源外，它还有内在赋存的伴生资源，例如河水和湖水中常常蕴含着多样的水生生物资源，干旱区流域内的湖泊具有丰富的盐矿资源；寒冷区流域的山地积雪是很好的滑雪旅游资源，也是研究气候变化的珍贵资源等。所以，水资源及其内在伴生资源一起构成了以水为核心的资源链，在生命共同体六要素中具有独具特色且丰富多样的资源禀赋。

流域是以分水岭为界而划分的地貌单元，因而分水岭是流域中任意一个横断面两端的高点，显然，流域内山水林田湖草生命共同体中最为显著的就是山，地势梯度变化最大且最有气势的也是山，林田湖草或环抱于它，或依附于它。山有整体规格，也有局部格调，对于以分水岭为山脊的山，往往具有跨流域的特性，通常是半壁山体属于此流域，而其余半壁则归为彼流域。从不同的视角观察其形态有别、从不同的季节观察则其景色迥异。倘若关注其局部，则有山崖、山谷、山坡、山峰、山洞等微地貌形态，构成了形态各异的地貌景观，成为现实或潜在的旅游资源。此外，山体结合其他生命共同体则可形成多种复合景观，也会成为现实或潜在的旅游景观。当然，山体内往往埋藏着多种矿产，蕴含着丰富的自然资源。因此，山的资源禀赋更为丰富多样。

总之，山水林田湖草生命共同体既是生态系统的统合体，也是资源禀赋的聚合体，因此，合理利用资源是生态系统保护的任务之一。

2.4 生命共同体各要素间的作用机制

鉴于山水林田湖草生命共同体各要素之间在区位分布、空间配置和资源禀赋方面存在密切的相互依存关系，因此，它们彼此之间必然存在直接的或间接的相互作用，而且这些相互作用会有正向的，也会有反向的，其作用机制必然存在差别。两个因素之间最基本的作用机制就是正面的积极影响和负面的消极影响，这里分别称为相互促进机制和相互制约机制。天然状态下，山水林田湖草生命共同体各要素间相互作用的本质要么体现出的是相互促进机制，要么体现出的是相互制约机制，当然，随着条件的变化，这两种相互作用机制也会发生转化。山水林田湖草某个要素与其他要素之间的作用关系如图 2-4 所示，两个要素之间的连线表示其间具有相互作用，这条连线具有双向可作用力，如果沿着这条连线由此及彼作为施加对方的促进机制，那么由彼及此则是承受对方的制约作用。此外，图 2-4 也展示了山水林田湖草各要素作为地球圈层的归属。下面主要分析流域内生命共同体部分要素之间这两种作用机制的主要表现形式和转化特征。

2.4.1 山与水的相互作用机制

山体表面的地势特征及其空间变化，除地质时间尺度中地球内营力作用下形成的岩性的控制外，还受到地貌时间尺度内地表径流（包括地下径流）的长期作用，从而引起山体地表形貌的被侵蚀改造。地表径流侵蚀山体表层的岩土物质，在流域中造成水土流失，这类水力侵蚀作用导致山坡地表土层变薄、土壤肥力降低；引起沟道因溯源侵蚀而向上游延伸、因侧向侵蚀而向两侧展宽，山体地表地形因之而变得破碎。显然，这类作用显示出水对山的制约作用。

同时，山（体）对于水（流）也有明显的控制作用，例如，山体地形、岩体类型及其胶结固结强度等，对于地表径流的形成、河流沟系网络的空间分布和主河道的走向都具有决定性作用；山体表层物质的类型及其致密性对径流的侵蚀能力也有明显的影响。从是否有利于人类的角度看，山对水的作用机制有正有负，既可以呈现制约机制也可以呈现促进机制，需要对具体事例进行具体分析，不能一概而论。

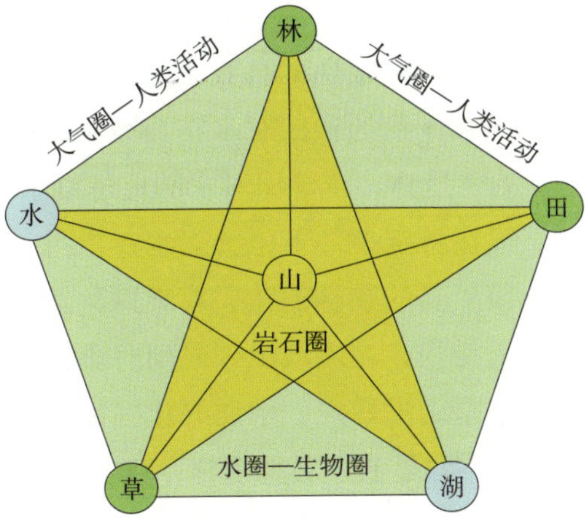

图 2-4　流域内山水林田湖草生命共同体各要素之间相互作用示意图

（资料来源：王随继等，2021）

2.4.2　水与林、草、田的相互作用机制

水与林、草、田彼此之间的正、负影响都是显而易见的，也存在明显的相互制约机制和相互促进机制。适时和适量的降水、充足的土壤水，或者有河川径流对地下水源源不断的补充，这些都有利于林、草的生长发育，有利于田地耕作和庄稼的生长，这些都是水对流域中的林、草、田的正向影响。流域中当流水输送自坡地的泥沙和养分至流域中下游发生沉积时，则会使沉积区的地形发生填洼、淤平和河口陆地外延，由此形成的平坦土地肥力高、保水性好，既有利于良田建造和便利于耕作，也有利于农作物、林木、草被的生长，也都展现着水对林、草、田的正向影响。这类正向作用展现出的是水对林、草、田的促进作用机制。

相反，流域内缺水导致的干旱使得林、草和农作物生长缓慢甚至枯萎，破坏性大暴雨和极端天气下的冰雹往往毁伤林木、冲毁草地农田、毁损农作物等；另外，山体长期遭受水流的坡面侵蚀及沟道侵蚀使得当地的森林、草地、农田分布区熟土层变薄、土壤肥力下降、土壤结构退化、连片面积趋于变小，大块林地、草地、田地因沟道分割而逐渐破碎化。这些情景都是不利于林地、草地和田地正向演进的负面影响，这类作用实际上反映的是水对林、草、田的负面影响，展现出了水对林、草、田的制约机制。

流域中林、草、田的分布配置和各种植被的发育程度也对水的分配和径流的形成有正向积极或反向消极的影响。茂盛的林草和农作物有利于截留部分降水使之入渗于土壤，部分入渗土壤的降水通过地下水再慢慢回补河川径流，其直接影响就是延缓了地表径流洪峰的形成时间、相对拉平了地表径流过程曲线（削峰填谷），减小了流域内众多支流及主流的径流量变幅，使河流径流量变化趋于平稳，这一过程有利于提高地表水资源的利用效率、有助于河岸稳定性的自我维持，从而增进了河流健康。从这一意义来看，林草的发育和田地农作物的种植对水在流域中的时空分配和河流健康的影响是正面的，这种作用展示的就是林、草、田对水的促进机制。

当然，流域中林、草、田在特定条件下也会对水产生严重的负面影响。例如，干旱、森林火灾、病虫害等原因引起的森林退化、草地退化甚至沙化、农田裸露等，会导致流域内相关生态系统严重受损，在流域出现暴雨时难以有效延缓径流形成时间及相对拉平径流过程曲线，结果是山洪暴发、水质恶化，进一步造成水生态受损。这类现象是林、草、田恶化对水的负面影响，展现了林、草、田对水的制约机制。

此外，山与湖、水与湖、山与林草、湖与林草等生命共同体要素彼此之间也存在正向积极影响的或负向消极影响，而且积极或消极的影响程度可大可小，无论如何，这些要素彼此之间的相互作用是实实在在的、是不以人的意志为转移的，并且总是蕴含着相互制约作用机制或者相互促进作用机制。为免烦琐，此不赘述。

2.5 人类活动与生命共同体互动机制

山水林田湖草是生命共同体，是流域环境和谐发展的有机集合体，它们除彼此间具有特定的内在作用机制外，还与人类活动之间存在各种互动机制，从二者的主从关系来看，大致可分为人类主动式互动机制和人类被动式互动机制。

2.5.1 人类主动式互动机制

人类要生存和繁衍、人类社会要发展，势必要向环境获取各种资源，除了阳光和空气，几乎所有的物质资源都要取之于山水林田湖草这一生命共同体。依据所获取的资源对生命共同体的影响程度，以及生命共同体可以持续更新或者补给的能力，可以将获取方式分为增益性获得式、平衡性获得式、掠夺性获得式和破坏性获得式（图 2-5）。

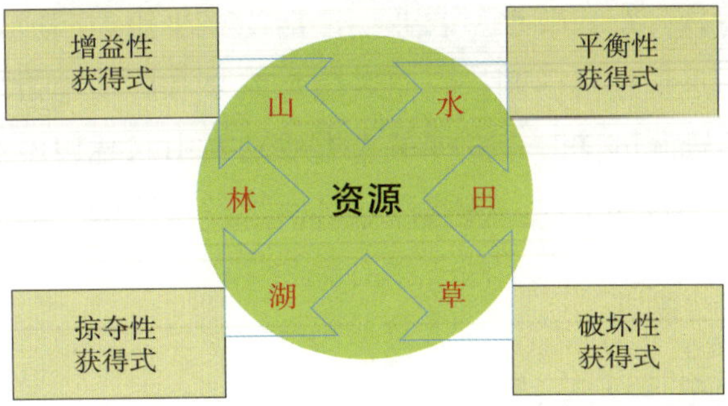

图 2-5　人类获取山水林田湖草蕴含的资源的方式概览图

（资料来源：王随继等，2021）

增益性获得式是指人类获得自然资源时，在有利于人类自身的同时，还有助于山水林田湖草生命共同体本身得到发展，达到互动双方同时获利、共同增益的效果。平衡性获得式是指人类获得自然资源时自身获益，但对山水林田湖草生命共同体本身既无明显的益处也无明显的害处，对生命共同体的分布、数量等的现状和未来演变趋势几乎没有影响。掠夺性获得式是指人类获得自然资源时对山水林田湖草生命共同体本身造成了难以完全恢复的损害，导致其不同的资源禀赋差异性降低，其中部分资源可以缓慢恢复，但难以达到曾经的初值。破坏性获得式是指人类获得自然资源时对山水林田湖草生命共同体本身造成了不可逆转的破坏，导致其资源禀赋发生断崖式降低，部分资源明显枯竭。当然，上述分类主要是考虑到人类对生命共同体的影响程度，如果只考虑正面影响和负面影响，则人类主导的与山水林田湖草生命共同体之间的互动关系可以归纳为两大类，即可持续性获得式（包括增益性获得式和平衡性获得式）和非持续获得式（包括掠夺性获得式和破坏性获得式）。

作为不可再生资源的矿产资源的开发会引起地下资源的逐渐减少甚至枯竭，也会造成山体生态景观被破坏，甚至引起水体局部或大范围发生污染。适量的砍伐林木会使得林木有序更新，但大量无节制的砍伐则会导致森林景观被破坏、林业资源严重消减。牧业的过度发展会使得草地过载，从而引起草地退化甚至沙化，导致环境趋于恶化。对水的过度利用及浪费会引起流域水资源短缺，从而会造成生态灾难。农业生产过程中过度施用化肥会加剧水体富营养化，过度使用农药则会引起环境和水体污染。山体陡坡中开荒造田虽然会增加粮田面积，但会引起严重的水土流失。总之，随着流域内人口的增加，对自然资源的需求增大，会发生因为过度攫取自然资源而导致的各种灾害，这是生命共同体对于人类不智行为的报复和惩罚。这些互动呈现着非持续获得式作用机制。

当然，人类认识到山水林田湖草生命共同体的脆弱性，也认识到人与自然需要维持和谐关系才能使二者持续共生，因此，人类作用于生命共同体的活动方式在近年来有所改变，一些新的资源环境保护措施和生态恢复措施逐步实施，例如，坡地退耕还林还草，荒地沙地植林种草，节水型农业生产活动，少用农药或采用可降解农药，水资源的水质维护和用水量的科学调控，矿区生态恢复和脆弱地带环境修复等，在获取生产生活所需的自然资源的同时，发挥了人类活动对山水林田湖草生命共同体的增益作用，维护了和增进了其和谐性、协调性和可持续性。这些互动呈现着可持续性获得式作用机制。

2.5.2 人类被动式互动机制

人类被动式互动机制是指人类活动与山水林田湖草生命共同体之间的互动关系是由自然主导的、人类被动回应的互动作用方式。

流域系统中自然主导的与人类活动的互动主要指突发的自然灾害等现象，例如，山体滑坡、突发洪水、森林火灾、农作物虫害、农田涝灾、草场虫害，此外，还有一些渐变的草地退化、生物入侵、植被种群退化、生态系统恶化等。这些互动作用机制都不是人类所喜闻乐见的，是山水林田湖草生命共同体资源禀赋的自我消减，对人类社会有消极影响。

对于这种人类被动式的作用机制，人类不应该总是受制于自然而无所作为，而是要主动求变，即变被动为主动，进行必要的预判和监测，制定适宜的防治措施，最大限度地去消除各类潜在的不利影响，逆转被动式互动机制为主动式互动机制。当然，这些措施的制定必须要量力而行，且不能违背自然规律。对于大型山体滑坡等难以避免的自然灾害，在预判预警的前提下采取必要的回避措施，才是正确的选择。

2.6 建立和实施科学高效的监管体制

健康而可持续的生态系统要求山水林田湖草生命共同体之间能够和谐共生共存，这不但需要彼此之间具有合理的天然布局和配置，而且在当今社会更需要有明确的科学监管机制。这一科学监管机制实际上包含性质不同的两种管理内容：第一，对山水林田湖草的管理；第二，对作用于山水林田湖草的人类活动的监管和指导。前者是对资源及环境的管理和维护，是基于自然的解决方案；后者是对人类行为的规范，以及增大人类活动对山水林田湖草的正影响能力，同时抑制甚至杜绝其副作用的影响。

以往的实践表明，由于人类活动的无节制和不尊重科学，导致某些资源禀赋下降甚至匮乏，山水林田湖草生命共同体内的部分要素之间的关系发生变异，使得生态环境区域恶化。而政府部门或者一些非政府部门的监管不到位、不科学，监管措施不理想、不完整、不系统，造成管理效率低下、管理效果薄弱。例如，之前的山水林田湖草等自然资源分属不同部门管理，各项产权相互独立，如同“九龙治水”，导致的后果就是“家底”不清，尤其是一些边缘交叉领域，常常出现“糊涂账”（陈雪柠，2020）。所有者不到位、权责不清、权益不落实、监管保护制度不健全等问题成为近年来产权纠纷多发、资源保护乏力、开发利用粗放等现象背后的重要原因（陈雪柠，2020）。

为了改善如上所述的管理上的薄弱环节，需要构建更为合理、系统、高效的综合管理机制。在把握山水林田湖草生命共同体中各要素的特征功能、资源禀赋和相互内在作用机制的前提下，将其作为各类自然资源的有机整体进行系统、协调的监管，建立资源产权归属清晰、分类分级保护科学严格、实施满足可持续发展的科学开发、生态补偿前提下的资源利用的自然资源综合管理制度，构建山水林田湖草生命共同体合理适度开发、补偿优先利用、权责利明确的综合高效的监管体制，从而协调生态保护和人类可持续发展间各种潜在的矛盾，抑制和消除人类对山水林田湖草生命共同体中自然资源的无节制开发活动，对受创的生态系统开展及时协调的生态恢复和修复，最终实现山水林田湖草生命共同体与人类的和谐共生。

当然，建立和完善针对山水林田湖草生命共同体的科学高效的监管体制也不可能一蹴而就，而是要根据不同的区域开展必要的调查研究和实践检验，因此任重道远。

2.7　结语

流域内山水林田湖草生命共同体各要素是天然形成的有机统一体，彼此之间有明确的区位分布和天然的空间配置关系；彼此之间也存在相互促进作用机制或相互制约作用机制。其各自蕴含的资源禀赋突出，而对所需资源的获取和对山水林田湖草生命共同体的分级响应则体现了人类活动与生命共同体间的主要互动机制。

只有当人类活动和山水林田湖草生命共同体之间的互动真正变为以相互增益作用为主时，才能使二者和谐共存、协调发展。人类作用于这一生命共同体的一切活动需要以能够引起双向（人对自然和自然对人）的积极结果为导向，为此，一切生产活动都要有严格的、统筹性的综合规划，而进行规划和实施规划时必须要从整体出发、综合考虑山水林田湖草生命共同体的相对区位分布特征、空间配置关系，以及彼此之间的相互作用机制，同时人类活动的强度、频率和方式必须要与山水林田湖草生命共同体的可持续发展目标相适应。

作为生态环境的管理机构，应该构建明确的科学监管机制，从而实现对山水林田湖草生命共同体资源体系的科学管理、对作用于山水林田湖草的人类活动实行综合监管和科学指导。管理机制既需要基于自然的解决方案，也需要基于规范人类行为这一基于社会的解决方案，从而达到山水林田湖草生命共同体与人类生活生产等活动之间的和谐，实现天人合一的自然发展观。

参考文献

[1] 陈雪柠 . 本市山水林田湖草将统一监管 . 北京日报，2020-8-16.
[2] 陈政 . 1986. 字源谈趣 . 南宁：广西人民出版社 .
[3] 成金华，尤喆 . 2019. “山水林田湖草是生命共同体”原则的科学内涵与实践路径 . 中国人口资源与环境，29(2): 1-6.
[4] 刘威尔，宇振荣 . 2016. 山水林田湖生命共同体生态保护和修复 . 国土资源情报，(10): 37-39+15.
[5] 彭建，吕丹娜，张甜，等 . 2019. 山水林田湖草生态保护修复的系统性认知 . 生态学报，39(23): 8755-8762.
[6] 王波，王夏晖，张笑千 . 2018. “山水林田湖草生命共同体”的内涵、特征与实践路径——以承德市为例 . 环境保护，46(7): 60-63.
[7] 王金南，苏洁琼，万军 . 2017. “绿水青山就是金山银山”的理论内涵及其实现机制创新 . 环境保护，45(11): 13-17.
[8] 王随继，程维明，师庆三 . 2021. 流域尺度上山水林田湖草生命共同体内在机制分析 . 新疆大学学报（自然科学版）（中英文），38(03): 313-320.
[9] 王夏晖，何军，饶胜，等 . 2018. 山水林田湖草生态保护修复思路与实践 . 环境保护，46(Z1): 17-20.
[10] 王振波，梁龙武，王新明，等 . 2019. 环京津山水林田湖草多目标跨区联动保护修复模式 . 生态学报，39(23): 8798-8805.
[11] 吴钢，赵萌，王辰星 . 2019. 山水林田湖草生态保护修复的理论支撑体系研究 . 生态学报，39(23): 8685-8691.
[12] 张惠远，李圆圆，冯丹阳，等 . 2019. 明确内容标准 强化实施监管——山水林田湖草生态保护修复的路径探索 . 中国生态文明，(01): 66-69.
[13] 中共中央文献研究室 . 2017. 习近平关于社会主义生态文明建设论述摘编 . 北京：中央文献出版社 .
[14] 邹长新，王燕，王文林 . 2019. 统筹设计 科学分区 强化管理——青海祁连山山水林田湖草生态保护与修复探索实践 . 中国生态文明，(01): 74-75.
[15] 邹长新，王燕，王文林，等 . 2018. 山水林田湖草系统原理与生态保护修复研究 . 生态与农村环境学报，34(11): 961-967.

第3章

山水林田湖草生命共同体的生态系统修复基本原理

生态退化已成为全球共同面临的重大问题，并严重威胁人类自身的可持续发展。在严峻的生态形势下，人们逐渐认识到生态修复的必要性。生态修复是人类辅助退化受损的生态系统进行恢复和重建的过程。恢复是指再现生态系统的原貌或原结构（任海等，2001），重建则可以营造一个不同于过去的甚至全新的生态系统，这种恢复和重建在一定程度上是以人工参与的方式进行的（Dobson et al.，1997）。

3.1 系统修复体现的生态学基本原理及规律

生态修复是建立在恢复生态学的理论基础上的实践，目前普遍认为对生态系统修复有指导和实践意义的生态学理论包括干扰理论、群落演替理论、生态系统稳定性理论和生态位理论。

3.1.1 干扰理论

在生态学观点下，干扰被认为是一种暂时变化，可能是生物或非生物条件的变化。这种暂时变化可以使生态系统发生显著变化（Clewell et al.，2013），且干扰被认为是偶然发生的不可预知的事件，其在自然界中无时无处不在（陈利顶等，2000）。干扰是调节生态系统结构和功能的自然驱动力（Sasaki et al.，2015），当这种驱动力超过了生态系统的抵抗力阈值后，生态系统就会发生退化（Crawley，2004）。干扰不一定都对生态系统起破坏性或毁灭性的作用，有时也可能是积极的作用。

3.1.2 群落演替理论

植物群落的演替是指在植物群落发展过程中，由低级到高级、由简单到复杂，一个阶段接着一个阶段，一个群落代替另一个群落的自然演变现象（牛翠娟等，2002）。促进作用理论是最早的演替理论，该理论认为演替的动力主要是生物之间以及生物与环境之间的相互作用，最早定居的植物改造了环境，从而有利于新物种的定居生存，这一过程一再发生，直到顶级群落产生为止（宋永昌，2001；孙儒泳等，2002）。资源比率理论认为演替是通过资源的变化引起竞争关系变化实现的（宋永昌，2001；孙儒泳等，2002）。生态演替是一个复杂的过程，演替的实质是群落的重新组织。了解演替过程可对群落的结构和组成动态取得认识，通过一定的人为操作可以对群落演替进行调控，指导受损或退化的生态系统恢复和重建。改造和重建生态系统必须顺应生态系统的演替发展规律来进行。生态演替使退化系统能够减轻干扰而向顶级方向发展，恢复其原有植被的结构和功能，最后演变为稳定的顶级群落（何跃军等，2004）。

3.1.3 生态系统稳定性理论

生态系统具有在应对干扰发生状态变化的同时进行重组以维持生态系统功能的能力（Carpenter et al.，2001；Ives et al.，2007）。生态系统稳定性由生态系统的抵抗力和恢复力共同决定，抵抗力指引起生态系统结构变化的干扰的大小，恢复力指返回到生态系统最初结构的速度（Holling，1973）。生态系统稳定性理论是生态系统管理和生态恢复的核心理论。

3.1.4 生态位理论

生态位是指在自然生态系统中一个种群在时间和空间上的位置关系及其与相关种群之间的功能关系。根据生态位理论，在生态修复过程中，首先研究修复区的生态环境条件，根据生态环境选择适当的物种，同时避免只引进生态位相同或者相似的物种，使各种群在群落中都拥有自己的生态位，避免或者减少物种间的竞争，实现物种间共存，维持生态系统的长期稳定（付战勇等，2019；Wainwright et al.，2018）。

3.2 生态系统各要素间相互依存、相互制约的关系

2013 年 11 月 9 日，习近平总书记在《关于〈中共中央关于全面深化改革若干重大问题的决定〉的说明》中指出："我们要认识到，山水林田湖是一个生命共同体，人的命脉在田，田的命脉在水，水的命脉在山，山的命脉在土，土的命脉在树。用途管制和生态修复必须遵循自然规律，如果种树的只管种树、治水的只管治水、护田的单纯护田，很容易顾此失彼，最终造成生态的系统性破坏。"（中共中央文献研究室，2017）。习近平总书记用"命脉"把人与山水林田湖草生态系统、把山水林田湖草生态系统各要素之间连在一起，生动形象地阐述了人与自然、自然与自然之间唇齿相依、共存共荣的一体化关系（成金华等，2019）。山水林田湖草生态系统是一个有机整体，山、水、林、田、湖、草等自然资源、自然要素是生态系统的子系统，各要素之间是普遍联系和相互影响的（吴钢等，2019）。这就要求我们要运用系统方法论的思想统筹山水林田湖草系统保护、修复和治理等工作。实施生态系统的整体保护、系统修复、综合治理是加强生态文明建设的新举措。

3.3　生态系统耦合的机制机理

从一般意义上而言，系统耦合是指多个系统在一定的条件下，通过能流、物流和信息流的超循环作用，形成新的高级系统——耦合系统的系统进化过程（任继周等，1995）。通过系统耦合结合而成的新的、高一级的结构——功能体就是耦合系统。由于耦合系统的组分更为复杂，结构更为合理，因而可以强化系统的整体功能，放大系统的整体效益（王让会等，2004）。地貌类型与气候特征决定耦合类型的基础和框架，水文特征决定耦合类型的空间格局，植被类型反映耦合类型的外貌，土壤状况制约耦合类型的功能，人为活动影响耦合类型的演变过程。生态系统界面过程与水分、土壤、空气等介质密切相关，以水为核心的水盐、水热以及水土耦合关系是生态系统协调与稳定的重要基础。

在生态系统的耦合关系研究中，地理信息科学的理论与方法、景观生态学以及普通生态学的理论与方法，对于揭示生态系统耦合关系的时空特征具有重要的作用（王让会，2002）。一般而言，在生物与环境的关系中，由于植被富有生机而具有重要的作用与意义。因此，生态学中关于物种、种群、生态系统的生态因子、景观要素以及环境要素相关关系的原理和规律，是把握生态系统耦合关系空间格局、动态变化、时空特点以及尺度转换与相关模式的生态学理论基础（王让会等，2004）。就结构及功能而言，关于物质循环的过程、模式、特征等理论，是研究生态系统结构、进一步探讨生态系统耦合关系的理论基础；关于能量流动的模式、特征和转换关系的理论，是研究生态系统功能并揭示生态系统耦合关系的重要桥梁；关于信息传递的模式和途径，是研究生态系统反馈机制、探索生态系统恢复能力与稳定性和调控原则的重要依据。随着地球科学的发展以及人类对自身生存环境的进一步关注，关于全球变化的理论，对于认识全球生态系统的变化与过程具有重要的指导意义（王让会等，2004）。

3.4　我国古代人与自然和谐统一思想的发展

3.4.1　人与自然和谐统一思想的发展历程

我国古代早在图腾时期人们就认为人与自然是一体的，在这种图腾崇拜中，形象地反映出当时人类对人与自然关系的认识和思维特点。他们认为人是由自然物转化而来，人也就理所应当地成为自然的一部分，人与自然是融为一体的。人们在对图腾祖先敬畏的同时，也敬畏自然、尊重自然，在客观上也保护了自然（王震中，2008）。进入农耕文化时期后，人对自然的认识有了新的飞跃，最突出的例子是二十四节气的产生，反映了人们对自然的认识，告诉我们古人对自然的态度是认识自然、顺应自然，而不是改造自然、征服自然。进入农耕文明之后，人们又明确主张应该顺应自然、利用自然、保护自然，从而达到“天人合一”。“天人合一”的思想最早由庄子阐述。例如，《庄子·齐物论》曰：“天地与我并生，而万物与我为一。”《庄子·大宗师》说：“其好之也一，其弗好之也一。其一也一，其不一也一。其一与天为徒，其不一与人为徒。天与人不相胜也，是谓之真人。”庄子强调天人一体，强调天与人不相胜，天与人并非对立，而是息息相关的亲和的关系，这种思想在现在看来就是人与自然要和谐相处。道家主张无为，主张效法自然，所讲的人和宇宙为一体的顺应自然的“天人合一”观念，是我国古代人与自然和谐思想的重要渊源。荀子主张要让自然为我所用，主张“应时而使之”，按照自然的时令时节即自然规律来利用自然，为人类服务，所谓“天之所覆，地之所载，莫不尽其美，致其用”。

汉朝董仲舒说：“天地人，万物之本也。天生之，地养之，人成之。天生之以孝悌，地养之以衣食，人成之以礼乐。三者相为手足，不可一无也。”“天覆育万物，既化而生之，有（又）养而成之，事功无已，周而复始。”这里表达的就是“天地万物一体”的思想。如张载所说：“一物而两体，其太极之谓也！阴阳天道，象之成也；刚柔地道，法之效也；仁义人道，性之立也。三才两之，莫不有乾坤之道。”这里的“一物而两体”是张载关于对立统一规律的用语。意思是说，阴阳相互作用、相互推移的对立统一规律，是贯穿于自然界与人类的普遍规律。人既然属于自然界，那就应该服从自然界存在的普遍规律。人类社会存在的道德准则和大自然的规律是一致的。

综上所述，中国古代的“天人合一”学说，既强调了人在自然界中的主导地位，也强调了自然界对于人的生存地位；既不否认人应该对自然进行改造、调节、控制和引导，也表明了在改造过程中不能违背大自然中特有的规律。人既应改造自然，也应适应自然；人类活动的目标不是统治自然，而是通过调整、改造等方式使自然更符合人类的需要。天地万物和人形成一个有机的整体，而人则是这个系统中不可缺少的主导要素之一，人与自然和谐的思想和境界构成了中国传统文化的重要组成部分，需要我们在今天加以传承和发扬。

3.4.2 阿勒泰地区各民族的生态环境保护意识

阿勒泰地区是一个多民族聚居地，有汉族、哈萨克族、维吾尔族、蒙古族等民族世代繁衍生息，传承了各民族原始的生态环境保护意识。

哈萨克族认为，大地是草木、动物和人类的母亲，天空则是给他们光芒、降暖、下雨的恩父。教育孩子不在流过山地、草地、平地、家门前的水里小便；不向火里吐痰；不随便挖掘山地，破坏自然植被等（袁同凯，1997）。“水从源头清”“见到山泉，就要掏泉眼。不要砍树苗，若砍树苗，从小就会夭折的。不要拔青草，若拔青草，就像青草一样枯萎的”“与其给后人留财产，不如给后人留青山”“平时砍一棵树，那吾鲁孜节栽十棵树”“草场是牲畜的母亲，牲畜是草场的子孙”“草肥则牲畜壮”等谚语都反映了哈萨克族的原始生态环境观念。哈萨克族著名哲学家、诗人阿拜·库南巴耶夫在箴言中写道：“为了防止人类无休止地乱捕滥杀动物，不顾荫及后人使之灭绝，便让人类自身的惜财妒忌之心守护家畜。其余动物生存有的依靠双翅，有的依仗雄风，有的依赖生风的飞蹄；有的攀于绝壁悬崖，有的潜入海底深渊，有的藏进深山密林。而且赋予它们各自以繁衍生息的本能，使其雏幼柔弱，却尽其保护，并非为了使它们发旺，以便复与人类争雄，而是为了它们成为生生不息的人类取之不尽的给养。在这些显迹中无不透着仁爱和公正（阿拜箴言录，1995）。”阿拜·库南巴耶夫提出了人类需要总结、需要反思、需要纠正以生态环境为代价的发展模式，以及与自然和谐共进的生态环境保护理念。

维吾尔族忌讳砍伐庭院内、田边、河边的独树，特别是老树，在民间有“胡杨活着一千年不死，死了一千年不倒，倒了一千年不朽”的传说。维吾尔族修建新房安家落户时，首先营造出一种绿色村落的氛围，新房周围栽果树、插柳、绿化。他们把那些建房不种树、破坏草木的人视为族内的“祸星”，而且族人认为凡是这些糟蹋树木的人落脚的地方都会“干枯遭殃”（艾娣雅·买买提，2003）。

蒙古人崇拜清泉，把清泉视为神明，蒙古人禁止污染清泉或乱砍伐周围的树木，也不允许捕捉清泉周围的野生动物。春、夏两季忌讳白天洗澡，禁止河流中洗手，忌讳用金银器皿汲水，而这些禁忌以一种习惯法的形式确定下来，制约人们破坏生态环境的各种行为（色音，1999）。

总之，阿勒泰地区各民族在自然生态环境中逐渐意识到人只要生存，就要保护自然环境的观念，后来人们将其转化为信念、转化为世界观和生活习惯的组成部分，经过几千年的流传，这些民俗逐渐成为保护环境、民族团结、建设和谐社会的优良风俗习惯，对阿勒泰地区建设生态文明示范区起到了积极的促进作用。

3.5　开展生态系统修复的作用和意义

随着全世界生态环境质量的整体性下降甚至退化的日益加剧，生态恢复成为最具挑战性的课题之一。生态系统修复影响着全球碳汇动态、物质的生物地球化学循环、人类的生存环境等，其理论研究和实践对于人类乃至全球变化都至关重要。

3.5.1 生态修复是实现可持续发展的重要措施

生态修复是可持续发展的基础。恢复和重建业已退化或被破坏的生态系统，可提高资源利用量，改善生态环境，从而有利于生态环境的可持续发展。生态修复是可持续发展的驱动力。生态修复提高了生态系统的生产力，为社会提供了良好的经济发展环境，从而有利于经济的可持续发展，是可持续发展的动力。生态修复符合可持续发展的根本目标。生态修复提高了生态系统的服务功能，为社会提供了良好的生活环境，有利于社会的和谐与可持续发展，是可持续发展的根本目标。

3.5.2 生态修复促进环境承载力恢复

维持环境的承载力是可持续发展的基础。根据环境承载力理论，一方面，环境为人类的活动提供了空间和物质能量；另一方面，它容纳并消化了人类活动产生的废弃物。随着人类活动范围及强度的增加，环境资源变得越来越稀缺。当人类活动超出环境承载力的极限时，即超过环境系统维持其动态平衡的抗干扰能力时，就会产生各种环境问题。退化生态系统的恢复和重建伴随着自然承载力的恢复。当生态系统由于干扰和破坏而退化时，它们的自然承载力就会不断下降。在退化生态系统的恢复过程中，生态系统的生产力、对生物的支撑能力、生物多样性等都会逐渐恢复。热带和亚热带生态系统的恢复实践表明，退化生态系统恢复植被后，土壤的含水量、最大毛管持水量、饱和持水量等均得以改善；对土壤肥力动态的长期跟踪研究表明，随着林龄的增长，所有土壤肥力指标都呈现可持续的发展趋势（彭少麟，1998）。这些结果表明，通过生态恢复过程，可以提高森林生产力。

3.5.3 生态修复的生态价值

生态价值是指地球生物圈作为生命支持系统或人类生存系统的价值，或称为生存价值，涉及娱乐价值、审美价值、生命价值和自然科学价值等，因此是自然界价值的主体。退化生态系统的生态价值在恢复过程中不断增加。生态价值主要是在生物生产过程中由自然创造的，其基本能源是太阳辐射。太阳辐射不断输入群落和生态系统，绿色植物通过光合作用不断地在自然界中进行物质生产过程，生态价值也随着时间的推移而增加。但如果人类对自然资源的利用超过了一定的生态阈值，对不可再生资源的开发和利用超过了其再生速度，将会产生“生态赤字”。此时，生态价值将呈现出下降的趋势，甚至完全崩溃；但是，如果人类改变了对待自然资源的策略并持续投入资金和劳动以保护群落和生态系统，并恢复受损和退化的生态系统，生态价值将得到提高（赵晓英等，2001）。

生态价值因其不可替代性而被视为最高价值。地球生命维持系统将太阳辐射能转换为可直接使用的有效能量，并通过能量流为包括人类在内的所有生命形式提供所需的能量。到目前为止，人类还没有找到替代这一生态过程的有效途径，只有创造高生态价值才能实现可持续发展，只有可持续发展才能帮助创造高生态价值，因此，通过生态修复创造生态价值是区域可持续发展的重要指标。

3.6　生态系统完整性评价

3.6.1　生态系统完整性内涵

生态系统完整性最开始主要用于评价流域生态环境，后来扩展到其他生态系统（燕乃玲等，2007）。1972 年美国的“净水行动”首次提出了生态系统完整性，其目的是保护和恢复水资源环境，并在法律中表示为：物理，化学和生物的完整性。澳大利亚于 1985 年在《水法》中提出了生态系统完整性内容。生态系统完整性研究在中国起步较晚，但发展迅速，环境影响评价技术指导中也早已引入生态完整性评价。目前，人们主要从两个角度来理解生态系统完整性的内涵，一种是从描述生态系统构成要素的完整性来解释生态系统的完整性，认为生态系统完整性是生态系统在该地理区域的最佳状态，生态系统具备区域自然生境所应包含的全部本土生物多样性和生态学进程，其结构和功能没有受到人类活动的破坏，本地物种处在能够持续繁衍的种群水平（Karr，1993；Karr，et al.，1981）。另一种是通过生态系统的特征来解释生态系统的完整性（Andreasen et al.，2001；Laura et al.，1995），体现在：①生态系统健康，即在正常条件下保持最佳运行的能力；②抵抗力和恢复力，即抵抗人类胁迫并保持最佳机能的能力；③自组织能力，即不断发展的能力。实际上两种不同的观点对生态系统完整性的内涵有相同的理解。综上所述，生态系统完整性可以定义为：在外部干扰下，生态系统能够保持自身的结构和功能完整，并具有可持续发展能力的性质（邵红等，2016）。生态系统完整性具有丰富的内涵和很大的应用空间，对资源管理和生态评价有重要意义。

3.6.2 生态系统完整性评价方法

生态系统完整性评价主要是根据其与原始未受干扰或受干扰程度较小的生态系统的偏离程度来进行的。在生态系统完整性评价中，常使用几种生态指标来描述生态系统的组成和功能特性，并通过数学方法将它们相结合来形成综合指标，以反映生态系统的完整性。评价过程主要包括评价指标筛选和综合评价两个步骤（黄宝荣等，2006）。

3.6.2.1 评价指标筛选

一个有价值的生态系统完整性评价指标应该具有以下部分或者全部特征：①在生态系统里是有意义的，并且与一些重要的环境过程和生态系统概念密切相关；②对环境变化的响应可以提供早期预警；③综合性；④能够直接揭示变化的机制而不是简单地预测变化的存在；⑤普遍性，对各种不同的群落都有指示意义；⑥能够有效地节省成本；⑦简单易测。水生生态系统与陆地生态系统的组成和生态学过程完全不同，需要不同的生物、物理和化学完整性或功能指标反映其生态完整性状况。

（1）水生生态系统完整性评价

水生生态系统常常用不同的生物群落来评价生物完整性，主要有鱼类群落生物完整性指数（Fish Index of Biotic Integrity，IBI）、附着生物完整性指数（Periphyton Index of Biotic Integrity，PIBI）、EPT（Ephemeroptera-Plecoptera-Trichoptera）物种丰富度指数（EPT Richness）和无脊椎动物群落指数（Nvertebrate Community Index，ICI）等。鱼类对生境质量的变化比较敏感，并且由于它们的迁移性而成为衡量栖息地连通性的理想指标。在时间尺度上，鱼类的生活史也记载了环境的长期变化。因此，通常根据鱼类物种组成和分布、物种丰富度以及敏感种、耐受种、固有物种和外来物种等指标的变化来评价水体生态系统的完整性。

物理完整性可以用定性生境评价指数（Qualitative Habitat Evaluation Index，QHEI）和物理生境指数（Physical Habitat Index，PHI）评价。QHEI 用来评价河流生物栖息地的物理环境特性，通过评价 QHEI 六大类子指标可以获得水生生境的环境质量，分数越高，栖息地的环境质量越好，栖息地的物理完整性也越高。PHI 是近年来美国学者在评价小溪流物理生境时提出的一项综合指数，从内流生境、河岸带生境、沉积物性质和河道完整性等几个方面选择评价指标。

化学完整性可以用水质指数（Water Quality Index，WQI）进行评价。目前已有的水质指标较多，二级指标也各异，这些指标的选取通常根据评价区域的具体情况而定

（Dojlido et al., 1994）。

（2）陆地生态系统完整性评价

陆地生态系统完整性研究起步较晚，其指标大多建立在水生生态系统完整性评价研究成果基础上。与河流中的鱼一样，陆地生态系统中不同种类的鸟的行为适应性和在系统进程中所充当的角色能够反映系统水平的结构和功能。鸟类群落对土地利用变化和伴随的生境变化较敏感，容易调查，并且调查的破坏性小，因此常被用来评价森林、高原、草地和水体滨岸带生物完整性状况。植被也可作为生态系统完整性指示物种，利用植被作为指标具有许多优点：如对于许多物种来说，它们的生命历史需求和演替的途径都是已知的，同时现存的历史数据容易获取，并记载了环境的长时间变化。由于动物社会价值高，生态和生命历史容易获取，能把各种景观很好地综合起来，并且容易引起公众的关注，对土地利用方式的改变以及由此引起的栖息地的变化都很敏感，因此也被广泛应用于河滨、湿地和陆地生态系统完整性的评价中。

3.6.2.2 综合评价

综合评价就是综合几个数值来反映生态系统完整性情况，这就需要把数量繁多的指数或指标组合起来，形成综合指数。常用的方法有算术平均法、加权平均法、多元统计法和综合评价模型等。生态综合评价模型主要有模糊综合评价模型、灰色聚类评价模型、灰色关联投影模型和人工神经网络模型等。

算术平均法简单易用，较常用，但是把各个指标对生态完整性的贡献率等同看待，而实际上不同指标对生态完整性影响力大小不同，且没有考虑协方差对评价结果的影响。加权平均法对每个指标有不同的权重，但通过指标值的方差—协方差矩阵确定权重值过于复杂，利用专家调查法和层次分析法确定指标权重方法简单但客观性差。基于指标矩阵和指标方差—协方差矩阵的多元统计方法，对每个指标所反映的生态因素对生态完整性的影响进行对比分析，克服了一般综合指标带来的信息丢失问题，有助于客观评价，但方法复杂。综合评价模型结合了各种数学方法的优点，综合运用了各种数学工具，方法虽然复杂，但是有益于客观评价。

3.6.2.3 生态系统完整性等级划分

生态系统完整性等级较多地划分为5种状态等级（Schmutz et al., 2000），即高、好、适度、差、恶化。评价为“高”的生态系统完整性状态是完全或者几乎全部与没有受到干扰的参考点情况一致。“好”的生态系统完整性具有轻微偏离没有受到干扰的状态的特征。“适度”的生态系统完整性等级为所有的标准都表现出较强地偏离没有受到干扰的状态。“差”的生态系统完整性则表现为很强的偏离，而“恶化”的等级则是表现为极度偏离。如果生态系统完整性状态与“适度”这个等级相当或者比之更差，那么我们就认为生态系统完整性发生了比较严重的变化，需要采取必要的行动来进行管理和恢复。

参考文献

[1] Andreasen J K, O’Neill R V, Noss R, et al. 2001. Considerations for the development of a terrestrial index of ecological integrity. Ecological indicators, 1(1): 21-35.

[2] Carpenter S, Walker B, Anderies J M, et al. 2001. From metaphor to measurement: resilience of what to what?. Ecosystems, 4(8): 765-781.

[3] Clewell A F, Aronson J. 2012. Ecological restoration: principles, values, and structure of an emerging profession. Island Press.

[4] Crawley M J. 2004. Timing of disturbance and coexistence in a species - rich ruderal plant community. Ecology, 85(12): 3277-3288.

[5] Dojlido J A N, Raniszewski J, Woyciechowska J. 1994. Water quality index applied to rivers in the Vistula river basin in Poland. Environmental monitoring and assessment, 33(1): 33-42.

[6] Dobson A P, Bradshaw A D, Baker A J M. 1997. Hopes for the future: restoration ecology and conservation biology. Science, 277(5325): 515-522.

[7] Holling C S. 1973. Resilience and stability of ecological systems. Annual review of ecology and systematics, 4(1): 1-23.

[8] Ives A R, Carpenter S R. 2007. Stability and diversity of ecosystems. Science, 317(5834): 58-62.

[9] Karr, J R. 1993. Measuring biological integrity: lessons from streams. In: Woodley, S. (Ed.), Ecological Integrity and the Management of Ecosystems. St. Lucie Press, Boca Raton, FL, 83–104.

[10] Karr J R, Dudley D R. 1981. Ecological perspective on water quality goals. Environmental management, 5(1): 55-68.

[11] Laura Westra, John Lemons. 1995. Perspectives on Ecological Integrity. Springer, Dordrecht.

[12] Sasaki T, Furukawa T, Iwasaki Y, et al. 2015. Perspectives for ecosystem management based on ecosystem resilience and ecological thresholds against multiple and stochastic disturbances. Ecological indicators, 57: 395-408.

[13] Schmutz S, Kaufmann M, Vogel B, et al. 2000. A multi-level concept for fish-based, river-type-specific assessment of ecological integrity//Assessing the ecological integrity of running waters. Springer, Dordrecht: 279-289.

[14] Wainwright C E, Staples T L, Charles L S, et al. 2018. Links between community ecology theory and ecological restoration are on the rise. Journal of Applied Ecology, 55(2): 570-581.

[15] 阿拜·库南拜乌勒 . 1995. 阿拜箴言录 哈汉对照 . 粟周熊，艾克拜尔·米吉提译 . 北京：民族出版社 .

[16] 艾娣雅·买买提 . 2003. 文化与自然：维吾尔传统生态伦理研究 . 乌鲁木齐：新疆大学 .

[17] 陈利顶，傅伯杰 . 2000. 干扰的类型、特征及其生态学意义 . 生态学报，(04): 581-586.

[18] 成金华，尤喆 . 2019.“山水林田湖草是生命共同体”原则的科学内涵与实践路径 . 中国人口资源与环境，29(2): 1-6.

[19] 付战勇，马一丁，罗明，等 . 2019. 生态保护与修复理论和技术国外研究进展 . 生态学报，39(23): 9008-9021.

[20] 何跃军，叶小齐 . 2004. 恢复生态学理论对退化生态系统恢复的重要性 . 贵州林业科技，32(2): 8-12.

[21] 黄宝荣，欧阳志云，郑华，等 . 2006. 生态系统完整性内涵及评价方法研究综述 . 应用生态学报，(11): 2196-2202.

[22] 牛翠娟，娄安如，孙儒泳，等 . 2007. 基础生态学 第2版 . 北京：高等教育出版社 .

[23] 彭少麟 . 1998. 热带亚热带退化生态系统的恢复与复合农林业 . 应用生态学报，(06): 29-33.

[24] 任海，彭少麟 . 2001. 恢复生态学导论 . 北京：科学出版社 .

[25] 任继周，贺达汉，王宁，等 . 1995. 荒漠—绿洲草地农业系统的耦合与模型 . 草业学报，(02): 11-19.

[26] 色音 . 1999. 萨满教与北方少数民族的环保意识 . 黑龙江民族丛刊，(02): 80-86+133.

[27] 邵红，张广兴 . 2016. 生态完整性评价概念及应用 . 环境保护与循环经济 ,36 (10): 44-48.

[28] 宋永昌 . 2001. 植被生态学 . 上海：华东师范大学出版社 .

[29] 孙儒泳，李庆芬，牛翠娟，等 . 2002. 基础生态学 . 北京：高等教育出版社 .

[30] 王让会，张慧芝，赵振勇，等 . 2004. 干旱区生态系统耦合关系的特征分析 . 生态环境，(03): 347-349.

[31] 王让会 . 2002. 地理信息科学的理论与方法 . 乌鲁木齐：新疆人民出版社 .

[32] 王震中 . 2008. 中国古代人与自然和谐的思想渊源及其对自然的保护 . “21 世纪中华文化世界论坛” 第五次国际学术研讨会论文集 . 中华炎黄文化研究会、广东炎黄文化研究会、暨南大学：暨南大学华侨华人研究院 .

[33] 吴钢，赵萌，王辰星 . 2019. 山水林田湖草生态保护修复的理论支撑体系研究 . 生态学报，39(23): 8685-8691.

[34] 燕乃玲，虞孝感 . 2007. 生态系统完整性研究进展 . 地理科学进展，(01): 17-25.

[35] 袁同凯 . 1997. 新疆哈萨克族黑宰部落原始文化遗迹研究——以特克斯县喀拉达拉乡田野调查为主 . 西北民族研究，(01): 29-59.

[36] 赵晓英，陈怀顺，孙威权 . 2001. 恢复生态学 - 生态恢复的原理与方法 . 北京：中国环境科学出版社 .

[38] 中共中央文献研究室编 . 2017. 习近平关于社会主义生态文明建设论述摘编 . 北京：中央文献出版社 .

第4章

阿勒泰地区山水林田湖草生命共同体现状与问题

阿勒泰地区是“一带一路”核心区的重要生态屏障区，区内涵盖了山水林田湖草系统所有的生态要素，分布有冰川、森林、草原、河流、湖泊、绿洲、荒漠多种生态系统类型，是探索山水林田湖草生命共同体治理模式的天然试验场。本章介绍了阿勒泰地区的社会和自然地理概况、环境治理状况以及试点项目实施的重大意义、工作基础、问题及面临的形势。

4.1 阿勒泰地区社会和自然概况

4.1.1 地理位置与区位

阿勒泰地区地处新疆北部，东部与蒙古国接壤，西部、北部分别与哈萨克斯坦共和国、俄罗斯联邦共和国交界。国界线长 1 197 多千米，全地区东西横距 402 km，南北纵距 464 km，总面积 11.80 万 km^2，占新疆总面积的 7.2%，范围包括新疆维吾尔自治区阿勒泰地区及新疆生产建设兵团农十师。

全地区境内道路有干线公路 23 条（高速公路 1 条、国道 5 条、省道 10 条、专用道公路 7 条），农村公路 1 710 条。其中，县道 42 条、乡镇 659 条、村道 1 001 条、专用道公路 8 条，公路总里程 9 987.21 km（上等级公路为 8 526.75 km，等外公路为 1 460.46 km）。

行政公署所在地阿勒泰市，是 G3014 奎屯—阿勒泰高速起始点（里程为 139.64 km），同时是 G216、G217（阿勒泰—塔什库尔干里程 257.15 km）、G219、G331、G576 线起始点。距新疆首府乌鲁木齐市西线为 701 km，东线为 670 km，与乌鲁木齐市航线距离 450 km。

阿勒泰地区隶属伊犁哈萨克自治州，下辖阿勒泰市、布尔津县、富蕴县、福海县、哈巴河县、青河县、吉木乃县 6 县 1 市，共 26 个乡、30 个镇、4 个街道办事处、3 个国营农牧场、71 个社区居委会、509 个村委会。境内有新疆生产建设兵团第十师及其所属的 10 个团场、自治区驻阿单位和驻阿部队。所辖 6 县 1 市均为边境县（市），见图 4-1。

阿勒泰地区是个多民族聚居的地区，由 38 个民族组成，全地区 2018 年年末总人口 65.95 万人，其中哈萨克族 34.80 万人，占总人口的 52.76%；汉族 26.28 万人，占总人口的 39.85%；其他少数民族 4.88 万人，占总人口的 7.39%。城镇人口 25.81 万人，占总人口的 39.13%。

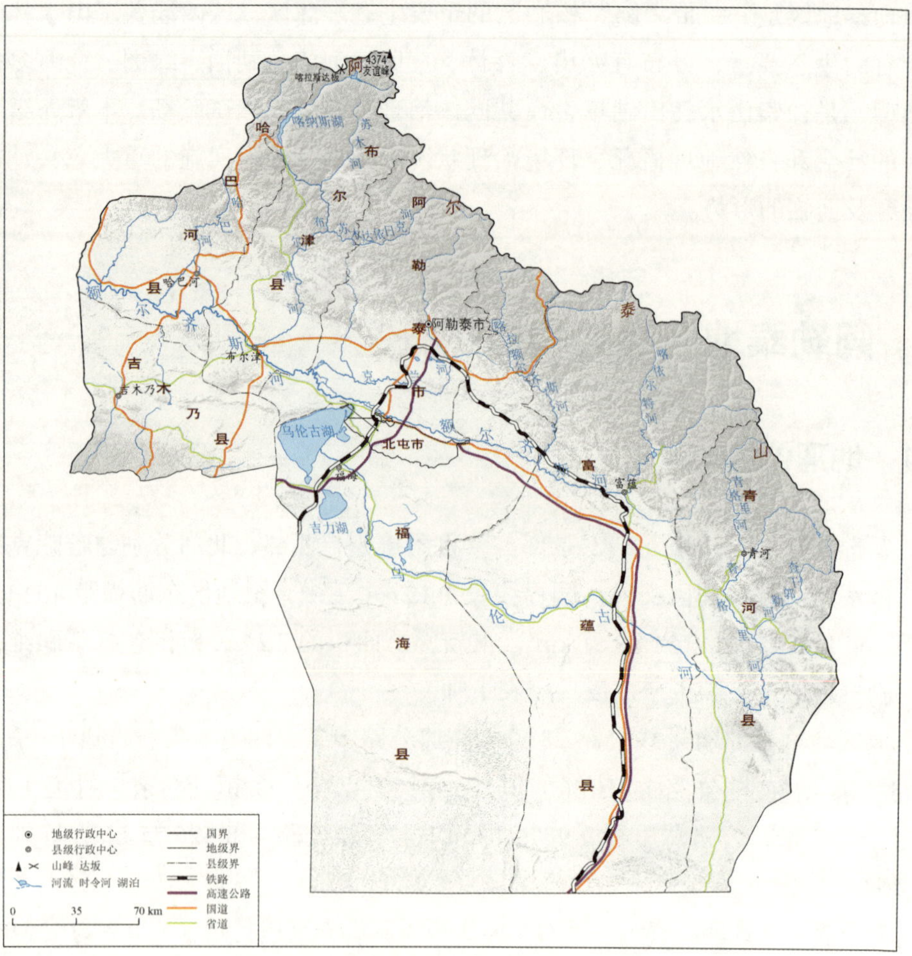

图 4-1 新疆阿勒泰地区交通位置图

4.1.2 地貌与气候

（1）地形地貌

阿勒泰地区地处欧亚大陆腹地，北部为阿尔泰山，西南部为萨吾尔山，南部为准噶尔盆地，全区地势西高东低，从北部的阿尔泰山脊线到南部丘陵平原层层下降，具有明显的阶梯状地形特点。山区面积约占 4/5，最高点是海拔 4 374 m 的友谊峰，最低点是富蕴县海拔 317 m 的 3 个泉洼地。大致可分为北部山区、中部丘陵河谷平原区、南部荒漠（戈壁）沙漠区 3 个地貌单元，分别占总面积的 32%、22% 和 46%。

北部山区海拔为 900～3 000 m，海拔 2 400 m 以上为高山带，终年积雪覆盖，是区内河流的水源补给区；海拔 1 500～2 400 m 为亚高山和中山带，地面起伏，“V”形谷底分布广泛，是最大集水区、重要林区和优良的夏季牧场；海拔 900～1 500 m 为低山带，河谷两岸起伏变化大，水能蕴藏丰富。

中部丘陵河谷平原区处于阿尔泰山前至准噶尔盆地北缘，为额尔齐斯河和乌伦古河长期冲（洪）积而成的河套平原（河阶地）和丘陵地貌、河流阶地地貌。其东部起伏变化多端，西部较为平坦。地势为东北高西南低。海拔为 400～1 000 m。河谷地带土地肥沃，水源丰富，牧草肥美，两岸生长着茂密的河谷天然林。是本区主要粮油产区，也是良好的冬季牧场。

南部荒漠（戈壁）沙漠区是古尔班通古特沙漠的一部分；地面为低矮的固定、半固定沙丘；无地表径流，水源奇缺；丘间洼地稀散有耐旱的牧草和梭梭，见图 4-2。

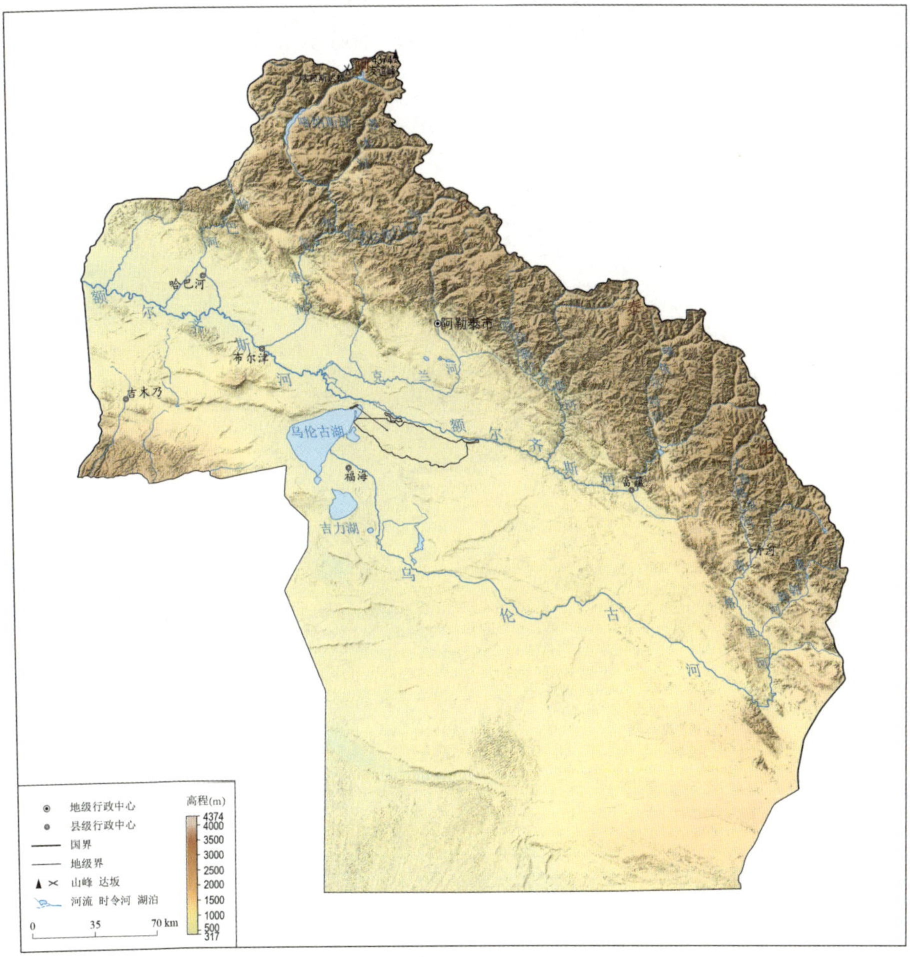

图 4-2　额尔齐斯河流域地形图

（2）气候气象

阿勒泰地区地处欧亚大陆腹地，纬度较高，属温带大陆性寒冷气候，夏季干热，冬季严寒，降水量少，蒸发量大，昼夜温差大，光照充足，全年多季风。从南到北、自东往西、由低到高，气候由极干旱—干旱—半干旱—半湿润—湿润依次演变。年均气温 2.1～4.9℃，极端最低温度 -51.5℃，极端最高温度 45.0℃。年均降水量 313.3～222.8 mm，1—12 月蒸发量分别为 10.3 mm、26.1 mm、75.1 mm、172.9 mm、126.3 mm、163.3 mm、138.5 mm、117.8 mm、95.7 mm、99.9 mm、23.8 mm 和 12.8 mm。降水具有年际变化大和地区分布差异显著等特点，降水空间分布不均，北部山区降水多，年降水量可达 400～600 mm，积雪深度 1～2 m，中部丘陵河谷平原区年降水量 150～200 mm，积雪深度有 30～80cm，南部荒漠（戈壁）沙漠区年降水量仅 95 mm，只有零星积雪；年际降水变化有很大差异，年际降水最大年均降水量达 315.8 mm，最小年均降水量为 116.5 mm，二者相差 2.7 倍。全年实际日照时数 2 600～2 893.7 h，无霜期年平均为 100～166 天，年均蒸发量 1 462.7 mm，见图 4-3、图 4-4。

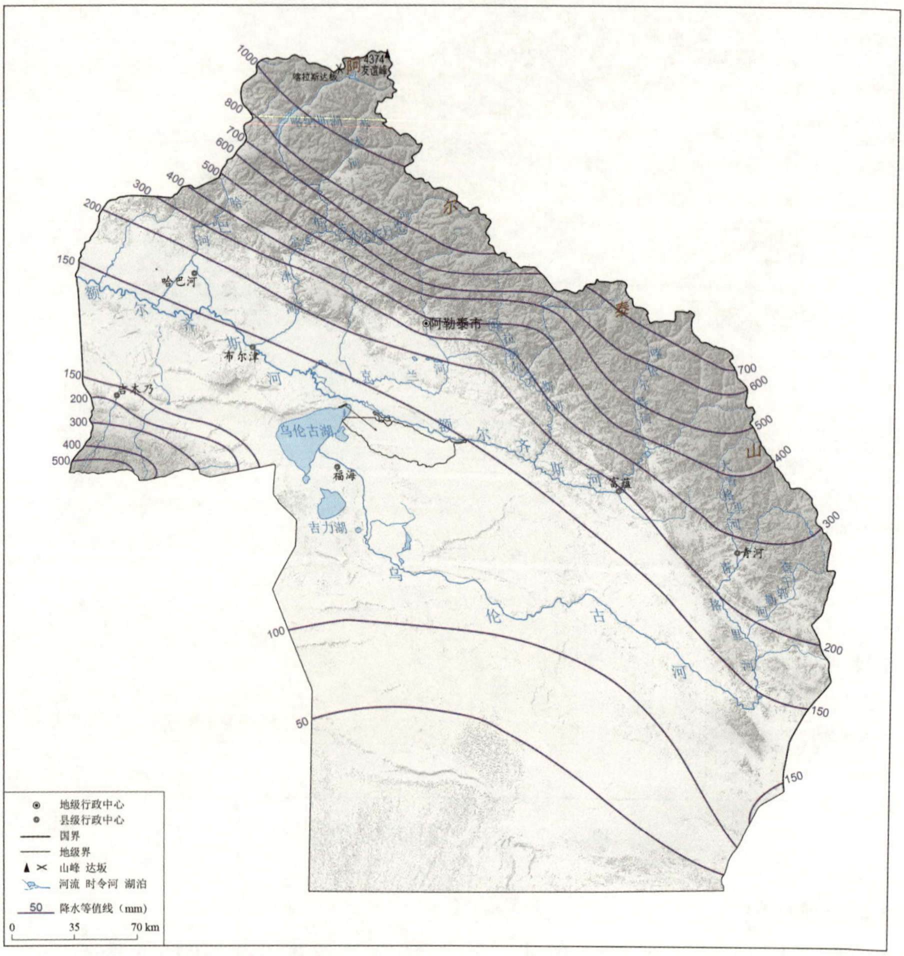

图 4-3 阿勒泰地区降水等值线图

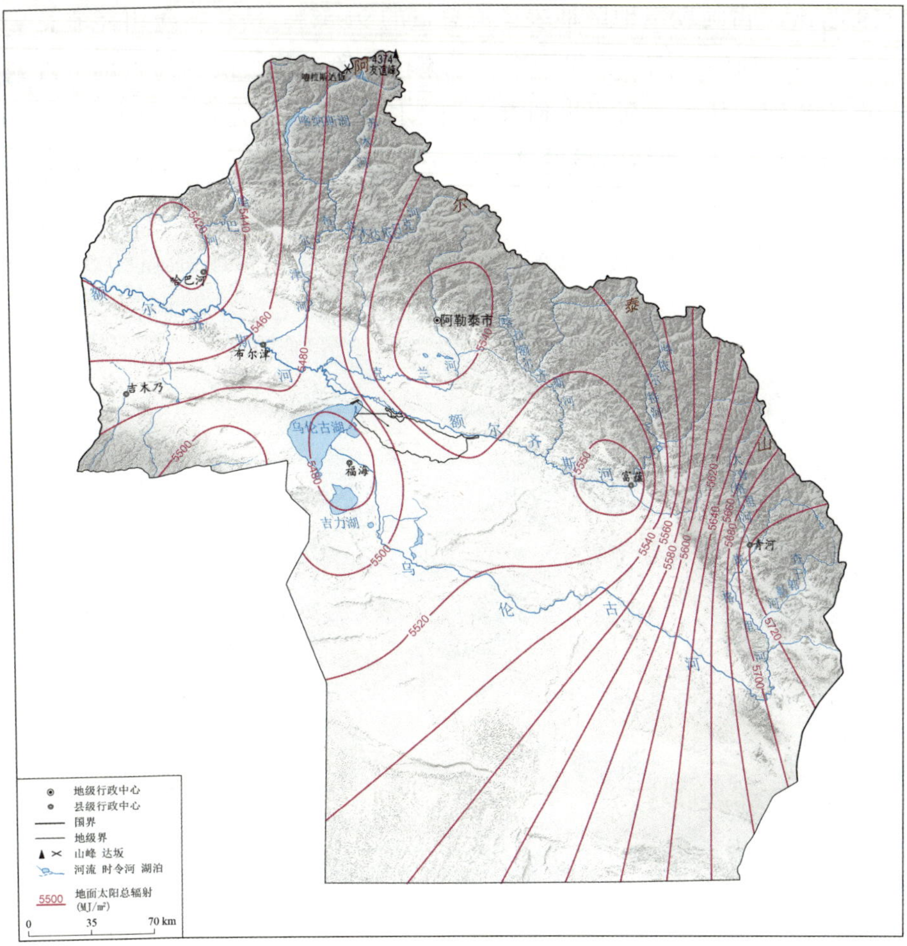

图 4-4　阿勒泰地区地面太阳总辐射资源分布图

4.1.3　水文和水资源

地表径流主要有额尔齐斯河、乌伦古河和吉木乃县诸小河三大水系，有大小河流 56 条，流域面积 9.57 万 km^2，年径流总量达 123.44 亿 m^3，占全疆的 13.6%。水域面积大于 44.67 km^2 的湖泊有 3 个，分别是乌伦古湖、喀纳斯湖、吉力湖。水域多为富营养性，特别适应冷水性鱼类生长。乌伦古河流域原先属典型的干旱区内流流域，其尾闾乌伦古湖（布伦托海）是新疆第二大内陆湖，目前通过河湖水系连通等工程，乌伦古河已经与额尔齐斯河形成一个完整流域。额尔齐斯河发源于阿尔泰山东段南麓，富蕴县北部海拔 3 500 m 的齐格尔台达坂，最后注入北冰洋，源头至河口干流总长 4 248 km，是一条国际河流，也是我国唯一属于北冰洋水系的外流河。额尔齐斯河是新疆的第二大河流，在我国境内干流长 593 km，流域面积约 9.72 万 km^2，年平均径流量为 119 亿 m³，占阿勒泰地区地表径流总量的 91.5%，是新疆河川径流总量的 1/7。乌伦古河在额尔齐斯河以南，也发源于阿尔泰山东段南麓，最后归入乌伦古湖。乌伦古河是一条内流河，从大青河源头到吉力湖总长 821 km，流域面积为 4.3 万 km²，年径流量约 10.7 亿 m³。吉木乃山溪发源于萨吾尔山的最高峰——木斯套冰川，南北流向，流程短（22～28 km），由年径流量约 1 500 万 m³ 的乌勒昆乌拉斯图河（中哈界河）、拉斯特河、塔斯特河组成，流域面积 0.8 万 km²。年平均径流量约 0.9 亿 m³。

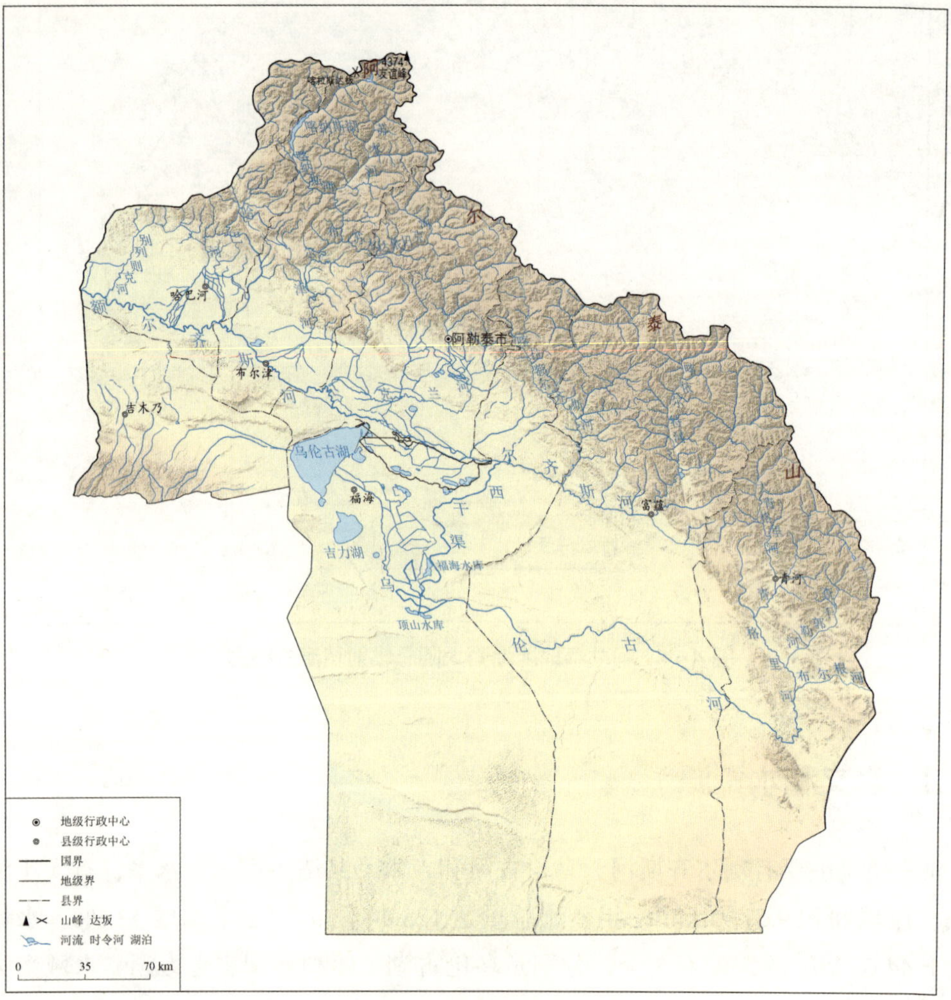

图 4-5　阿勒泰地区水系图

地区全区境内有各类冰川 417 条，总面积 293.2 hm²，储冰量 164.92 亿 m³，折合储水量 148.43 亿 m³。阿勒泰地区年总径流量 133.7 亿 m³，其中，地表径流量为 122.5 亿 m³，占自治区地表径流量的 14.7%。年径流量在 1 亿 m³ 以上的河流有 8 条，其径流量占流域径流总量的 93.1%。阿勒泰地区水资源分布不均，水土资源地域组合不平衡，额尔齐斯河以北土地面积占 1/3，水量却占到 9/10，而额尔齐斯河以南土地面积占 2/3，而水量只有 1/10。河流径流量的年际变化较大，年较差多数 C_V 值为 0.3～0.5，是全疆的最高值。地表水年份也不均衡，主要集中在 5—8 月，占全年总量的 28%～82%。地下水平原区潜层补给量为 21.64 亿 m^3。阿勒泰地区水能理论蕴藏量 4 750.71 MW，可装机容量 2 139 MW。

阿尔泰“两河”流域，特指额尔齐斯河（以下简称额河）流域和乌伦古河流域，目前已通过河湖连通等成为一个完整的流域。“两河”流域不仅孕育了阿勒泰地区各族人民的生产生活、繁衍生息，随着“北水南调”工程的投入使用，额尔齐斯河河水调往乌鲁木齐、克拉玛依、哈密、吐鲁番等工业重地，滋养了 700 余万人，支撑了全疆超过 1/2 的 GDP，是全疆的生命线，由此阿尔泰山生态系统发挥出更大的社会作用，在新疆国民经济发展中的战略地位越来越突出。此外，介于 85 额尔齐斯河流域山水林田湖和 45 额尔齐斯河流域山水林田湖之间的额尔齐斯河流域是阿勒泰地区重要的山水林田湖草生态保护修复工程试点项目。

4.1.4　植被资源

（1）森林资源

阿勒泰地区拥有森林面积 4 002.06 万亩，森林覆盖率为 22.65%。森林蓄积量 1.1 亿 m^3，森林主要分布在阿尔泰山和萨吾尔山海拔 1 300～2 400 m 的亚高山和中山带以及河谷两岸。林地面积、森林蓄积量分别占全疆山地森林的 41%、45%，分别占阿勒泰地区国土面积、林地面积、森林蓄积量的 23%、58%、90%，为新疆的第二大林区。地区内森林为野生动物提供了食物来源和隐蔽场所，并且具有防风固沙、保持水土等重要生态功能，对保障生态安全具有无可替代的作用，是新疆北部天然的生态屏障。

区域森林类型包括山地森林、河谷次生林、荒漠灌木林和平原人工林，以西伯利亚落叶松、西伯利亚云杉、西伯利亚冷杉、西伯利亚红松为建群种的南泰加林型山地森林占主导地位。珍稀濒危树木有西伯利亚花楸、西伯利亚五针松、西伯利亚冷杉、西伯利亚云杉、西伯利亚落叶松、银白杨、银灰杨、沼泽小叶桦、梭梭、白梭梭、岩高兰等；阿勒泰地区特有林木有西伯利亚花楸、西伯利亚五针松、西伯利亚云杉、西伯利亚冷杉、西伯利亚落叶松、沼泽小叶桦、额河杂交杨、柔毛杨、土伦柳、苦杨、欧洲山杨、等。阿尔泰山泰加林是以西西伯利亚代表树种为主体的泰加林在我国的唯一分布区，树种古老珍稀、群落原始独特，具有典型性和代表性，具有重大的科研价值和自然保护价值。额尔齐斯河两岸分布有重要价值的次生林和优良草场，形成了独特的河谷林生态系统。以杨柳科树种为建群种的河谷林是我国唯一的天然分布区，被誉为中国的野生杨树基因库。

（2）草地资源

阿勒泰地区草场总面积 984.24 万 hm^2，其中可利用面积 723.93 万 hm^2，分别占全疆草场面积和可利用面积的 14% 和 20.8%。主要分布于阿尔泰山南坡至准噶尔盆地北缘之间。在荒漠基质的背景下，各种草地类型镶嵌或复合分布于不同环境。主要草地类型有 12 种，从山地到平原依次为高寒草原、高寒草甸、山地草甸、山地草甸草原、山地草原、山地荒漠化草原、山地草原化荒漠、平原荒漠草原、山地沼泽类、低山草甸草场、高寒沼泽、平原沼泽。在草场类型中草甸类占 14.3%，草原类占 16.2%，荒漠类占 69.3%，沼泽类占 0.2%。

高寒草原主要分布于阿勒泰东部地区山体阳坡，海拔 2 400～2 800 m，盖度 40%～60%。高寒草甸主要分布于植被垂直带谱的上部，盖度 35%～90%，多为夏季牧场。山地草甸分布比高寒草甸低，盖度 50%～90%，有许多优良豆科牧草。山地草原多分布于干旱侵蚀为主的低山带，盖度 30%～70%，多为优质牧草，是春秋放牧地。山地草甸草原分布于山地草甸和山地草原的过渡带，其盖度和产草量也介于两者之间，生境脆弱。山地荒漠草原分布于山地草原下部，海拔 900～1 400 m，盖度 15%～45%。山地草原化荒漠分布于山地与平原相接的坡麓部位。

平原荒漠草原分布于阿尔泰山和萨吾尔山的山前平原，向南至准噶尔盆地腹地，海拔分别为 800～1 300 m 和 600～1 000 m，盖度 10%～50%，其不仅在生产中占据重要的位置，而且是维持荒漠生态系统能量与物质运转的核心。低地草甸分布于河流的谷地，植物以中生、旱中生的禾草和杂草为主，盖度 50%～98%，是生产力最大的类型。在高山、亚高山的一些宽谷地，地表常年积水形成了高寒沼泽，在平原区常年积水地带形成平原沼泽，面积较小。

（3）湿地资源

区域湿地面积 19.05 万 hm^2，其中河流湿地 3.0 万 hm^2，人工库塘 0.2 万 hm^2，湖泊湿地 11.65 万 hm^2，沼泽湿地 4.2 万 hm^2。河流湿地占湿地总面积的 15.8%，湖泊湿地占湿地总面积的 61.2%。各种形式保护的湿地面积为 17.3 万 hm^2，湿地保护率为 90.8%。其中阿尔泰山分布有大量的泥炭沼泽地，是新疆规模较大且保存最完整的一片泥炭沼泽，也是水源涵养的关键“碳库”。区域水域面积大于 1 km^2 以上的湖泊有 21 个，其中喀纳斯湖面积 0.5 万 hm^2，是我国已知的最深的冰蚀、冰渍高山河谷型湖泊。此外，喀纳斯国家级自然保护区内山谷洼地、高山低洼处、湖滨及河沿阶分布的较大面积的泥炭沼泽将水储存起来，并以各种形式不断向外补给。

4.1.5 矿产资源和土壤类型

（1）矿产资源

阿勒泰地区位于哈—中—蒙世界级有色金属成矿带中部，各类型矿床成带分布，分段集中，北部为阿尔泰成矿区，南部为准噶尔成矿区，成矿条件优越，矿产资源极为丰富，是中国稀有金属工业的摇篮，是国家重要的战略资源储备区。现已发现矿种四大类 94 种，占全国拥有矿种数 172 种的 54.65%，占新疆拥有矿种数 138 种的 68.12%。探明储量居全国第一位的有铍、白云母、钾长石 3 种，居全国前十位的有 12 种，居新疆首位的有 21 种。其中，喀拉通克铜镍矿是全疆最大的铜镍矿；正在勘建开发的阿舍勒铜墙铁壁矿，伴生有金、银、铅等多种成分，将成为我国第二大铜基地；可可托海独立工矿区是我国重要稀有金属矿产基地之一，其三号矿坑在世界地质界被称为“稀有金属博物馆”，是全国铍、铯、锂、钽、铌稀有金属矿产的重要产地，有“中国稀有金属产业的摇篮”的美誉。在 20 世纪 60 年代，三号矿坑曾承担了偿还苏联债务总额 40% 的任务，还为我国“两弹一星”国防工业和航天事业做出了重要贡献。

（2）土壤类型

阿勒泰地区土壤分为 18 个土类、24 个亚类，自然土壤有山地土壤和平原土壤两大系列。山地土壤系列自高山到山麓依次为高山寒漠土、高山草甸草原土、亚高山草甸草原土、山地棕色针叶林土、山地灰褐色森林土、山地黑钙土、山地栗钙土、山地棕钙土。平原土壤系列从山前由北向南依次为棕钙土、淡棕钙土、灰棕漠土和风沙土。另外，还有非常状分布的盐渍土、沼泽土和龟裂土。

阿勒泰地区自然土壤有机质含量大于 1% 的土壤面积占土壤总面积的 63%，小于 1% 的占 37%，土壤养分含量特点是缺氮、少磷、钾有余。土壤（剖面）结构状况是土层薄、质地粗、含砾石多、透水性强，下伏有第三纪泥岩不透水层，见图 4-6。

4.1.6 生物资源

阿勒泰地区是高度富集的生物多样性基因库，区内野生动植物资源极为丰富，许多物种属国家或新疆特有，对保护生物多样性、拯救珍稀濒危物种、开展科学研究意义重大。截至 2020 年，阿勒泰地区共建立了世界地质公园 1 处、国家级自然保护区 3 处、国家森林公园 4 处、国家地质公园 2 处、国家湿地公园 9 处。保护区域总面积达到 70.5 万 hm^2，占区域总面积的 5.9%。

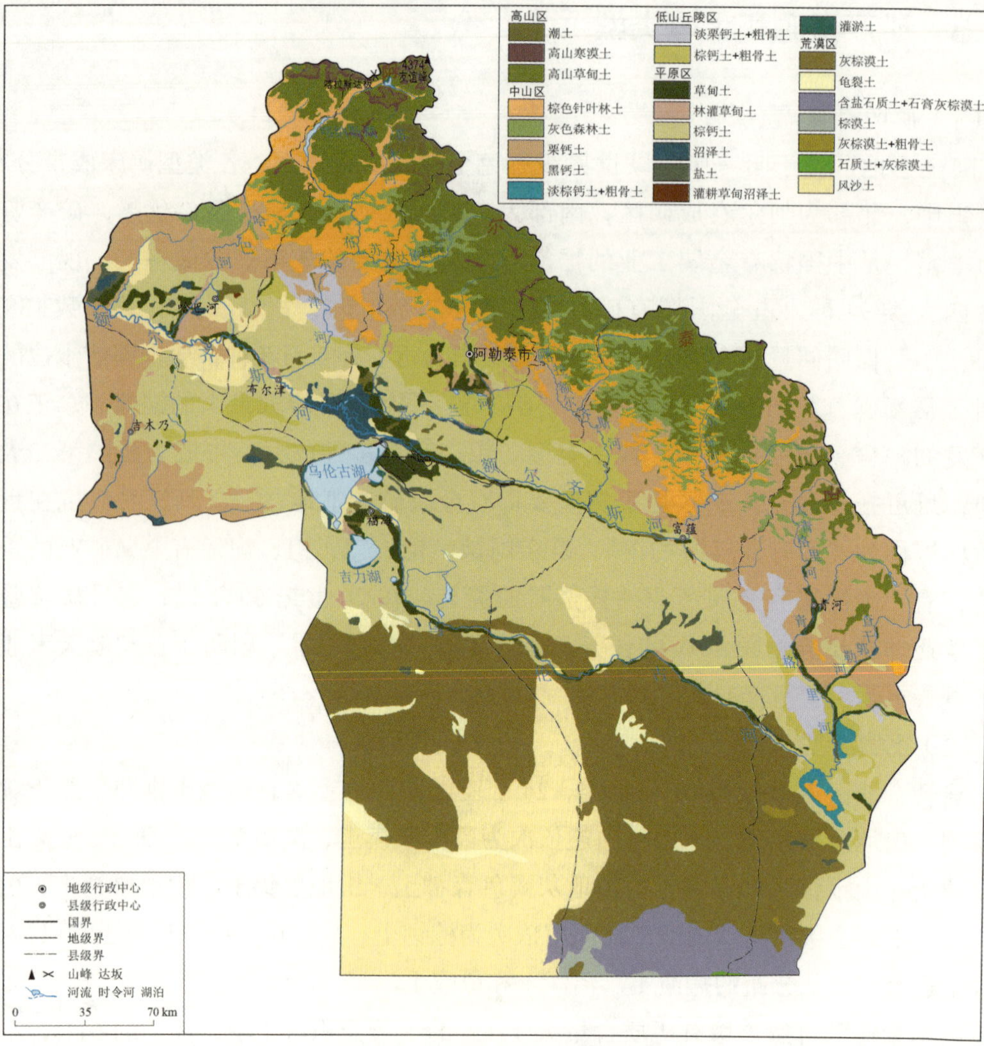

图 4-6 阿勒泰地区土壤类型图

（1）野生维管束植物

阿勒泰地区野生植物资源极为丰富，全区野生植物有 1 378 种，药用植物种类 200 余种，其中许多为名贵药材。低等植物如大型真菌 172 种，分属于 2 门 10 目 32 科 77 属；地衣类 20 科 40 属 103 种；高等植物共有 146 科 633 属 1 689 种，其中苔藓植物有 45 科 96 属 177 种，蕨类植物有 7 科 9 属 21 种，种子植物有 94 科 528 属 1 491 种。

（2）动物

阿勒泰地区有野生动物 466 种，其中，两栖爬行类动物 15 种，鱼类 24 种，鸟类 340 种，兽类 87 种，昆虫 23 目 84 科 280 种。野生脊椎动物共有 31 目 74 科 347 种。列为国家级保护动物的有 77 种（一级的 21 种，二级的 56 种），省级的 36 种，其中自治区一级 21 种，自治区二级 15 种。国家一级保护动物有雪豹、紫貂、貂熊、北山羊、原麝、黑鹳、金雕、白肩雕、玉带海雕、白尾海雕、胡兀鹫、松鸡等 21 种，国家二级保护动物有兔狲等 56 种；另外，属于中国特有种的动物有阿尔泰林蛙、极北蝰、胎生蜥蜴、岩雷鸟、普通松鸡、哲罗鲑、细鳞鲑、江鳕、北极鲰、西伯利亚斜齿鳊等。濒危动物有雪豹、北山羊、盘羊、野驴、马鹿、原麝和河狸（仅分布于阿勒泰地区）。

阿勒泰地区是新疆冷水鱼发展重点地区，鱼类有 6 目 11 科 31 属 35（亚）种，土著鱼类品种占自治区总数的 50%。额尔齐斯河有 24 种土著鱼类，其中西伯利亚鲟、哲罗鲑、丁鲅、梭鲈、江鳕、北极鲰、高体雅罗鱼、白斑狗鱼、河鲈等品质优良的特种冷水鱼类均系珍稀国内特有物种，也是我国淡水鱼类系统中唯一来源于欧洲水系的鱼类种质资源。有 6 种鱼类被列入自治区重点保护水生野生动物名录，分别为长颌白鲑、北极鲰、小体鲟、西伯利亚鲟、高体雅罗鱼、阿勒泰杜父鱼，哲罗鲑被列入伊犁哈萨克自治州重点保护水生野生动物；地区特有经济鱼种有白斑狗鱼、河鲈、梭鲈、东方欧鳊、丁鲅、额河银鲫、贝加尔雅罗鱼等 15 种。2018 年水产量达到 16 033 t，是自治区的重点渔业生产基地之一。

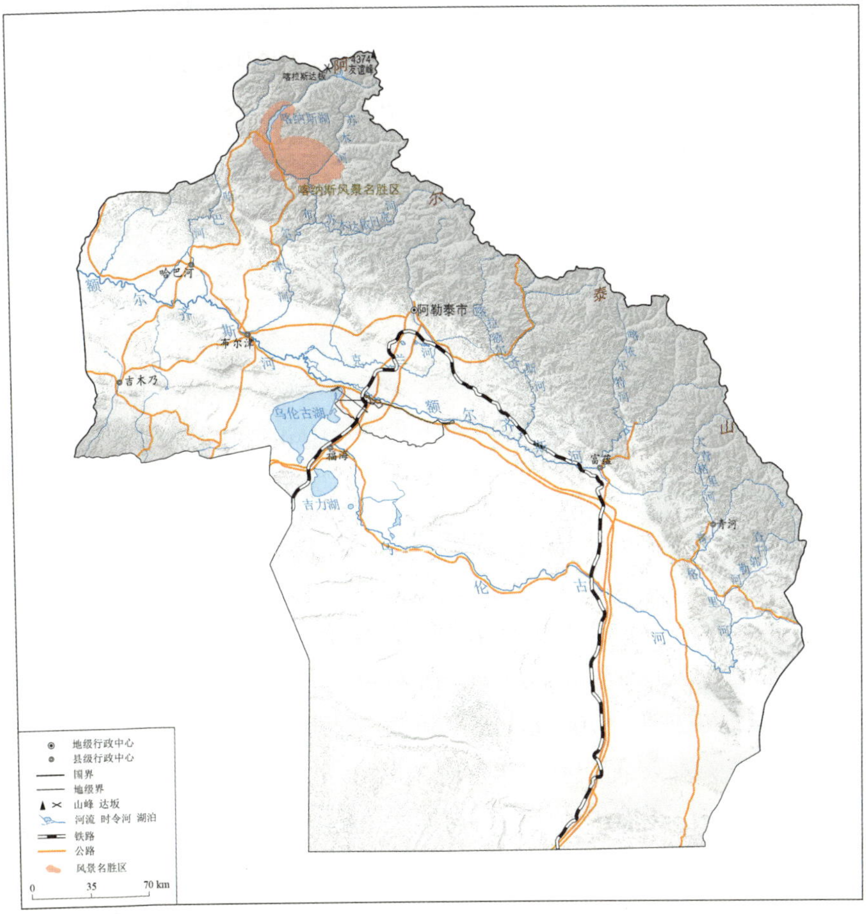

图 4-7 阿勒泰地区国家级风景名胜区分布图

4.1.7 旅游资源

阿勒泰地区旅游资源丰富，是新疆旅游发展的重要区域。区内由南向北分布着高山冰川、森林草原、河流湖泊、温泉湿地、大漠戈壁和岩画鹿石、古墓石人、岩画石刻、民俗风情等旅游资源，按照国家标准分类的 8 个主类旅游资源阿勒泰地区全部拥有，旅游景区（点）近 200 处。阿勒泰地区人文资源深厚富集，阿尔泰山草原游牧文化遗存神秘奇特，哈萨克族和蒙古族图瓦人民俗文化独具魅力，可可托海三号矿已成为新疆红色旅游人文内涵深厚；冰雪资源为全国罕见，是滑雪起源地，被誉为中国最美雪乡。阿勒泰地区地通三国，有 4 个国家一类陆路口岸：吉木乃口岸、塔克什肯口岸、红山嘴口岸和阿黑吐别克口岸。便捷的交通、完好的生态、异域的风情等，使阿勒泰具备开发高品质国际跨境旅游产品的良好条件。

2018 年全区现拥有国家 A 级旅游景区 29 处，其中 5A 级 3 个，即喀纳斯景区、可可托海、白沙湖景区，4A 级 4 个。7 个国家级及省级自然保护区（喀纳斯、布尔根河狸、卡拉麦里、科克苏湿地、额尔齐斯河科克托海湿地、金塔斯、两河源头），2 个国际狩猎场，2 个国家地质公园，8 处国家湿地公园，3 个国家森林公园，自治区级森林公园 3 处，拥有不可移动文物 600 余处，其中国家级 2 处，自治区级 15 处。有“人类滑雪最早起源地”之称，冰雪资源得天独厚。

4.1.8 产业发展和土地利用现状

阿勒泰地区是一个以牧为主的边境、高寒、易灾、多灾地区，长期以来，由于受自然环境、地理环境和社会环境等多方面客观因素影响，经济基础薄弱，经济社会等各项事业发展缓慢，农牧区生产生活条件差，贫困状况比较严重。2018 年阿勒泰地区 GDP 284.09 亿元，其中，第一产业产值 51.36 亿元，增长 5.1%；第二产业产值 103.61 亿元，增长 4.8%；第三产业产值 129.12 亿元，增长 6.2%。第一、第二、第三产业产值分别占地区生产总值的 18.1%、36.4%、45.5%，第一产业所占比重较上年提高 0.48 个百分点，第二产业所占比重较上年下降 3.03 个百分点，第三产业所占比重较上年下降 0.45 个百分点。人均地区生产总值达到 43 464 元，按可比价计算同比增长 4.5%。

全地区土地总面积为 117 709.61 km^2。阿勒泰地区土地利用类型中，占比最高的为草地、其他土地和林地，面积分别为 84 021.38 km^2、17 566.65 km^2 和 9 849.97 km^2（表 4-1），占阿勒泰地区总面积的比例分别为 71.38%、14.92% 和 8.37%。其次，耕地面积为 2 770.83 km^2，占比为 2.35%；水域及水利设施用地面积为 2 735.13 km^2，占比为 2.32%；城镇村及工矿用地面积为 472.13 km^2，占比为 0.40%；交通运输用地面积为

266.97 km^2，占比 0.23%；园地面积为 26.55 km^2，占比 0.02%。

表 4-1 2016 年土地利用汇总

一级类	二级类	面积 /km^2	合计面积 /km^2	比例 /%
耕地	水浇地	2 737.19	2 770.83	2.35
	旱地	33.64		
园地	果园	2.15	26.55	0.02
	其他园地	24.4		
林地	有林地	6 608.06	9 849.97	8.37
	灌木林地	2 439.19		
	其他林地	802.72		
草地	天然牧草地	71 597.13	84 021.38	71.38
	人工牧草地	480.46		
	其他草地	11 943.79		
交通运输用地	铁路用地	6.24	266.97	0.23
	公路用地	84.08		
	农村道路	165.78		
	机场用地	6.31		
	管道运输用地	4.56		
水域及水利设施用地	河流水面	285.93	2 735.13	2.32
	湖泊水面	1 130.52		
	水库水面	196.45		
	坑塘水面	243.31		
	内陆滩涂	61.39		
	沟渠	550.96		
	水工建筑用地	63.83		
	冰川及永久积雪	202.74		
城镇村及工矿用地	城市	25.88	472.13	0.40
	建制镇	63.04		
	村庄	274.75		
	采矿用地	85.80		
	风景名胜及特殊用地	22.66		
其他土地	设施农用地	29.89	17 566.65	14.92
	田坎	0.81		
	盐碱地	925.85		
	沼泽地	313.27		
	沙地	9 760.12		
	裸地	6 536.71		

4.2 阿勒泰地区生态系统空间格局

基于2015年土地覆盖数据，将阿勒泰地区土地利用类型分为耕地、林地、草地、未利用土地、湿地、建设用地和水域7种类型，据此分析阿勒泰地区的生态系统空间分布和构成。

4.2.1 空间分布特征

2015年，阿勒泰地区土地利用类型分布如图4-8所示。阿勒泰地区未利用土地以荒漠生态系统为主，分布范围最广，主要分布于整个阿勒泰地区的南部和中西部，其中福海县、富蕴县以及青河县南部分布最为集中。森林生态系统和草地生态系统主要分布于阿勒泰地区北部山地地区和吉木乃河流域南部地区，集中在哈巴河县、布尔津县、阿勒泰市、富蕴县北部以及吉木乃县南部。耕地生态系统主要分布于阿勒泰地区中西部，以额尔齐斯河流域下游与支流交汇区以及乌伦古河三角洲地区为主。湿地生态系统主要分布于阿勒泰市西南部，而湖泊水域生态系统主要分布于福海县中部的乌伦古湖地区以及布尔津县北部的喀纳斯湖等众多湖泊。城镇生态系统分布零散，以耕地生态系统为依托，分布于耕地生态系统周边。

由图4-8可知，福海县、富蕴县、青河县以及吉木乃县主要土地利用类型为未利用土地，其他地区土地利用类型均以草地为主。其中富蕴县和青河县未利用土地面积分别为11 910.19 km^{2}和8 745.36 km^2，占县域总面积的62.90%和57.12%；其次是草地，面积分别为5 964.64 km^{2}和3 841.71 km^2，占县域总面积的18.84%和25.09%；然后是林地，面积分别为4 692.50 km^{2}和1 807.97 km^2，占全县域总面积的14.82%和11.81%。而福海县未利用土地面积为23 661.59 km^2，占比约70.68%；其次是林地面积为3 369.23 km^2，占比约10.06%；然后是耕地面积，为2 893.73 km^2，占比约8.64%。吉木乃县未利用土地面积为2 709.45 km^2，占县域面积比例约为38.87%；其次是草地面积，为2 179.36 km^2，占比约31.26%；然后是林地面积为1 482.28 km^2，占比约21.26%。

哈巴河县、布尔津县和阿勒泰市主要土地利用类型以草地为主。其中哈巴河县草地面积为2 699.94 km^2，占全县总面积的33.91%；其次是耕地面积，为1 785.06 km^2，占比约22.42%；然后是未利用土地面积，为1 744.45 km^2，占比约21.91%。布尔津县草地面积为3 555.17 km^2，占全县总面积的34.20%；其次是林地面积，为2 903.63 km^2，占比约27.93%；然后是未利用土地面积，为1 817.87 km^2，占比约17.49%。阿勒泰市草地面积为4 151.48 km^2，占全县总面积的35.93%；其次是未利用土地面积，为

2 559.94 km²，占比约 22.15%；然后是林地面积，为 2 298.52 km²，占比约 19.89%。

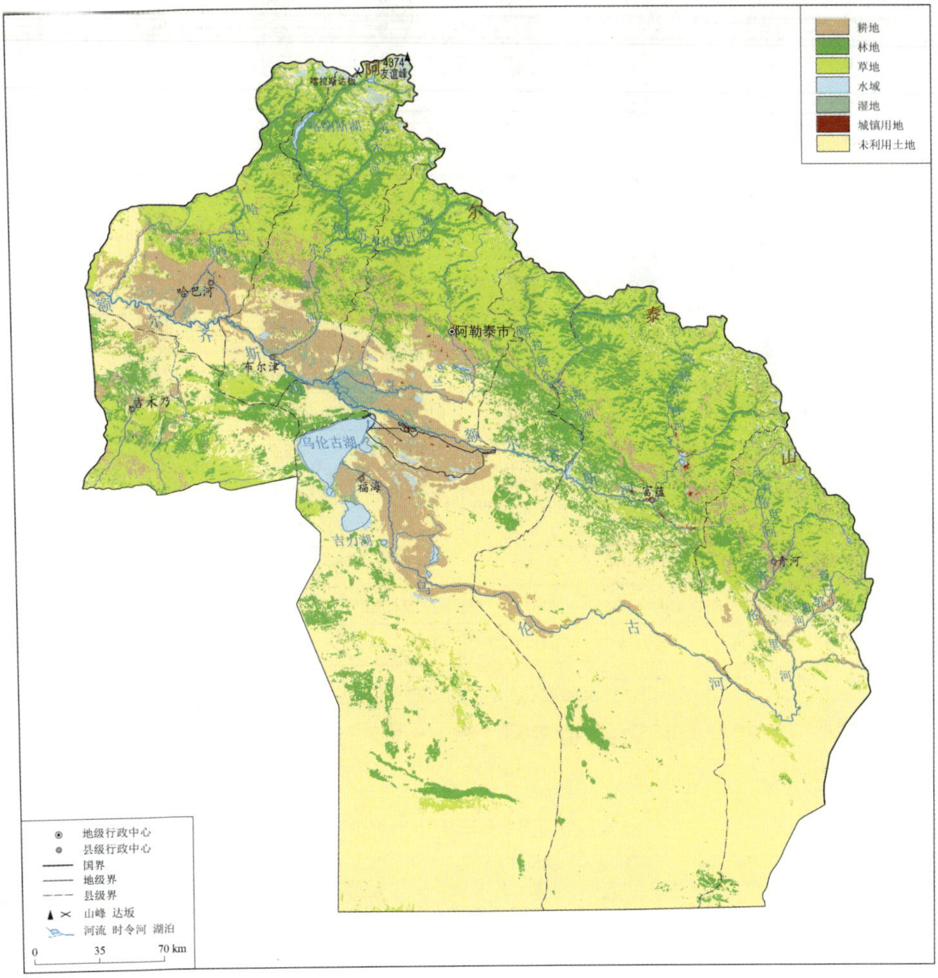

图 4-8 2015 年阿勒泰地区土地利用类型分布图

湿地、水域以及城镇用地等在阿勒泰地区 7 个县（市）中分布范围均较小，占全县（市）、域面积比例均较低，具体分布情况如图 4-9 所示。

4.2.2 生态系统构成

根据 2015 年阿勒泰地区土地利用统计数据，阿勒泰地区土地总面积中未利用土地面积占比最大，主要以荒漠生态系统为主，面积约为 61 191.36 km²，占比高达 52.15%（表 4-2）；其次是草地生态系统，面积约为 24 616.26 km²，占比 20.98%；林地生态系统面积约为 18 011.58 km²，占比 15.35%；耕地生态系统面积约为 10 668.68 km²，占比 9.09%。水域、湿地以及城镇用地生态系统面积均较小，占比均不足 2%。

（按柱状图颜色由上到下统计）

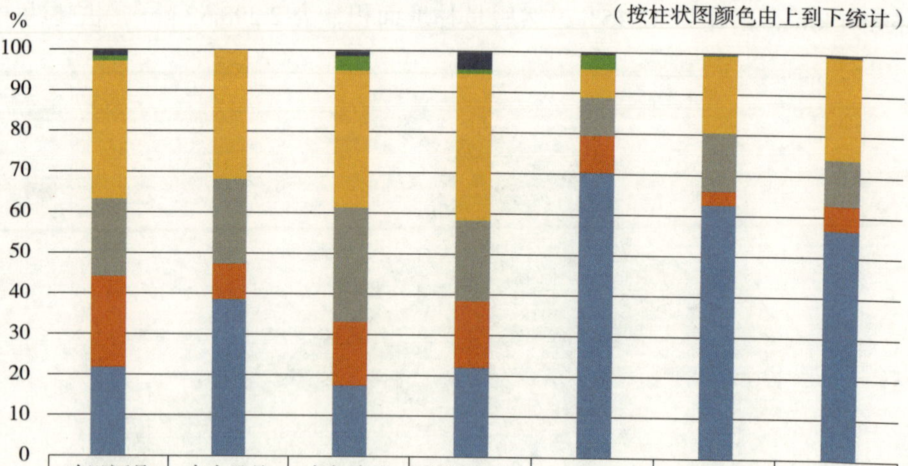

面积/km²	哈巴河县	吉木乃县	布尔津县	阿勒泰市	福海县	富蕴县	青河县
■ 湿地	92.35	0.00	121.67	508.63	85.21	5.08	1.66
■ 水域	107.58	6.64	347.92	97.68	1 291.92	69.32	23.89
■ 城镇用地	5.96	4.97	1.72	15.16	11.24	34.31	5.31
■ 草地	2 699.94	2 179.36	3 555.17	4 151.48	2 162.51	5 964.64	3 841.71
■ 林地	1 526.38	1 482.28	2 903.63	2 298.52	3 369.23	4 692.50	1 807.97
■ 耕地	1 785.06	586.94	1 644.87	1 922.11	2 893.73	977.56	882.57
■ 未利用土地	1 744.45	2 709.45	1 817.87	2 559.94	23 661.59	19 910.19	8 745.36

图 4-9　2015 年阿勒泰地区各县（市）土地利用类型面积及占比统计图

表 4-2　2015 年土地利用汇总　（按面积占比由大到小排列）

一级类	面积 /km²	比例 /%
未利用土地	61 191.36	52.15
草地	24 616.26	20.98
林地	18 011.58	15.35
耕地	10 668.68	9.09
水域	1 949.46	1.66
湿地	815.93	0.70
城镇用地	79.19	0.07
总计	117 332.46	100

4.3　阿勒泰地区环境质量现状

4.3.1　水环境状况

阿勒泰地区共有 11 个水质监测断面，即额尔齐斯河（5 个断面）、克兰河（3 个断面）、乌伦古河（3 个断面）。2017 年，克兰河 3 个监测断面各项监测指标与水质类别均符合Ⅰ类水质标准，断面水质状况均为优；整体河段水质类别符合Ⅰ类水质标准，水质状况为优。额尔齐斯河 5 个监测断面的各项指标中，卡库汇合口、北屯大桥、布尔津水文站与额河南湾断面高锰酸盐指数年均值符合Ⅱ类水质标准，其余指标均符合Ⅰ类水质标准；额尔齐斯河除富蕴大桥监测断面水质类别符合Ⅰ类水质标准，其余各断面均符合Ⅱ类水质标准，整体河段水质类别符合Ⅱ类水质标准，水质状况为优。乌伦古河 3 个监测断面水质类别除二台断面符合Ⅲ类水质标准，断面水质状况为良好外，大清河、顶山断面均符合Ⅱ类水质标准，断面水质状况为优；整体河段水质类别符合Ⅱ类水质标准，水质状况为优。

阿勒泰地区水资源丰富，分布广，水质状况基本保持在良好以上，其中水质状况特异现象出现在乌伦古河—乌伦古湖水系，水系源头乌伦古河为Ⅱ类水质，途经流域无大型化工、矿山、冶炼企业，最终注入乌伦古湖，但乌伦古湖却为劣Ⅴ类水质，具体见表 4-3。

表 4-3　乌伦古河—乌伦古湖水系水质变化趋势

湖泊名称	水质类别描述	2011 年	2012 年	2013 年	2014 年	2015 年
乌伦古河	水质类别	Ⅱ类	Ⅱ类	Ⅱ类	Ⅱ类	Ⅱ类
	水质状况	良好	优	良好	良好	良好
乌伦古湖	水质类别	劣Ⅴ类	劣Ⅴ类	劣Ⅴ类	劣Ⅴ类	劣Ⅴ类
	水质状况	重度污染	重度污染	重度污染	重度污染	重度污染

2017 年，喀纳斯湖的 5 个监测点位水质年均值均符合Ⅱ类水质标准，水质状况为优；综合营养状态指数为 29.3，属中贫营养状态。乌伦古湖水质类别为劣Ⅴ类，水质状况为重度污染；营养状态指数为 40.4，属中营养状态。乌伦古湖主要污染物为 COD_{Cr}、氟化物。其中化学需氧量年均值劣于Ⅲ水质标准，符合Ⅳ类水质标准，超Ⅲ类水质标准 0.35 倍。氟化物年均值均劣于Ⅴ类水质标准，超Ⅲ类水质标准 1.36 倍。其他指标均能满足Ⅲ类水质标准。乌伦古湖平均矿化度达到 2 320 mg/L，属半咸水湖。2005—2008 年水质下降明显；2009—2014 年水质变化不明显。全湖矿化度 10 年间始

终保持在 1 800～2 500 mg/L，浓度变化不大。超标污染物氟化物浓度 10 年间整体呈上升趋势。

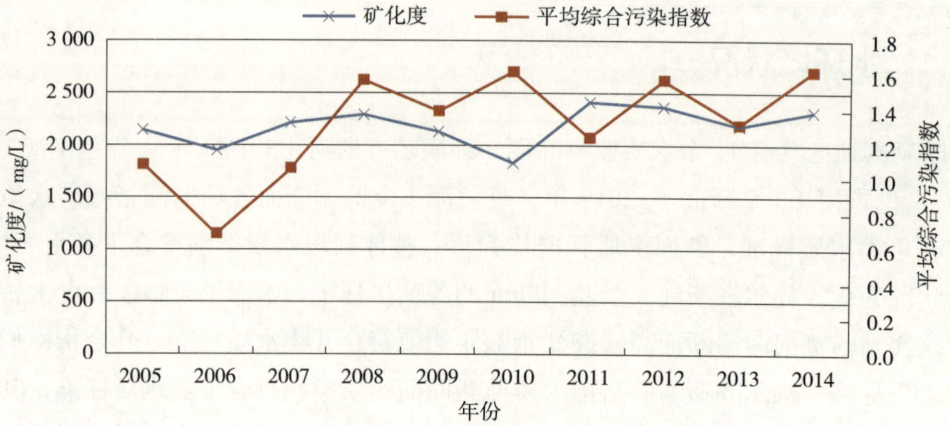

图 4-10　乌伦古湖矿化度和平均指数变化图

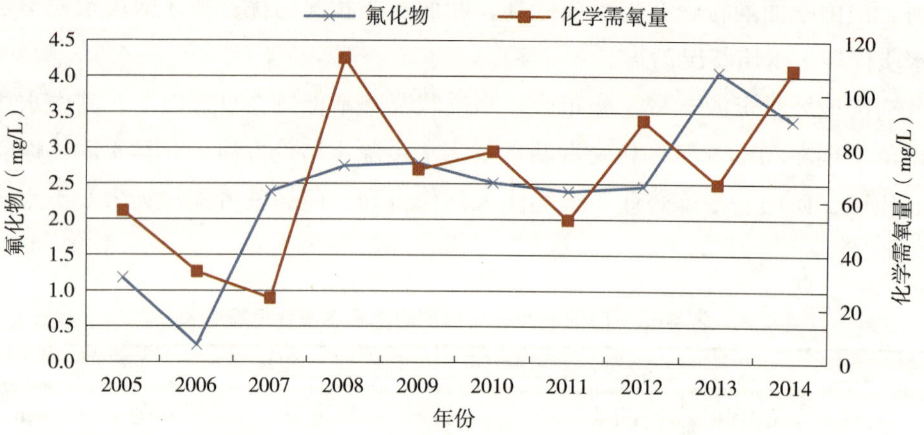

图 4-11　乌伦古湖化学需氧量和氟化物变化图

（1）干支流污染原因

阿勒泰地区水环境主要包括额尔齐斯河流域和乌伦古河流域，污染主要来自两方面：一是沿途城镇排放的污水污染；二是地表径流形成的面源污染。多年监测数据显示，额河流域排放的污水主要来自沿途经过的富蕴县、北屯镇和布尔津县，其中北屯镇和布尔津县因为污水处理设施和旅游因素，对额河流域水质的影响更为明显；乌伦古河流域主要受沿途青河县和福海县的乡村污水排放影响，受不同季节牧民生活方式影响，乌伦古河流域水质在不同季节差异较大。“十二五”期间额河流域水污染防治规划的制定与实施，各种减排措施和农村综合整治措施的落实，抑制了污染加重的势头，使额尔齐斯河和乌伦古河流域水质保持稳定在Ⅲ类以内。

（2）气候差异和水资源分布不均

阿勒泰地区地表水普遍表现出枯水期水质较差的现象，导致枯水期水质恶化的主要指标为氨氮，这是由于流域位于北方寒冷地区，径流量变化呈现明显的季节性特征，影响氨氮浓度。4—5 月冰雪融化，河水径流量增大，形成春汛，氨氮浓度较 1 月、2 月有所降低；6—9 月降水集中，降水量致使河水径流量增大，形成夏汛，此阶段氨氮浓度符合Ⅱ类标准，为全年较低值。11 月下旬封冻后，径流量明显减小，进入枯水期。枯水期径流量仅占全年的 20% 左右，与平水期相比，枯水期进入河水的污染物总量并没有减少，致使河水污净比增大，此阶段氨氮浓度符合Ⅲ类标准，水质变差。同时，由于河水表面封冻，水温低，水体复氧自净能力差，加重了水质的污染程度。

4.3.2 土壤环境质量状况

为进一步掌握阿勒泰地区畜禽养殖场周边土壤环境质量情况，阿勒泰地区环境监测中心站选择了当地有代表性规模较大的 3 个畜禽养殖场为监测区域，分别为吉木乃县托斯特乡银河奶牛场、福海县阔克阿尕什乡美德生猪养殖场和福海县阿尔达乡润地生猪养殖场，开展土壤环境质量监测工作。由监测结果可知，阿勒泰地区畜禽养殖场周边土壤 15 个监测点位无机重金属、有机物均未超标，其中有机项目监测因子均为未检出，无机重金属项目因监测点位不同，监测值略有波动，点位达标率为 100%。总体来看，土壤环境质量状况良好，没有受到污染。

4.3.3 生态环境质量状况

根据阿勒泰地区环境质量报告书，全区平均生态环境状况指数为 35.26，属于一般水平。阿勒泰地区 7 个县域（6 县 1 市）的生态环境状况分别属于一般和较差，其中生态环境质量一般的县（市）有 3 个，分别为阿勒泰市、布尔津县、哈巴河县，占全区县域总数的 42.9%，生态环境质量属于较差的县（市）有 4 个，分别为青河县、富蕴县、吉木乃县、福海县，占全区县域总数的 57.1%，见表 4-4。

从各类县域所占的面积来看，一般类县域面积 29 314.36 km^2，占全区面积的 25.1%，特征表现为植被覆盖和生物多样性处于一般水平，水资源丰富，生态系统较稳定，比较适合人类生存；较差类县域总面积为 58 479.42 km^2，占全区面积的 74.9%，特征表现为植被覆盖和生物多样性较差，均干旱少雨，多戈壁、沙漠和高寒山区，存在一定程度的土地退化现象，存在明显的限制人类生存的因素，见图 4-12。

表 4-4　阿勒泰地区生态环境质量评价结果

县（市）名称	面积 /km²	生物丰度指数	植被覆盖指数	水网密度指数	土地胁迫指数	污染负荷指数	EI	结果等级
阿勒泰市	10 790.45	39.10	49.63	2.11	35.93	1.15	45.90	一般
布尔津县	10 344.30	39.81	53.07	2.42	25.33	0.54	48.71	一般
富蕴县	3 211.56	17.79	29.56	0.84	78.65	0.05	26.94	较差
福海县	32 378.10	10.43	22.82	8.07	89.52	0.29	22.11	较差
哈巴河县	8 179.61	36.99	49.03	1.15	26.55	0.62	46.33	一般
青河县	15 743.11	19.93	30.50	0.38	59.53	0.21	30.71	较差
吉木乃县	7 146.65	14.46	30.52	0.53	77.08	0.59	26.15	较差
全地区	116 793.78	—	—	—	—	—	35.26	一般

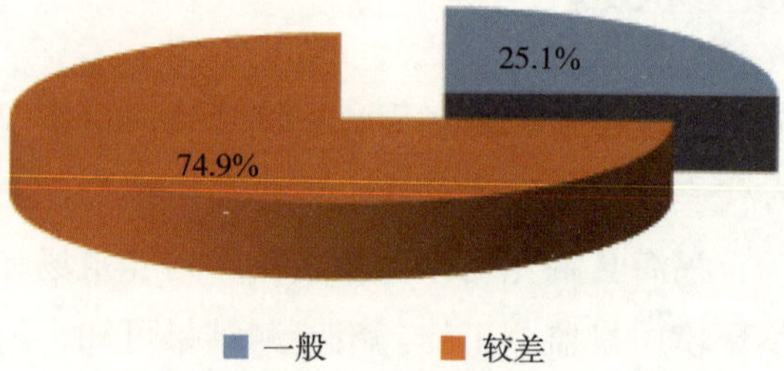

图 4-12　阿勒泰地区各类县域面积比例图

从各类生态区的人口分布来看，“一般”类生态区人口数占全区人口总数的54.4%，“较差”类生态区人口数占45.6%。阿勒泰地区的人口居住在生态环境状况为“一般”区域的较多，见图 4-13。

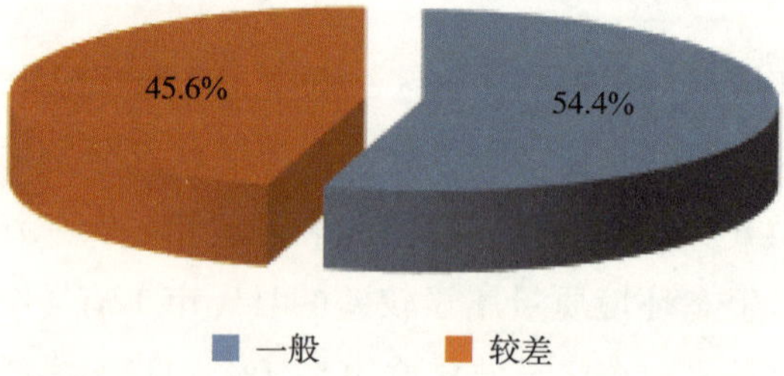

图 4-13　阿勒泰地区各类生态区人口比例图

从动态变化状况来看：

（1）阿勒泰地区 2010—2015 年发生变化的面积为 1 378.82 km²，占地区总面积的 2.82%。面积变化较为显著的类型为农田、荒漠和城镇，其中农田、城镇面积分别增加 548.84 km²、76.46 km²，增长率分别为 19.22%、28.93%。荒漠、草地、森林和灌丛因生态退化及被农业、建设、采矿等活动占用等原因，面积分别减少 185.51 km^2、434.97km^2、49.29 km^2 和 16.72 km^2。生态系统变化突出的区域主要集中分布在阿勒泰市阿拉哈克乡、巴里巴盖牧场、181 团场、187 团场等区域，布尔津县也格孜托别乡、阔斯特克乡等区域，哈巴河县萨尔布拉克乡、库勒拜乡等区域。

（2）2015 年与 2010 年相比，生态质量保持稳定的面积为 30 586.94 km^2，占地区总面积的 72.40%，出现退化的面积为 4 486.38 km^2，占地区总面积的 10.62%，得到改善的面积为 7 174.06 km^2，占地区总面积的 16.98%。生态系统改善以草地改善为主。2015 年草地面积 29 582.19 km^2，其中，72.45% 生态质量基本保持稳定，12.08% 出现退化，15.48% 得到改善。草原、山地草甸和荒漠改善最为显著，退化面积分别为 4 801.6 km^2、3 738.8 km^2 和 3 621.6 km^2，其次为草原化荒漠、高寒草甸和荒漠草原，退化面积分别为 1 854.4 km^2、1 442.0 km^2 和 1 330.1 km^2，低平低草甸和草甸草原退化面积相对较小，退化面积分别为 596.6 km^2 和 483.2 km^2，草地退化的主要原因是超载放牧和灾害因素。退化区域主要分布在阿尔泰山前山带、额河冲积平原和绿洲农牧区等。

（3）5 年间农田增加 548.84 km^2，增长率为 19.22%，平均每年以 63.97 km^2 的速度急剧扩张，大多是占用荒漠和草地开垦农田所致。其中，农田增加区域主要分布在福海县、187 团场、188 团场等区域，阿勒泰市阿拉哈克乡、塘巴湖水库区域，布尔津县托洪台水库周边区域，哈巴河县库勒拜乡周边区域。

（4）矿区出现生态退化的面积达 2 556.7 hm^2，占矿区总面积的 76.5%，退化严重的生态破坏区面积达 1 073.8 hm^2，破坏现象突出。破坏区主要位于富蕴县蒙库铁矿、哈巴河县阿舍勒铜矿、青河砂铁矿、阿尔泰山沙金采矿区等矿区。

4.3.4　城市空气质量状况

2017 年发布的环境空气质量日报结果显示，按照《环境空气质量标准》（GB 3095—2012）评价，阿勒泰市全年环境空气指数（AQI）范围为 12～95，阿勒泰市空气质量达标天数 362 天（100%），其中Ⅰ级天数 229 天（63.2%），Ⅱ级天数 133 天（36.7%），无中度污染、重度污染和严重污染。无轻度污染以上天气。

4.4　阿勒泰地区生态环境现状

（1）矿山治理修复任务重、难度大，两河源区生态风险持续高位

矿业开发造成大面积的裸地，对山体植被造成严重破坏，非法采矿还造成河流改

道，加剧了水土流失。初步计算，仅采金造成的沙石裸露面积就达 4 000 hm^2，沙石量至少达 9 840 万 m^3，几十年无序开采使原有的自然景观被彻底破坏、水体环境恶化，土壤肥力下降，导致草场退化，草场退化反过来又加剧了水土流失。由于流域土质稀薄，降水量较少，矿山生态修复难度较大。破坏严重的区域主要分布在山区开采历史较长的矿区阿尔泰山诸河沟砂金、砂铁矿采区以及可可托海矿区。

（2）生态用水短缺与湿地萎缩交织，“两河一湖”生态健康极其脆弱

虽然“两河”流域湿地众多，由于水资源的开发利用，湿地严重萎缩。2008 年乌伦古河断流达 167 天，目前断流几乎成为常态；额河水量已呈现出明显的减少趋势，2007 年夏季历史性地出现了断流现象。阿勒泰地区境内分布有冰川、高山积雪，生态系统结构相对脆弱，对气候变化非常敏感。同时由于水位的显著变化会使额河下游的鱼类产卵场退化。据统计，阿尔泰“两河”流域中生存的 23 种土著鱼类、160 个河狸族系、珍稀物种哲罗鲑等的繁衍都受到了严重影响，有些已濒临灭绝。

科克苏湿地地处阿勒泰市西南部荒漠平原，是额河流域最重要的鱼类产卵场和鸟类栖息地，也是新疆北部戈壁荒漠中最大的沼泽湿地。区域内分布有多科树种组成的天然河谷林，是我国极为珍贵的基因资源库，生态战略位置十分重要。科克苏湿地 2000 年湿地面积为 147 km^2，2010 年湿地面积为 107.1 km^2，2000—2010 年科克苏湿地面积共减少了 27.1%，达 39.9 km^2，湿地破碎度增加，连通性降低，趋于分散分布，使繁殖亲鱼和孵化幼苗无法返回河道，导致生物多样性减少。

（3）气候干旱与超载过牧压力叠加，草地生态功能严重退化

天然草原超载过牧，导致牧草品质降低，影响了畜牧业的可持续发展和生态安全。据阿勒泰地区草地资源调查数据，20 世纪 90 年代就已经出现草地退化、草地超载现象，2010 年前后达到峰值，近 20 年来，阿勒泰地区草原一直处于超载状态。由于过牧使水土流失、植被退化，植物滞留降水、涵养水源、蒸腾以提高空气湿度的功能丧失，造成空气湿度下降、下界面条件恶化而无法形成“细雨绵绵”的有效降水，同时与气温升高、气候干旱叠加，致使暴雨、冰雹类灾害性降水增加，如此则气候变化与过度放牧互为因果，形成了恶性循环。受气候变化、超载过牧和病虫害、天然灾害、无序开发等的影响，73% 的天然草场出现退化，其中严重退化的草地面积约占 40%，水土流失问题突出。

（4）森林老化、退化趋势加速，北疆“水塔”涵养调节功能明显下降

阿尔泰山森林广袤，草原辽阔，湿地类型较多，是维系阿尔泰山发挥生态功能的重要组成部分。据 2010 年阿尔泰山森林二类调查资料，当前山区成熟林龄组面积、蓄积高达 76.8%、81.76%，受到超载过牧和无序砍伐等因素的影响，森林树龄的老龄化趋势加重，更替困难。另外，全地区现有河谷次生林 173 万亩，主要分布在额

尔齐斯河和乌伦古河干流及其一级支流沿岸，过度截流、乱砍滥伐和牲畜啃食导致河谷林森林群落快速衰退，生态功能下降。阿尔泰山两河源自然保护区功能仍然脆弱，“两河”流域年径流量明显下降，下游河谷林生态受到一定影响，水源涵养功能下降。

（5）绿洲人类活动持续加剧，“两河”流域生态环境问题凸显

近年来绿洲面积持续扩大，农村环境污染和面源污染严重。绝大多数农村缺乏生活垃圾和污水的收集与处理设施，污水和垃圾直接排放。大量使用化肥、农药和地膜，造成土壤板结，养分失调，造成土壤和环境污染；畜禽养殖规模化程度较低，畜禽粪便导致的环境污染未能得到有效治理。农田农膜治理面积仅占耕地面积的 1%。农村饮水安全设施建设滞后，全地区尚有 10 万人还存在安全饮水隐患。

本区地表水丰富，但是水资源分布不均，水土资源地域组合不平衡，额尔齐斯河以北土地面积占有 1/3，水量却占到 9/10，而额尔齐斯河以南土地面积占 2/3，而水量只有 1/10，河流径流量的年际变化大，年较差多数 C_V 值为 0.3～0.5，是全疆的最高值，地表水年份也不均衡，主要集中在 5—8 月。过度截流特别是大型引水设施的修建，导致水量减少、水位降低，乌伦古湖等湖泊湿地萎缩、水质咸化、湖周土地沙化以及植被退化。克孜加尔、黄泥滩、东戈壁、阿魏等六大灌区，由于灌溉不善引起土壤次生盐渍化、沼泽化等环境问题。部分河段水质有待提高，乌伦古湖水质为劣 V 类，主要污染物为 COD、氟化物。

（6）生态系统破碎化与人工化增强，部分珍稀特有物种濒临灭绝

由于人为建设，如道路、引水渠、围栏、水库大坝等各种设施，很多野生动物的生存与迁徙面临各种危险，生境的破碎化使生物多样性受到极大威胁。众多野生动物基因交流因人为建设而中断，“岛屿化”现象十分普遍，小种群因近亲繁殖最终难以生存，生态廊道的建设迫在眉睫。蒙新河狸是唯一在乌伦古河分布的物种，目前已经面临灭绝的危险，其濒危的最大威胁就是种群隔离和栖息地丧失。此外，大量的草原围栏成为野生动物的“克星”，野生动物因此被刮伤、致死的事例已不鲜见，尤其是食草动物受到狼等猛兽追赶时无法逃生，对于野生动物的正常生存造成了严重影响；同时围栏造成野生动物种群交流的困难，条块分割后的草原已经难以容纳野生兽类。

（7）生态保护修复条块分割，整体性系统性亟待加强

目前阿勒泰地区的生态治理和保护修复工作仍存在条块分割现象，缺乏整体性和系统性，在项目建设和资金利用各方面缺乏全局统筹能力，无法从根本上消除生态威胁。例如，林草部门的水源地禁牧补助、退牧还草，林业的退耕（牧）还湿（还林）、生态护林员，旅游部门的扶持政策，劳动部门的就业培训以及其他方面的政策等都是

各自为政。如果组合起来，完全有可能将湿地退化、草原过牧等问题解决好。同时，由于资金缺乏导致投入严重不足，很多山区公路以通达为底线，没有路面和排水系统，尤其是沿溪流河谷的道路，往往地势较低，暴雨洪水冲毁的现象十分普遍，保留较好的道路也普遍存在边坡路基土壤裸露、废弃土石方随意堆积、排水不畅、侵蚀冲刷的现象，造成严重的水土流失，影响生态系统的稳定性，威胁人类健康和安全。

（8）区域发展水平较低，山水林田湖草治理能力非常薄弱

阿勒泰地区尚有贫困人口 13 270 户 39 833 人，吉木乃县、青河县仍是国家级贫困县，且均为边境县，少数民族人口占比分别为 66% 和 81%，脱贫攻坚任务艰巨。山水林田湖草统筹管理往往涉及环保、国土、水利、住建、林业、草原、农业等多个部门（机构），涉及控源、截污、治河、治水、治土等污染治理与生态修复相关工程的运行情况及运行中的突发问题。额河流域涉及阿勒泰市、布尔津县等 6 县 1 市及 10 个兵团，综合监管统筹较为薄弱，因此亟须推进现有管理手段的优化与完善。目前，需要解决两个方面的问题：一方面，环境监测体系不健全，信息化手段不足。监测网络范围和要素覆盖不全面，技术规范、评价方法不统一，缺乏实时、完整的生态环境监测网络，难以实现“环境—生态一体化实施监控和预警预报”，管理基础较弱。另一方面，资源环境市场配置机制有待健全。额河流域除通过政府征税收费的行政手段解决生态环境问题外，市场手段运用较少，山水林田湖草系统化、全视角、专业化、多元化的保护与治理亟待加强。

4.5 目前国内生态系统修复存在的问题

4.5.1 对山水林田湖草生命共同体理念理解不深

（1）项目布局有待进一步优化

各地开展的生态修复治理未全面落实山水林田湖草系统治理要求，区域整体性和系统性考虑不够。部分重点区域和重要生态廊道，如横断山地、塔里木河流域、部分荒漠化防治和水土流失区，尚未部署修复治理工程。有些工程设计前期工作基础薄弱，未对区域开展系统全面的调查评估，多数工程以点状“盆景项目”为主，存在“打包拼凑”现象，缺乏针对性（王波等，2018）。如山西汾河流域水土流失面积约 2.4 万 km^2，占整个流域的 60%（白钰等，2020；李军伟等，2020）；各类治理工程规划实施面积 4 600 km^2，所占比例不足流域水土流失总面积的 20%，且工程项目布局比较分散，难

以实现流域综合治理。

（2）生态修复治理系统性不强

有的试点地区对“山水林田湖草生命共同体”理念的“尊重自然、顺应自然、保护自然”“整体保护、系统修复、综合治理”核心要义理解不深，存在重修复、轻保护现象，过于强调人为干预措施，生态化理念和措施落实不到位（张笑千等，2018）。

生态修复治理与经济社会发展统筹考虑不足。如乌梁素海区域产业结构经过调整优化，农业产值占 23%，但农业用水依然占据主导地位（李根东等，2021；田野等，2019）。2019 年，巴彦淖尔市农田灌溉占总用水量的 91%，实施高效节水工程的农田面积占比不足 20%，灌溉系数为 0.42，与全国同期水平（0.55）相比依然存在一定差距（杜丹，2016；武臻毓，2018）。最新遥感调查发现，2010—2019 年，乌梁素海周边耕地面积占比增加约 6%，农业生产规模与强度逐渐增加（李根东等，2021）。流域山水林田湖草生态保护修复工程虽然涉及各类生态系统，但工程项目布局和内容仍以单要素目标为主，“种树的只管种树、治水的只管治水、护田的单纯护田”，项目“拼盘”现象依然存在，对全域生态功能恢复的支撑不够（马伟波等，2020；王书航等，2019；王振波等，2019；宇振荣等，2019；张文炤等，2020；赵婷婷等，2020）。

黄土高原生态保护修复工程对“山水林田湖草沙”统筹不够，以种树种草、淤地坝建设等单项治理措施为主，系统治理和综合治理不足（储诚山等，2019；吕小永，2018；周伟等，2019）。一些地方对水资源短缺问题欠考虑，突破水土资源承载力上限，人工林规模过大、树种耗水过高、林分结构单一，陕北延安、榆林等地区出现土壤干层和“小老头树”等现象，区域整体生态系统服务功能有待提升（马亚亚，2020；马亚亚等，2019）。水土保持工程缺乏系统规划，已建淤地坝等工程维修和后期管护不足，水土保持功能发挥不充分，1960—1980 年修筑的大量老坝基本丧失水土流失拦截能力，甚至存在垮塌隐患（李红举等，2019）。

（3）统筹管理不足

山水林田湖草生态保护修复作为一项系统工程，涉及诸多地域和部门，既需要强有力的牵头部门统筹，也需要执行部门各司其职，最大限度地形成治管合力。

4.5.2　生态系统修复相关制度亟待完善

（1）修复治理成效缺乏全面评估

工程重前期投入、轻后期评估，重工程建设轻、保障支撑的现象仍然突出，导致部分修复治理工程目标“虚胖”，后续工程难以为继。第三批 14 个山水林田湖草修复工程试点项目数量约 800 个，计划总投资超过 1 200 亿元，需要地方自筹与企业投资约占 78%。生态修复治理工程监测评估体系尚未建立，评价考核等政策制度和标准不健全，缺乏对实施效果的跟踪监督和成效评价（付扬军，2020；彭文启等，2018）。三批 25 个山水林田湖草修复试点中，只有少数省份建立了项目验收和后期管护制度，大部分试点省（区、市）尚未构建成熟的监测监管技术体系，缺乏山水林田湖草生态保护修复工程项目全过程跟踪监测技术体系与信息系统平台，不利于项目绩效考核与评价（张惠远等，2019）。

（2）生态保护修复全过程监管体系亟待建立

现行生态保护修复标准主要围绕生态系统单一要素制定，生态系统整体性和系统性标准欠缺。生态保护监管手段单一，生态保护修复监管的调查、监测、评估、预警能力不足，主动、及时、精准发现工程实施问题的能力还需提升，生态保护修复工程的科学论证、决策、审批、实施和监管的全过程监管体系亟待建立（刘伟玮等，2019；王夏晖等，2020；郑坤等，2020）。

（3）EPC 和 PPP 模式等具体工作机制和制度有待完善

我国多地在开展山水林田湖草修复工作时，引入了 EPC 和 PPP 等工作模式，在实际运行操作时有有利的一面，但也存在一些问题。所以在将这些工作模式引入生态保护修复中时，需要经过专门论证并与当地的实际情况相结合（刘亦晴等，2017；王晗，2019）。

1）当前我国 EPC 模式发展存在的问题

EPC（Engineering Procurement Construction）是指公司受业主委托，按照合同约定对工程建设项目的设计、采购、施工、试运行等实行全过程或若干阶段的承包。通常公司在总价合同条件下，对其所承包工程的质量、安全、费用和进度进行负责。

首先，EPC 模式下，业主对工程管理的参与程度较低。通常情况下，业主主要是通过 EPC 合同和 EPC 承包商进行监管，这个过程中就会存在一定的问题，即管理者实际参与的程度较低，不能全面深入到实际的施工现场开展管理工作，且整体控制力度较低，这样会影响整个管理的成效。

从我国当前的情况来看，在推行工程总承包之前，基本上是建设单位负责组建管理队伍，而施工单位则负责建设，设计单位进行设计的传统管理模式。这种模式的弊端就是存在着相互脱节的情况，可能加大工程的投资，但是这种模式已经长期使用，转化管理模式将需要一定的时间。同时，由于业主的操作不够规范，将会造成真正意义上的 EPC 模式管理难以实现（胡文卓，2020）。

最后问题是管理机制不健全，并缺乏技术性手段的支持。建筑工程项目的管理需要在健全的管理机制内进行，这样能够更好地发挥管理的效果。但是从目前的情况来看，EPC 管理模式的创新机制不够健全，技术开发和应用的能力不足，加之建设单位的专业程度不够，人才缺乏，使得工程项目的管理工作存在一定的问题。

2）当前我国 PPP 模式发展存在的问题

PPP（Public-Private-Partnership）模式是指政府与私人组织之间，为了提供某种公共物品和服务，以特许权协议为基础，彼此之间形成一种伙伴式的合作关系，并通过签署合同来明确双方的权利和义务，以确保合作的顺利完成，最终使合作各方达到比预期单独行动更为有利的结果。

2014 年 11 月，国务院出台了《国务院关于创新重点领域投融资机制鼓励社会投资的指导意见》。此后几年，国家发改委、财政部等部门也陆续出台多项相关的规章政策。在政策推动下，PPP 模式在我国取得了快速发展，但也遇到了一些问题。

①存在较多的“明股实债”现象。

在 PPP 模式中，社会资本本应与政府共同持股、共担风险和收益，但在我国一些 PPP 项目中，社会资本名为股权投资，实为债权投资。例如，某些地方政府可能会承诺回购社会资本的投资本金，或承诺承担社会资本方的投资本金损失，或向社会资本方承诺最低收益率。PPP 模式异化为某些地方政府变相举债的渠道，这在实质上并不能帮助地方政府解决债务积累的问题。对此，2017 年 5 月，六部委联合发布了《关于进一步规范地方政府举债融资行为的通知》（财预〔2017〕50 号，以下简称“50 号文”），明确要求 PPP 模式中不得存在各类“明股实债”现象。

②在与政府合作的社会资本中，国有企业参与较多，民营资本参与相对不足。

根据财政部发布的《全国 PPP 综合信息平台管理库项目 2019 年报》，2019 年 PPP 落地项目中涉及社会资本共 11 402 家，其中，民营企业占比 33.7%，且自 2018 年以来基本保持在 34% 左右；民资背景的投资额为 3.0 万亿元，仅占投资总额的 30.9%。

在社会资本中，民营资本占比较低，国有资本占比较高，使得 PPP 项目的投资风险大量集中于国有企业，抬高了国企的杠杆率，也在一定程度上间接增加了各级政府的或有债务压力。对此，2017 年 11 月，国资委发布了《关于加强中央企业 PPP 业务风险管控的通知》，加强了对央企参与 PPP 项目的监管，并对央企参与 PPP 项目的规模进行了约束。

③在严格监管下，PPP 模式的发展进入“瓶颈”期。

2017 年以来，监管部门频繁出台了一系列针对地方政府债务以及 PPP 模式的规章政策。在强监管下，PPP 发展受阻，项目数和总投资额均增长乏力，未能为稳定投资增长发挥更大的作用。这显示出此前PPP模式存在一定的内在不足，尚需进一步完善调整，才能逐渐步入规范、完善的发展道路（赵廷辰，2020）。

（4）完善自然资源产权制度

自然资源产权制度是我国生态文明建设过程中的全新产物，目的在于明确自然资源产权，合理合法地反映自然资源的成本价值。但是我国目前的相关法律法规中对自然资源产权主体没有明确的规定，尽管我国法律规定国务院代表国家行使自然资源的所有权，但实际上我国的自然资源都是由地方政府或地方区县政府代理行使自然资源的所有权，而且该权利具体由哪级政府的哪个部门行使则没有明确的规定，这就导致自然资源权属的登记和变更管理混乱。自然资源产权不明确，就会造成在自然资源调查过程中，不同地区不同级别的政府部门对自然资源的计量和统计不一致，造成一些自然资源被重复核算或没有被核算。因此，我国需完善自然资源产权制度，明确各地区行使自然资源所有权的责任主体，这样才能确保自然资源调查数据的完整性和准确性，提高自然资源资产负债统计的可行性（王书宏等，2020）。

此外，还需要进一步明确自然资源负债的核算范围，统一各类自然资源负债的分类和统计规则，建立负债核算统一的标准化体系，这样才能明确自然资源的开发与利用对生态环境和社会发展造成的负面影响（赵立辉，2020）。

对于自然资源来说，除自身带来经济价值外，还对生态环境和社会发展带来附加价值，如一座矿山从勘察到开采，对周围资源环境的破坏以及给生态环境造成的影响大多是不可逆的，但是一座矿山的开发，给该地区的社会发展创造的就业机会和经济价值是十分巨大的。因此，在核算自然资源价值时，不能完全把市场价值作为最终的价值，而是需要同时考虑该自然资源在创造经济价值的背后隐藏的生态价值和社会价值。但就目前的研究和实践工作而言，对生态价值和社会价值的核算还未进行。因此，我国在实物量核算和经济价值量核算的基础上，应该根据自然资源的生态功能和社会功能，对自然资源带给生态环境及社会发展的改变做出价值评估，这虽然存在一定的难度，但是可以将其作为一个权衡系数，对最后的价值结果产生一定的影响（谭荣，2020）。

（5）完善资源环境承载力监测预警机制

2017年9月，中共中央办公厅、国务院办公厅印发了《关于建立资源环境承载能力监测预警长效机制的若干意见》，并发出通知，要求各地区各部门结合实际认真贯彻落实。

该意见中提到，要牢固树立和贯彻落实新发展理念，坚定不移地实施主体功能区战略和制度，建立手段完备、数据共享、实时高效、管控有力、多方协同的资源环境承载力监测预警长效机制，有效规范空间开发秩序，合理控制空间开发强度，切实将各类开发活动限制在资源环境承载力之内，为构建高效、协调、可持续的国土空间开发格局奠定坚实基础。

近年来，我国各地区各部门在建立资源环境承载力监测预警长效机制方面取得了良好的成绩，但仍然存在一些问题与不足，需要进一步完善资源环境承载力监测预警长效机制。我国资源环境承载力监测预警长效机制的主要问题包括：

1）统筹协调机制有待完善

我国环境资源承载力监测涉及自然资源部、生态环境部、农业农村部、国家林草局、水利部、住建部等多个部门，需要各有关部门的密切配合与团结协作（靳利飞等，2017，2021）。尽管国务院在“三定”方案中明确了各部门的职责，但在具体工作中，各部门对职责的理解不同，监测任务界定不清。各部门按照行政区域进行监测，各自为政，使得有的监测领域相关部门争先恐后地介入，监测工作严重交叉重复，而有的领域则无人问津，出现了空白和真空地带，严重阻碍了资源环境监测事业的有序发展。

2）预警发布模式滞后

由于资源环境承载力监测预警级别变动会带来一系列资源环境限制性措施，且涉及领导干部的资源环境行政监管责任，因此现行信息的发布模式多侧重于保障预警信息的准确性。对于及时和动态的信息发布模式仅规定建立突发资源环境警情应急协同机制，缺乏有关预警信息对外发布模式的相关规定。由于对外强制性公开职能缺失，资源环境承载力监测预警制度成了一种自上而下的内部行政规则，仅仅是对区域资源环境的综合评价工具及领导干部资源环境监管责任的科学标尺，无法实现促进公众自我规避资源环境风险的制度功能（张真源等，2019）。缺乏公众理性互动的政府单向环境治理逻辑，必然凸显出政府治理能力的短板，大大提升环境治理的社会成本，不利于区域资源环境与经济协调发展。

3）未形成常态化工作机制

资源环境承载力评价与监测预警工作是一项涉及众多复杂因素和众多管理部门的系统工程，各级地方政府和相关部门未将资源环境承载力评价与监测预警相关工作视为部门常态化工作内容，未将各部门资源环境承载力评价与监测预警工作形成合力，且相关部门的分工和职责也不明确，即相关政府部门还没有形成统一的资源环境承载力评价与监测预警管理体制和工作机制（段雪琴等，2019）。

4）民主协商途径闭塞

资源环境承载力预警级别发布的行为形式上虽然属于具体行政行为，但就其法律效力所辐射之范围而言更类似于一种抽象行政行为。在制度设计之时，有必要在资源环境承载力监测、评价、预警标准及信息发布的过程中嵌入相关利益主体的民主协商机制。

4.5.3 工程资金来源单一

生态环境作为公共产品，其保护和修复具有较大的正外部性。但同时，生态保护修复工作具有很强的专业性，且周期长、成本高、资金需求量大。当前，政府投资在推动我国生态保护和修复方面发挥了主导作用，助力推动良好投融资环境的形成，为相关市场主体的参与奠定了基础；而一些专门从事生态保护修复业务的企业也持续开展运营，如铁汉生态、蒙草抗旱、棕榈园林等。由于生态保护与修复工作具有自身的特殊属性，当前我国生态保护修复资金体系仍面临资金缺口巨大、来源单一，资金期限错配，金融支持生态产业化不足等问题。《乌梁素海综合治理规划（修编）》和山水林田湖草生态保护修复工程试点将于 2020 年完成。但截至 2020 年 4 月，综合治理规划中确定的 34 个重点项目仅完成 11 个，山水林田湖草工程计划投入资金近 51 亿元，目前完成投资约 25 亿元，仅占总投资的 50% 左右。工程项目实施主要依靠国家财政资金，山水林田湖草工程计划引入社会资金 10 亿元，但截至 2020 年 6 月仅引入不到 1 亿元。

（1）资金缺口巨大、来源单一

从整体上看，生态保护修复投资以政府财政资金为主，社会资金来源的渠道相对有限。政府财政投入主要来源于中央财政的相关专项资金，但中央和地方对生态保护修复等工作的事权和财权界定不清，再加上跨区域的生态保护修复难以协调，导致地方财政环保投入责任落实不到位（苏明等，2010）。此外，我国约有 70% 的贫困县分布在生态脆弱地带，经济水平的限制也使得当地政府在生态环境上的支出有限。加上受全球新冠肺炎疫情影响，我国经济增速放缓，在中央严控财政支出的背景下，可以预见未来政府的生态保护修复财政支出上升幅度有限。同时，以银行信贷和债券融资为主的社会资本投入短期内难以填补财政资金的缺口以及统筹协调生态修复企业和金融机构的资源，无法打通整个生态产业链的上下游企业。仅仅以工程项目投资为主，缺乏产业化途径和有效的投资回报机制，极大地抑制了社会资本投资的积极性。因此，资金来源单一，且公共资本尚未有效撬动社会资本是目前我国生态保护修复工作亟待解决的问题（张硕，2016）。

（2）资金期限错配

山水林田湖草生态保护修复项目通常具有周期较长的特点，例如废弃矿山治理、土地沙化和盐碱化治理、功能退化生态系统修复和综合整治等项目，均需要 5～10 年、甚至几十年的治理时间，才能逐步恢复生态系统原有功能。因此，支持生态修复项目需要长线资金的投入。当前，生态保护修复资金的公共资金来源有赖于每年的中央和地方财政预算，受到经济发展情况、财政收入及其他财政支出各种因素的影响，资金规模大小具有不确定性，资金使用周期短且限制较多。而社会资本主要通过银行贷款、债券投资等模式来进行投资，绿色基金以及股权投资模式运用不足，由于资本追求盈利最大化的本性，往往需要在较短的期限内实现本金和利润的兑现退出。例如，银行贷款周期通常是 1～3 年，债券周期稍长，但主要以 3～5 年为主。由于生态保护修复项目多数为公益性和准公益性，如何解决其经济效益问题仍是撬动社会资本的最大难点，股权投资的介入更是十分有限。因此，生态保护修复项目的长周期和资金投资期限短的要求之间构成了一对张力，导致生态保护修复项目面临资金期限错配的问题（王遥等，2020）。

（3）金融支持生态产业化不足

现有的投融资模式主要立足于具体的单个生态修复和保护项目，未能树立产业化的视角以实现生态融资的良性循环。对于政府公共部门，其融资主要依赖政府的财政资金和行政指令，经济效益和利润在一定程度上并非其考虑的主要目标，因此，往往疏于对生态产业的培育和维护；对于社会投资，其融资模式以银行信贷和债券为主，相应的资本周期较短，难以适应生态项目长周期的特征，自然也无法充分培育有自生盈利能力的生态产业（李勇成，2019）。

4.5.4 其他问题

（1）生态环境治理先天性问题突出

乌梁素海长期接纳河套灌区农田灌溉退水、生活污水和工业废水，致使污染物持续累积，大量水生植物腐烂沉积，湖泊底泥释放出的污染物导致湖泊富营养化，进一步加剧乌梁素海水环境污染（史锐等，2016）。河套灌区年均降水量约 0.6 亿 m^3，蒸发量约 4 亿 m^3，水量收支存在严重不平衡，缺水问题严重。受黄河凌汛期水量不确定等因素影响，黄河引水量难以保证。随着人口的增加和社会经济的发展，城镇生活污水和工业废水排放量不断增加，进一步加大了乌梁素海治理压力（田野等，2019）。

黄土高原地形破碎，降雨分布集中，植被稀少，土壤质地疏松，抗蚀能力很低，水土流失“先天性”问题长期存在，成为影响黄河水沙关系的核心症结和中下游生态保护的重要问题（吴超，2020）。目前，仍有 20 多万 km^2 水土流失面积亟待治理，其中极强度以上水蚀面积 8.5 万 km^2。黄土高原地区整体蒸发量为降水量的 3 倍，导致河道径流量衰减严重，如无定河、窟野河及渭河支流石川河等河流发生断流，窟野河、无定河等河流沿岸重要湿地萎缩，进一步加剧了水生态系统受损态势（马亚亚，2020）。

（2）“生态形式主义”和“伪生态”工程建设问题凸显

部分工程项目前期科学性论证不足，实施过程中做表面文章，项目验收“以指标论完工”“生态形式主义”问题突出。部分地方采取“仅保护容易保护的区域”“仅修复督察发现的问题”等方式布局工程项目，修复成效难以维持。如中央生态环境保护督察发现，甘肃省祁连山个别企业以披“迷彩服”等方式遮掩矿山治理不力之实；云南洱海流域个别地区在水环境综合治理过程中，使用混凝土抹平部分河道的河堤、河床，给生态健康埋下隐患。

（3）修复治理任务依然艰巨

我国中度以上生态脆弱区域面积超过陆地国土空间的50%，荒漠化、沙化土地面积分别约占27%、18%。森林生态系统质量较低，中度和重度草原生态系统退化面积仍占1/3以上，还有约31万km^2的土地具有明显沙化趋势，黄土高原约21万km^2的水土流失面积亟待治理。各地区生态修复治理面临诸多现实矛盾，历史欠账多、问题积累多，个别地方还有“重经济发展、轻生态保护”的现象，不合理开发利用活动大量挤占和破坏生态空间。如乌梁素海区域经济产业多属传统发展方式，对水资源和水环境依赖较大，治理任务依然十分艰巨，需要持续有效地推动修复治理工程项目顺利实施，尽早发挥效益（鲁飞飞等，2019）。

（4）资源依赖型产业结构加大生态保护压力

黄土高原地区是我国重要的能源化工基地、全国优质煤炭输出基地，煤矿、煤电、煤化工等重工业集中布局，与生态环境的脆弱现状矛盾突出。煤炭等资源开发加剧局部地区土地退化，陕西黄土高原地区仍有约80%的废弃矿山尚未治理。陕西、内蒙古等地工业园区沿黄布局态势明显，重化工产业的结构性规模扩张与资源环境承载力之间、产业布局与区域生态安全格局之间矛盾突出，生态环境风险加大。资源开发与工业集中发展加剧了区域水资源供需矛盾，加之工业节水、再生水利用水平低，生态环境基本流量难以得到保障（徐勇等，2020）。

参考文献

［1］白钰，曹媛，刘战平．2020. 山西宁武县汾河流域山水林田湖草生态保护修复思路与实践．西北水电，(S2)：16-21.

［2］储诚山，刘伯霞．2019. 陕西黄土高原生态环境问题及生态保护修复．开发研究 (5)：

125-131.
[3] 杜丹 . 2016. 农村水利基础设施供给研究 . 咸阳：西北农林科技大学 .
[4] 段雪琴，赖旭，韩振超，等 . 2019. 资源环境承载力监测预警长效机制制度化研究 . 资源节约与环保 (11): 140-141.
[5] 付扬军 . 2020. 山水林田湖草生态保护修复工程控制性规划的编制 . 北京：中国地质大学 .
[6] 胡文卓 . 2020. EPC 模式在生态建设项目的应用研究 . 济南：山东建筑大学 .
[7] 靳利飞，刘天科，沈悦 . 2021. 新时期自然资源规划编制实施建议 . 宏观经济管理 (1): 30-36.
[8] 靳利飞，周璞，刘天科 . 2017. 我国国土资源环境承载能力监测预警机制建设问题探析 . 资源与人居环境 (7): 10-15.
[9] 李根东，秦浩 . 2021. 生态保护修复工程实施推进方法的探索与实践——以乌梁素海流域为例 . 中国工程咨询 (2): 89-94.
[10] 李红举，宇振荣，梁军，等 . 2019. 统一山水林田湖草生态保护修复标准体系研究 . 生态学报，39(23): 8771-8779.
[11] 李军伟，李恩慧，穆阳阳，等 . 2020. 山西汾河流域水资源现状及生态修复研究 . 资源节约与环保 (11): 23-25.
[12] 李勇成 . 2019. 建立生态保护修复基金的几点建议 . 中国土地 (7): 15-17.
[13] 刘伟玮，全占军，罗建武，等 . 2019. 新时期生态监管职能解析及制度体系构建建议 . 环境科学研究，32(8): 1259-1263.
[14] 刘亦晴，许春冬 . 2017. 废弃矿山环境治理 PPP 模式：背景、问题及应用 . 科技管理研究，37(12): 240-246.
[15] 鲁飞飞，张勇，李雪，等 . 2019. 乌梁素海流域湿地保护与恢复建设的探讨 . 林业资源管理 (5): 23-27, 67.
[16] 吕小永 . 2018. 陕西省黄土高原地区山水林田湖生态保护修复工程实践 . 中国资源综合利用，36(10): 157-159.
[17] 马伟波，顾羊羊，周伟坚，等 . 2020. 基于水系控制单元的山水林田湖草生态保护修复实践——以尤溪流域为例 . 环境生态学，2(Z1): 8-13, 18.
[18] 马亚亚 . 2020. 黄土高原不同类型区生态—经济—社会协调发展关系研究 . 西北农林科技大学 .
[19] 马亚亚，刘国彬，张超，等 . 2019. 陕北安塞县生态与经济系统耦合协调发展 . 生态学报，39(18): 6840-6849.
[20] 彭文启，刘晓波，王雨春，等 . 2018. 流域水环境与生态学研究回顾与展望 . 水利学报，49(9): 1055-1067.
[21] 史锐，岳荣，王美萍 . 2016. 乌梁素海湿地生态修复总体框架研究 . 环境科学与管理，

41(2): 128-133.
[22] 苏明，刘军民 . 2010. 科学合理划分政府间环境事权与财权 . 环境经济 (7): 16-25.
[23] 谭荣 . 2020. 自然资源产权制度研究：理论与进展 . 中国土地科学，34(2): 103-110.
[24] 田野，冯启源，唐明方，等 . 2019. 基于生态系统评价的山水林田湖草生态保护与修复体系构建研究——以乌梁素海流域为例 . 生态学报，39(23): 8826-8836.
[25] 王波，王夏晖，张笑千 . 2018. “山水林田湖草生命共同体”的内涵、特征与实践路径——以承德市为例 . 环境保护，46(7): 60-63.
[26] 王晗 . 2019. PPP 模式应用的风险研究 . 郑州：河南大学 .
[27] 王书航，白妙馨，陈俊伊，等 . 2019. 典型农牧交错带山水林田湖草生态保护修复——以内蒙古岱海流域为例 . 环境工程技术学报，9(5): 515-519.
[28] 王书宏，李小慧，李腾超，等 . 2020. 自然资源资产负债表的核算体系研究 . 中国矿业，29(12): 22-25.
[29] 王夏晖，张箫 . 2020. 我国新时期生态保护修复总体战略与重大任务 . 中国环境管理，12(6): 82-87.
[30] 王遥，王文翰，王文蔚，等 . 2020. 以多元基金模式破解我国生态保护修复资金困境 . 环境保护，48(12): 12-17.
[31] 王振波，李嘉欣，郭义强，等 . 2019. 青藏高原山水林田湖草生态保护修复模式——以拉萨河流域为例 . 生态学报，39(23): 8966-8974.
[32] 吴超 . 2020. 山西省植被覆盖时空变化及驱动因素研究 . 太原：山西财经大学 .
[33] 武臻毓 . 2018. 巴彦淖尔农田灌溉节水技术研究 . 农家参谋 (5): 38.
[34] 徐勇，王传胜 . 2020. 黄河流域生态保护和高质量发展：框架、路径与对策 . 中国科学院院刊，35(7): 875-883.
[35] 宇振荣，杨新民，陈雅杰 . 2019. 河南省南太行地区山水林田湖草生态保护与修复 . 生态学报，39(23): 8886-8895.
[36] 张惠远，李圆圆，冯丹阳，等 . 2019. 明确内容标准　强化实施监管——山水林田湖草生态保护修复的路径探索 . 中国生态文明 (1): 66-69.
[37] 张硕 . 2016. 我国环境保护财政支出的现状及建议 . 河北经贸大学学报，37(6): 80-85.
[38] 张文炤，朱明君，杜琳玮，等 . 2020. 基于山水林田湖草系统的汤河流域生态修复研究 . 中国水土保持 (7): 24-26, 41, 25.
[39] 张笑千，王波，王夏晖 . 2018. 基于“山水林田湖草”系统治理理念的牧区生态保护与修复——以御道口牧场管理区为例 . 环境保护，46(8): 56-59.
[40] 张真源，黄锡生 . 2019. 资源环境承载能力监测预警的制度功能与完善 . 北京理工大学学报（社会科学版），21(1): 162-170.
[41] 赵立辉 . 2020. 自然资源产权制度改革的相关问题与探讨 . 中国集体经济 (13): 52-53.
[42] 赵廷辰 . 2020. 我国 PPP 模式的发展前景、存在问题和政策建议 . 国际金融 (9): 68-74.

[43] 赵婷婷，肖超，张方哲，等 . 2020. 甘肃渭河源区山水林田湖草生态环境问题与生态修复研究 . 矿产勘查，11(12): 2823-2827.
[44] 郑坤，罗彬，王恒，等 . 2020. 成渝地区双城经济圈自然生态保护协同监管问题与对策研究 . 环境生态学，2(8): 51-54.
[45] 周伟，官炎俊，刘琪，等 . 2019. 黄土高原典型流域生态问题诊断与系统修复实践探讨——以山西汾河中上游试点项目为例 . 生态学报，39(23): 8817-8825.

第5章

阿勒泰地区生态修复的意义、任务与目标

5.1　阿勒泰地区生态修复的意义和必要性

5.1.1　生态修复的重要意义

党和国家历来高度重视新疆工作，习近平总书记多次指出新疆工作在党和国家工作全局中具有特殊重要的战略地位，他还指出新疆是我国西北重要安全屏障，战略地位特殊、面临的问题特殊，做好新疆工作意义重大。其中，阿勒泰地区的主要河流额尔齐斯河是我国流入北冰洋的唯一国际性河流，是国际关注的跨境水安全问题焦点区域之一，是关系到我国生态大国形象和生态权益的重要区域。

阿勒泰地区地处“丝绸之路经济带”新疆北通道的核心区，是支撑我国争取国际北冰洋权益的唯一战略区域，是我国西北唯一与俄罗斯接壤的能源大通道，是我国西北边疆重要的战略要冲。全区提供的水资源滋养着我国 35.3 万 km^2 的区域及 700 余万人口，覆盖区域的 GDP 占全疆 60%，也是我国重要的有色金属战略资源储备区，中华人民共和国成立初期为“两弹一星”工程及偿还苏联外债做出了重大贡献，对维系中华民族永续发展具有重要意义。

维护生态安全和改善生态环境质量是全面落实党中央治疆方略，实现新疆社会稳定和长治久安总目标的重要内容。全地区涵盖了“山水林田湖草”系统所有的生态要素，分布有吉木乃冰川，阿尔泰山地及森林，山地、平原及荒漠草原，额尔齐斯河，乌伦古湖，准噶尔盆地东北缘绿洲，古尔班通古特沙漠等多种生态系统类型。阿勒泰地区是国家 25 个重要生态功能区之一，是“一带一路”核心区的重要生态屏障，更是直接影响国家生态安全格局的核心区域。

但是，由于矿产资源长期开发、草原超载过牧、绿洲农业过度开发、人类活动造成的污染排放加剧等影响，以及干旱区生态系统脆弱、气候变化、地下水位下降等自然因素叠加，阿勒泰地区面临乌伦古湖水质恶化、额尔齐斯河和乌伦古河水安全风险变大、水土流失加剧、森林草地退化、生态系统连通度低且生境破碎化、水源涵养和生物多样性功能降低等突出问题，额河流域生态系统健康与生态安全面临巨大挑战。仅历史遗留的采金造成的沙石裸露面积就达 4 000 hm^2，73% 的天然草场出现不同程度的退化。生态环境质量与区域的战略定位、各族群众的生活生产需求存在巨大差距，是新疆实现社会稳定和长治久安、全面建成小康社会的突出短板。

实施额尔齐斯河流域（简称额河流域）山水林田湖草生态保护与修复工程，对于维护我国生态大国形象和北冰洋权益、确保“丝绸之路经济带”核心区生态安全、落实中央治疆方略、建设幸福美丽新边疆、保障西北边疆水塔长久健康和新疆高质量发展、支撑国家重点生态功能区安全和战略资源供给、探索西北干旱地区生命共同体典型模式具有重要意义。

阿勒泰地区“额河流域山水林田湖草生态修复试点工程”以“山水林田湖草生命共同体”为指引，围绕构建我国西北边疆生态安全屏障、确保北疆“水塔”生态安全、打造“丝绸之路经济带”生态文明示范区、形成西北干旱地区生命共同体保护修复样板等战略定位，突出以水为核心的流域生命共同体维护和功能提升，按照保源头、强躯干、治污染、修命脉、建屏障、提功能和抓点—连线—带面的策略，综合采取护山育林、治污复被、整河还湖、控漠补生、减负增力等措施，统筹部署系统推进山水林田湖草生态保护修复工程，提升区域生态安全，确保“青山不老、银水长流、草原昌盛、绿洲常在、边疆永固”。

通过实施试点工程，将实现“两河一湖”生态健康水平显著提升、阿尔泰山生态服务功能明显加强、农牧民生态福祉大幅增加、人类活动生态风险明显降低、丝路通道生态安全得到有效保证、生态文明建设水平达到全疆领先水平等目标。试点工程将为维护好阿尔泰山地森林草原国家重点生态功能区和额尔齐斯河生态安全、保护好“丝绸之路经济带”核心区绿色屏障、确保边疆地区社会稳定和长治久安提供重要支撑。试点工程将努力探索形成西北干旱地区山水林田湖草生态保护修复的典型模式，为我国西北干旱地区和“一带一路”沿线相关工程提供示范，为建立负责任的生态大国形象及支撑北冰洋权益提供有力保障。

5.1.2 生态修复的必要性和重要性

（1）维护我国生态大国形象和争取国际生态环境权益的战略要求

额尔齐斯河发源于阿勒泰地区富蕴县阿尔泰山南坡，沿阿尔泰山南麓向西北流，在哈巴河县以西进入哈萨克斯坦国，流经中国、哈萨克斯坦和俄罗斯，是世界第六大河——鄂毕河流域的上游部分。流域下游的哈萨克斯坦及俄罗斯西伯利亚地区的生态稳定和经济社会发展对额尔齐斯河具有较大的依赖性，是国际关注的跨境水安全问题焦点区域之一。额尔齐斯河上游水、土、草、林和矿产资源丰富，是一个古老牧区；中下游位于哈萨克斯坦和俄罗斯境内，20 世纪 50 年代以来，开发了农业、矿业和水能资源，建成哈萨克斯坦中部的煤炭、铜铁工业基地；下游为西西伯利亚重要的秋明油田。哈萨克斯坦前总理哈斯穆－卓玛尔特·托卡耶夫（现任哈萨克斯坦总统）指出“在额尔齐斯河流域的哈萨克斯坦一方有 250 万人，哈萨克斯坦中部的水源主要来自额尔齐斯河，这一地区能源、工业和农业的持续发展与对这条河的资源的使用直接相关”。

额尔齐斯河流域也是我国唯一一个属于北冰洋流域的河流流域。额尔齐斯河中下游进入哈萨克斯坦境内，主要支流有卡利吉尔河、布赫塔尔玛河、乌利巴河、乌巴河、恰尔河、鄂木河、塔拉河、奥沙河、伊希姆河、托博尔河等，在赛米巴拉金斯克以下进入俄罗斯的西西北利亚草原地带，并以最大支流在俄罗斯汉特—曼西斯克附近汇入鄂毕河，最后注入北冰洋。当前北极自然资源、航道控制权等成为国际争夺的焦点，维护好额尔齐斯河生态环境将为我国在北极权益划分中提供重要的战略支点和有利支撑。

（2）确保“丝绸之路经济带”核心区生态安全国家战略的重要任务

阿勒泰地区是新疆乃至中亚地区的重要生态屏障，是直接影响国家生态安全格局的核心区域。额河河谷是大西洋水汽进入北疆的重要通道，发挥着重要的水源涵养与供给、水土保持、生物多样性维持和生态平衡作用，实施山水林田湖草生态保护修复是保障“丝绸之路经济带”核心区生态安全实现的必然要求。额河流域是新疆商贸物流通道南中北线战略中“北线”的重要支点，是亚欧大陆桥的重要通道，也是“丝绸之路经济带”北通道的重要组成部分，是“丝绸之路经济带”核心区的关键组成部分，建设“绿色丝绸之路经济带”必须保护好这一重要生态走廊。该区域自然资源丰富，具有重要的生态地位，是新疆乃至全国的重要生态屏障和重点生态功能区，同时与俄罗斯、哈萨克斯坦、蒙古国生态系统具有密切联系，对中亚生态系统稳定和生态安全具有重要意义。

阿勒泰地区南部的古尔班通古特沙漠是我国沙尘暴的主要源区，加强生态环境保护对维护国家生态安全具有重要意义。《新疆主体功能区规划》将阿尔泰山地森林生态屏障和以环准噶尔盆地边缘绿洲作为以“三屏两环”为主体的生态安全战略格局的重要组成部分，并将阿尔泰山的冰川、永久积雪、高山冻原和山地针叶林以及山区的国家级和自治区级的各类生态保护地作为构成新疆“三屏”的生态安全底线。生态安全底线区域的生态环境脆弱，一旦遭到破坏就很难恢复，将有可能对新疆乃至全国生态安全产生重大影响，因此必须加强阿勒泰地区生态保护修复，见图5-1、图5-2。

（3）落实中央治疆方略、建设和谐美丽新边疆的必然选择

维护生态安全和改善生态环境质量是全面落实党中央治疆方略，实现新疆社会稳定和长治久安总目标的重要内容。阿勒泰地区是我国重要牧区之一，是一个以放牧为主的边境、高寒、易灾、多灾地区，有哈萨克、汉、维吾尔、回、蒙古等36个民族。长期以来，由于受自然环境、地理环境和社会环境等多方面客观因素影响，经济基础薄弱，经济社会等各项事业发展缓慢，农牧区生产生活条件差，贫困状况比较严重。阿勒泰辖区面积大，恐怖势力、分裂势力的威胁仍然存在，守边护边责任重大。全地区尚有10余万人仍存在安全饮水的隐患，农牧区畜禽粪便乱堆现象严重，城镇供排水和垃圾处理、农牧区道路、牧民定居水电路等生产生活配套设施建设滞后，无法满足人们日益增长的各种需求。水土流失、地质灾害、荒漠化等生态灾害严重影响各族人民的生产生活，生态环境亟待提升。

图 5-1　我国主要沙尘暴路径示意图

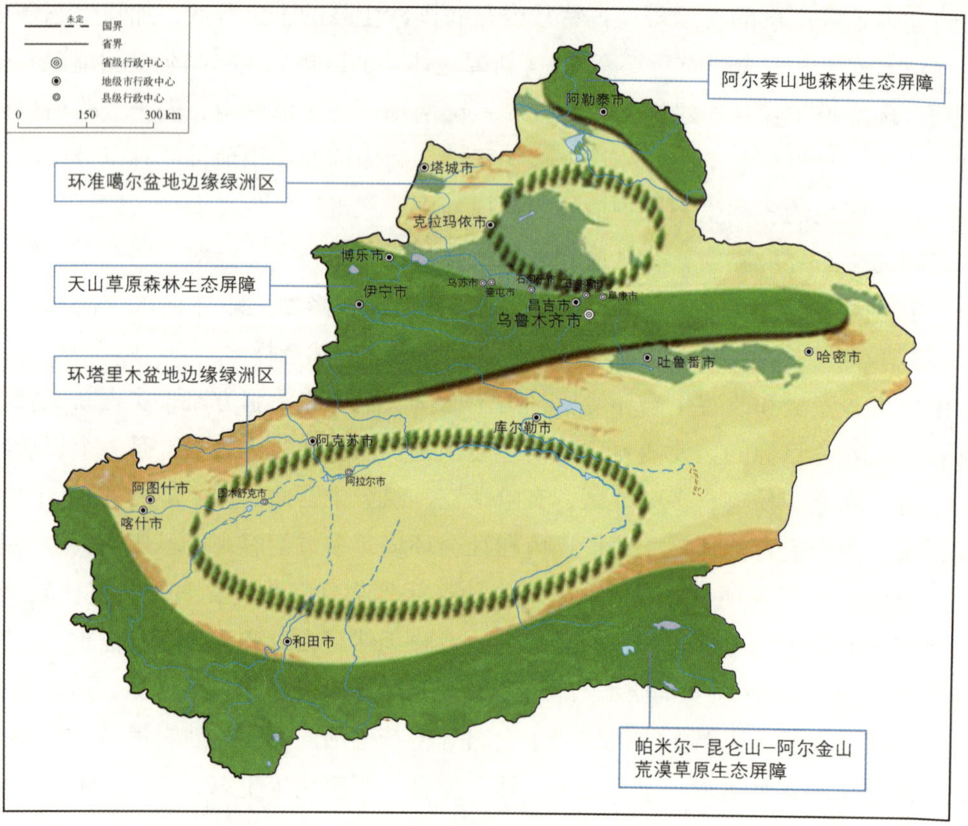

图 5-2　新疆生态安全格局图

另外，阿勒泰地区丰富的生态资源孕育了多姿多彩的旅游资源，但是生态破坏、干旱缺水、气候变化等因素影响了旅游资源的品质。2017 年新疆 GDP 总量在全国排在倒数第六位，而阿勒泰地区一般预算收入在全疆排名后三位，境内“绿水青山转化为金山银山”的实现程度较低，与全国同步全面实现小康仍然面临较大的压力。把绿水青山转变为金山银山是各族人民的热切期盼，更是阿勒泰地区实现跨越发展的重要战略路径，亟待通过实施山水林田湖草保护修复，落实习近平总书记提出的“环境就是民生”的思想，提高农牧民生态福祉，改善环境，促进新疆社会稳定和长治久安的总目标的实现。

（4）保障西北边疆水塔长久健康和新疆高质量发展的紧迫需求

区域内水资源丰富，是额尔齐斯河、乌伦古河和吉木乃山溪的发源地，地表径流总量为 123.7 亿 m^3，占全疆地表径流量的 14.7%，是新疆北部重要的水源地和水资源战略储备区，是维系北疆“水塔”和新疆“生命河”的关键所在。一方面，区域内众多的冰川、河流、湖泊和库塘为全区居民生产生活用水提供了重要保障，滋养了河流谷地的荒漠绿洲，同时也为克拉玛依市、乌鲁木齐市及其周边地区提供了重要的水源，未来将对哈密及南疆部分地区供水，是全疆的生命线。另一方面，区域内森林、草地和湿地起到了极为重要的涵养水源、调节径流、净化水质和调蓄洪水的作用。保障区域水生态环境安全对维护区域生态系统功能、确保新疆水安全以及促进建立和谐国际环境关系具有重大意义。

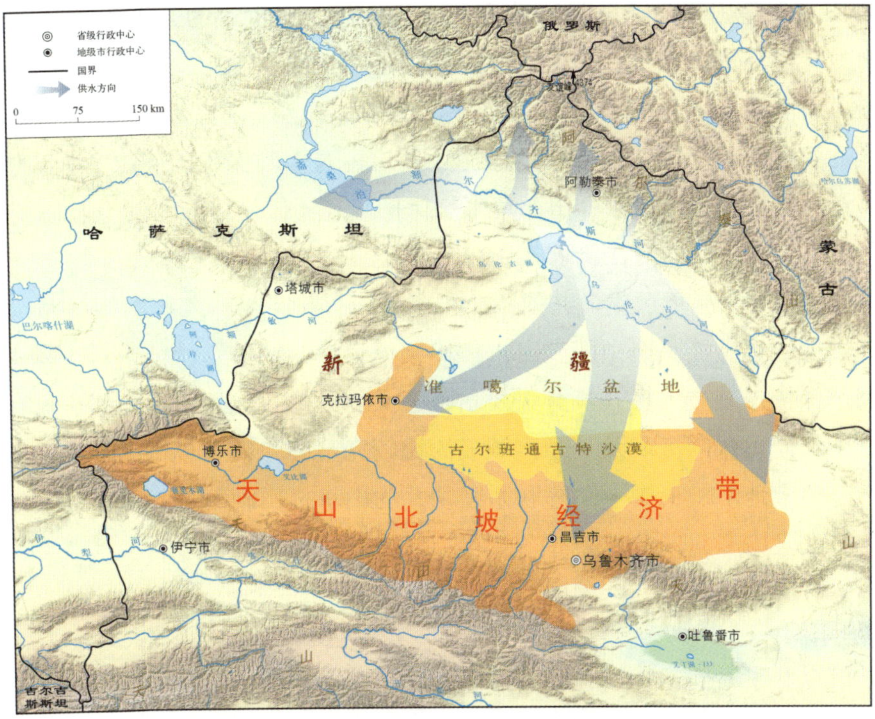

图 5-3　额尔齐斯河水资源支撑范围示意图

（5）支撑国家资源生态安全和永续发展的客观现实

阿勒泰地区是全球生物多样性热点区域和生（物）多（样性）优先区，也是国家重要生态功能区，是西伯利亚和新疆植物区系联通的重要通道，是我国反映欧洲—西伯利亚区系成分少有的地区，是全球气候变化最敏感的自然过渡带之一，是我国现代冰川最北端的集中分布区，也是我国山岳冰川雪线最低的区域。作为典型的干旱区，区域内的生态系统类型多样，冰川、森林、草原、湿地、荒漠、农田等生态系统类型均有分布，形成完整的“山水林田湖草生命共同体”。区内野生动植物资源极为丰富，其中阿尔泰山泰加林是西西伯利亚泰加林在我国的唯一分布，树种古老珍稀、群落原始独特，是我国寒温带物种的生物基因库。以杨柳科树种为建群种的河谷林是我国唯一的天然分布区，被誉为中国的野生杨树基因库。

从大的生态地理来看，该区属于亚欧大陆腹地的阿尔泰山—萨彦岭生态区，属于国家规划的必须保护和持续管理的25个关键生态功能区之一——阿尔泰山地森林草原重要生态功能区，也是生态环境部“国家生物多样性保护战略行动计划”35个主要保护区域之一。近年来，随着当地经济的快速发展，过度放牧和采矿、不适当的旅游开发、水资源开发、农业开发以及气候变化等在一定程度上导致了阿尔泰山以及流域生态系统的退化，威胁了野生动物的繁衍生息。

阿勒泰地区是国家战略资源保障区，区域内矿产资源丰富，铜、镍、铅、锌、铁等优势资源，也是国家急需的战略性资源。经过半个多世纪的开采，矿区资源枯竭，经济下滑，自然环境亟须加快修复。生态环境破坏也对保障国家战略资源的供给提出了新的挑战，如可可托海等工矿区地处额河上游水源涵养区，生态功能特殊。同时，是我国西北边疆唯一与俄罗斯接壤的能源大通道，对于确保我国能源安全和资源安全具有重要意义。统筹实施山水林田湖草生态保护修复不仅是提升区域生态功能的需要，也是保障战略资源供给的内在要求。

（6）探索西北干旱地区生命共同体典型模式的有益实践

阿勒泰地区具有极其典型的“山水林田湖草生命共同体”特征，对于探索形成山水林田湖草保护修复技术模式具有重要示范意义。区内牧民逐水草而居、城镇人口分布相对集中，使得区内流域及其子流域成为比较完整的“山水林田湖草生命共同体”，山上山下、地上地下、上中下游等联系密切，为山水林田湖草生态保护与修复提供了绝佳的天然试验场。

5.2 阿勒泰地区生态保护与修复的目标

近年来，围绕“打造两个可持续发展示范区、建设代表新疆重要会客厅”和“争做两个可持续发展模范、建成仙境般的地方”的要求，阿勒泰地区把保护生态环境作为安身立命之本，坚持环保优先、生态立区，加大生态建设和环境治理力度，取得了良好成效，为实施山水林田湖草生态保护修复打下了良好的基础，阿勒泰生态保护与修复的目标如下。

5.2.1 开展额河流域生态保护和环境治理，提升和保障水生态安全

开展额河流域生态修复试点工程，对于额河流域生态环境保护、提升环境治理、保障水环境生态安全有重要意义。具体要从以下五点开展：一是明确额尔齐斯河、乌伦古河、乌伦古湖及喀纳斯湖等水体水质保护目标。完成了额尔齐斯河和乌伦古河流域国控重点污染源的排污许可证核发工作。制定乌伦古湖水质达标方案，将治污任务逐一落实到汇水范围内的排污单位，明确防治措施及达标时限。二是加强乌伦古湖保护修复。为切实保护乌伦古湖生态环境，改善湖泊水质，福海县于2012年成立了以县委书记为组长的乌伦古湖生态环境保护工作领导小组，编制完成了《乌伦古湖生态环境保护总体规划》《乌伦古湖生态安全调查与评估报告》和《乌伦古湖生态环境保护试点项目总体实施方案》。2012—2016年乌伦古湖被纳入自治区首批湖泊生态环境保护试点范围。三是加大水土保持综合治理力度。开展小流域综合治理项目11个，累计完成水土流失治理面积90 km^2。四是定期监测分析饮用水水源地水质。组织开展地区饮用水水源地保护区专项检查，集中式饮用水水源地水质达标率为100%。完成地区7个集中式饮用水水源地和21个典型农村饮用水水源地的水源供水量、水质达标情况、日常环境管理制度完善情况、保护区建设情况、应急能力等评估，饮用水水源地现状水质均保持在Ⅲ类以内。五是加大沿额尔齐斯河县市界河环境安全隐患的排查治理力度。对重点监控源和监控地区，储存、运输、使用危险化学品和废弃物工业企业、医院、学校等单位，以及饮用水水源地、污水处理厂等重点区域加强风险源排查，督促企事业单位完成每年不少于1次的突发性环境污染事故应急演练工作。

5.2.2 推进可可托海矿区修复和绿色矿山建设，恢复和改善矿山生态环境

2012年，阿勒泰地区启动绿色矿山建设，制定出台了《阿勒泰地区绿色矿山建设实施意见》，健全了绿色矿山标准体系、管理制度和激励政策，促进矿产资源开发与生态环境协调可持续发展。2014年喀拉通克铜镍矿、阿舍勒铜矿、可可托海一矿成为国家绿色矿山试点企业。2015年，完成阿勒泰地区绿色矿山建设规划。积极开展可可托海矿区环境治理，落实《可可托海工矿区转型发展总体规划》和《可可托海工矿区生态环境治理规划》（2013—2020年），2013—2015年已完成环境治理与生态修复项目共13项，各级财政投入资金约55 113万元，完成欧骆探矿区、兵团甘梁子锡矿区矿坑恢复，2017年可可托海成为新疆首个世界地质公园。

不断加强矿山地质环境监督管理。一是建立有效的地质环境管理工作机制。严格地质环境保护方案审查，新办证企业100%编制了地质环境保护方案（代土地复垦方案）。二是全面推行矿山地质环境治理恢复保证金制度。积极督促矿山企业加大保证金缴存工作力度。目前，全区厅发证的矿山企业90家，已缴存保证金1.2亿元。三是加强管理，扎实推进地质环境项目工作。2010年以来，累计投入7 519万元，治理恢复面积349 hm^2，最大限度地减轻了矿山活动对环境和土地的破坏，使矿山生态环境得到明显改善。

5.2.3 实施额河中下游河谷水生态调度工程，保护修复林草生态

为保护河谷林草生态系统，建立额河中下游河谷生态淹灌长效机制，阿勒泰地区2013年以来连续4年对额河中游的河谷林草湿地进行试验性淹灌，额尔齐斯河生态环境得到持续改善，生物多样性得到有效保护，110万亩河谷林和科克苏湿地生态得到有效保护和恢复，河谷产草量成倍增长，受到区域内广大农牧民的拥护和支持。尤其是2017年开始采用符合自然节律的三次脉冲和“漓漫灌溉”技术，水生动物生境得到显著恢复，见图5-4。

大力实施天然林保护工程，天然林保护面积181.18万 hm^2，天保二期完成森林抚育5.7万 hm^2；建设森林资源管理数字化网络监控系统。编制完成《地区2013—2020年河谷林封育工程建设规划》。实施百万亩生态林建设工程，全民动员开展人工植树造林活动，三年来，共完成人工造林1.35万 hm^2，封育2.94万 hm^2；完成沙棘、黑加仑等小浆果种植0.76万 hm^2。围绕把阿勒泰市建成森林中的城市，规划0.36万 hm^2 荒山绿

化工程，乌拉斯特水库开工建设，将军山绿化成效显著。

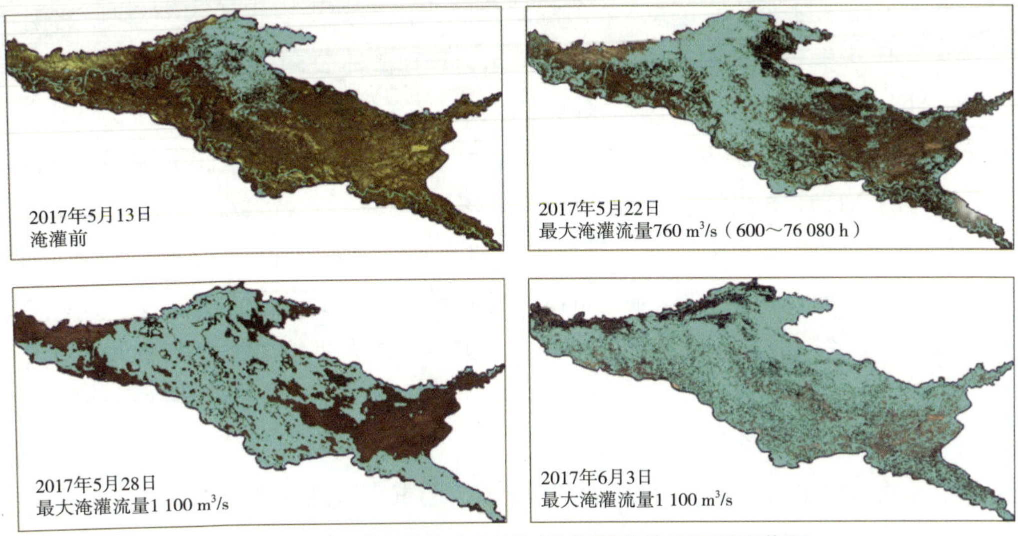

图 5-4　额河河谷核心区 2017 年漫灌效果卫星影像图

（资料来源：《新疆额尔齐斯河流域山水林田湖草生态保护修复工程实施方案》）

阿勒泰地区紧紧围绕“加大饲草料地开发、加快游牧民定居”这一目标，深入开展草原保护工作，全面建立草原生态保护补助奖励机制，编制天然草原修复（包括河谷草场和荒漠草原修复）项目库，以使可利用天然草原基本达到草畜平衡。“十二五”期间，地区实施草原禁牧 2 045 万亩、草畜平衡 8 560 万亩。地区发放草原生态保护补助资金 13.2 亿元，受益牧民达 3.1 万户；实施退牧还草工程，完成草原围栏 4 573 万亩，补播改良草地 308 万亩，完成人工草料地建设 40.5 万亩；实施公共救灾饲草基地 29.5 万亩，人工饲草料基地 12.5 万亩。先行开展 0.6 万亩荒漠草原的修复试点工作，使荒漠草原的植被覆盖度提高到 31%。通过深入开展草原保护工作，从地区到各县（市、景区）严厉打击各类破坏草原的违法行为，维护草原生态安全。

5.2.4　抓好自然保护地建设，生物多样性保护与国际合作取得成效

阿勒泰地区被列入《新疆维吾尔自治区生物多样性保护战略与行动计划（2010—2030）》优先保护区域，新疆阿尔泰山于 2010 年被列为世界自然遗产预备清单。布尔根河狸自然保护区、科克苏湿地保护区晋升为国家级自然保护区。开展湿地河湖生态保护区确权划界工作，为 35 处 2 984 万亩重点湿地湖泊划定了保护红线；发布地区重点湿地湖泊保护名录（第一批），大、小青河湿地保护与恢复等工程建设加快推进，乌齐里克湿地公园、乌伦古湖湿地公园、吉木乃高山冰缘区湿地公园、青河县乌伦古河国家湿地公园被评选为国家级湿地公园，阿勒泰市克兰河湿地公园、哈巴河县阿克齐

湿地公园、富蕴县可可托海湿地公园、布尔津县托库木特湿地公园、十师丰庆湖湿地公园被批准为国家湿地公园试点，3个湿地公园入围新疆拟申报的国家湿地公园。共建立被7个自然保护区（其中国家级3个）、11个森林公园（其中4个为国家级）、9个湿地公园（其中4个评选为国家级湿地公园）、3个地质公园（其中2个为国家级）。

近年来，阿勒泰地区积极开展生物多样性保护工作。2014年正式启动联合国开发计划署执行的全球环境基金赠款的“加强阿尔泰山两河源流域景观自然保护区有效管理项目”，有效推进了阿勒泰地区自然保护区和湿地生物多样性保护工作。湿地保护与恢复工作取得进展，成立了地区湿地资源管理委员会，制定了“洁净林地、洁净湿地”工作实施方案，全地区湿地保护率提高到48.95%。加大生物多样性保护与外来物种入侵防范力度，普氏野马繁育野放成就斐然，2016年调查显示17个家族群数量达到169匹。2017年自然水域全面实施禁渔期制度，额尔齐斯河、乌伦古河、乌伦古湖的部分重点区域和阿尔泰山山区全面划入禁渔区，严重衰退的渔业资源出现了喜人的快速增长。建立了环阿尔泰山次区域合作机制，先后实施了城市基础设施和环境改善亚行贷款项目、阿勒泰地区边境县及口岸镇基础设施与生态环境改善亚行贷款项目、世界银行贷款畜牧发展项目。

5.2.5 打造“新疆最洁净的地方”，改善城乡人居环境质量状况

积极推进城市污染防治。借用亚行贷款资金实施市政基础设施项目76项，城镇公共基础设施保障能力逐步提升，全地区城市污水集中处理率达51.79%，生活垃圾无害化处理率达19.2%，饮用水水源优良水质断面达100%；阿勒泰市城市生活污水实现“零排放”，走在了全疆前列；全年空气质量始终保持国家一级标准；阿勒泰市、布尔津县、哈巴河县清洁能源供暖项目积极推进。严把环评审批关，坚决不予审批不符合国家产业政策的小造纸、制革、炼焦、印染、燃料等严重污染水环境的生产项目。积极推动地区5个工业园区污水集中处理设施建设及在线监控系统安装任务。节能减排预期目标全面完成。加大执法力度和宣传教育。开展“环保法律法规落实年”活动。强化环境监管、国土空间开发执法力度，持续开展6个专项行动。狠抓城乡环境卫生整治，连续3年开展城乡环境卫生专项整治活动。

农村环境综合整治工作取得新成效。2011年阿勒泰地区被自治区列为农村环境连片综合整治示范区。全地区累计投入11 148.5万元，农村环境连片综合整治示范项目32个，共实施了143个村庄环境综合整治，占全区村庄总数28.3%，受益农牧民预计达到15.75万人。基本完成6个县城镇污水处理设施提标改造工程，已建成水源地保护设施25套、集中式污水处理设施16套、配套集中式污水处理设施管网41.18 km、

购置和建成垃圾箱（池）3 237 个、畜禽粪便处理设施 826 套。编制了《阿勒泰地区农业面源污染综合防治方案》，组织完成农业面源污染现状调查与监测评价，测土配方施肥 218 万亩，农田病虫草鼠害综合防治 253.5 万亩，治理农田面源污染 30 万亩，农药、化肥施用量减少 5.1%。督促现有 9 个规模化养殖场（小区）配套建设粪便污水贮存、处理、利用设施，改进设施养殖工艺，完善技术装备条件。全地区农村环保基础设施建设得到明显加强，项目区人居环境状况明显改善，农牧民环保意识进一步提高，环境监管逐步向农村地区延伸，有效地促进了城乡统筹发展和环境基本公共服务均等化，对维护社会稳定起到了积极的促进作用。

5.2.6　推进生态文明示范建设，完善生态环境保护与治理体制机制

阿勒泰地区紧紧围绕“打造两个可持续发展示范区、建设代表新疆重要会客厅”和“争做两个可持续发展模范、建成仙境般的地方”的要求，坚持环保优先、生态立区，将生态文明建设示范区目标层层分解落实，将完成情况纳入对各县（市）综合考核重要内容。自 2004 年开展生态文明示范区建设工作以来，制定了《阿勒泰地区生态乡镇申报及管理规定》和《阿勒泰地区生态村申报及管理规定》。截至目前已创建了布尔津县布尔津镇、富蕴县库额尔齐斯镇、哈巴河县阿克齐镇 3 个国家级生态乡镇、布尔津县窝依莫克乡哈太村 1 个全国生态村；自治区级生态乡镇 16 个、自治区生态村 114 个；地区级生态乡镇 22 个、地区级生态村 259 个。布尔津、哈巴河先后获评第三、第四批国家生态文明建设示范市县。积极开展“绿色社区”创建活动，全区共有自治区级绿色社区 2 家、地区级绿色社区 23 家。

不断提升生态环境治理的法治化水平。在全疆各地州中率先制定了《阿勒泰地区生态环境保护条例》，并于 2013 年 7 月 1 日通过自治区人大正式颁布实施，生态环境保护工作纳入法制化轨道。成立了地区保护和改善生态环境委员会，建立了“5+1”工作机制，制定保护和改善生态环境建设指标体系及考核办法，树立鲜明的工作导向。2014 年，地区 6 县 1 市全部被纳入国家主体功能区建设试点示范。加强生态环境空间管控和准入管理，开展了阿勒泰地区生态环境功能区划编制，划定生态保护红线，从源头预防环境污染和生态破坏。建立环境执法联动机制，联合制定下发了《阿勒泰地区关于建立实施环境执法联动工作机制的若干意见（试行）》，制定了执法联动联席会议制度、部门信息共享制度、部门执法联动制度、重大案件挂牌督办制度等配套制度。制定了《关于加强环境保护与公安部门执法衔接工作的意见》初稿，探索建立阿勒泰地区环境行政执法与刑事司法衔接机制。

第6章

阿勒泰地区山水林田湖草保护修复总体思路与技术路线

阿勒泰地区分布着冰川、山地、森林、草原、河流、湖泊、绿洲、荒漠多种生态系统类型，涵盖山水林田湖草所有生态要素；地带性明显，山上山下、地上地下、上中下游等联系密切，具有极其典型的“山水林田湖草生命共同体”特征。阿勒泰地区始终贯彻“山水林田湖草生命共同体”的理念与生态系统理论，把地区健康和功能提升作为区域生态保护修复的核心和关键，从生态系统角度出发，并以有限目标为导向建立分区治理格局，实施分类分区治理。采用基础治理与深度治理相结合、制度监督与跟踪审计相结合、生态修复与民生改善相结合、全过程共管共治等实施方式和路径，全面提升阿勒泰地区的生态环境质量，形成持续维护生态功能的长效机制。

6.1 生态系统修复需要遵循的基本原则

6.1.1 生态修复的基本要求

以习近平新时代中国特色社会主义思想为指导，全面贯彻落实党的十九大和十九届二中、三中、四中、五中全会精神，深入贯彻习近平生态文明思想，按照党中央、国务院决策部署，坚持新发展理念，坚持人与自然和谐共生，以全面提升国家生态安全屏障质量、促进生态系统良性循环和永续利用为目标，以统筹山水林田湖草一体化保护和修复为主线，科学布局和组织实施重要生态系统保护和修复重大工程，着力提高生态系统自我修复能力，切实增强生态系统稳定性，显著提升生态系统功能，全面扩大优质生态产品供给，大力推进形成生态保护和修复新格局，为维护国家生态安全、推进生态系统治理体系和治理能力现代化、加快建设美丽中国奠定坚实的生态基础。

6.1.2 生态修复的基本方略

（1）建立多部门、多层次、跨区域的协调机制，坚持区域联动、部门协同

党的十八大以来，习近平总书记从生态文明建设的整体视野提出“山水林田湖草是生命共同体”的论断，强调“统筹山水林田湖草系统治理”“全方位、全地域、全过程开展生态文明建设”。推进生态文明建设，需要符合生态的系统性，坚持系统思维、协同推进。推进山水林田湖草系统治理，必须打破条块分割的管理模式，有效克服生态治理碎片化问题，建立多部门、多层次、跨区域协同推进的工作机制，以国土空间用途管制为基础，统筹各类规划、资金、项目，对山水林田湖草进行一体化保护、一体化修复（王波等，2018）。要强化各部门之间、各地区之间的协同和信息共享，做

到目标统一、任务衔接、纵向贯通、横向融合，提高山水林田湖草一体化保护修复的效率。

（2）落实山水林田湖草系统治理“一张图”制度，坚持统筹协调、任务衔接

习近平总书记指出，要用系统论的思想方法看问题，生态系统是一个有机生命躯体，应该统筹治水和治山、治水和治林、治水和治田、治山和治林等。推进山水林田湖草系统治理，必须加强顶层设计，坚持一张蓝图绘到底，从全局出发统筹兼顾、综合施策、整体推进，全方位、全地域、全系统地开展生态治理（王波等，2020）。要转变重大生态保护修复工程治理思路和组织形式，切实改变过去以单个生态要素为主设置工程的做法，着力解决不同部门、不同工程、不同资金项目在同一地块相互交叉、相互重叠的问题，不但形不成合力，反而相互抵消治理效果甚至形成新的问题。

（3）实行生态系统健康诊断制度，坚持问题导向、精准施策

生态系统健康是反映生态系统结构和服务功能良好的重要指针，健康的生态系统具有旺盛的活力、稳定的组织结构、强大的恢复力和完善的服务功能，统筹推进山水林田湖草系统治理的终极目标，就是要构建健康稳定的自然生态系统。开展山水林田湖草系统治理，必须建立健全生态系统健康诊断技术体系，全面推行生态系统健康诊断制度（董玮等，2021）。要综合运用物种法、结构功能指标法、生态系统失调综合征诊断法、生态系统健康风险评估法、生态脆弱性和稳定性评价法、生态功能评价法等生态系统健康诊断方法，构建包括活力、组织、恢复力和服务功能在内的评价指标体系，全面开展生态系统健康诊断，以问题为导向实施生态治理，确定系统治理方案和措施，真正做到缺什么补什么，有什么问题解决什么问题，哪里问题突出重点治理哪里，找准症结，对症下药，提升山水林田湖草系统治理的针对性和有效性（马亚亚，2020）。

（4）充分考虑生态治理的区域差异性，坚持因地制宜、科学治理

我国地域辽阔，各地自然条件和经济社会发展状况都存在很大差异，必然要求生态治理根据区域差异实行差别化治理措施。因此，必须遵循生态系统内在的机理和规律，科学规划、因地制宜、分类施策，打造与区域特征相适应的多样化的生态系统。要充分考虑地理气候等自然条件、资源禀赋和生态区位等特点，坚持保护优先、自然恢复为主的方针，科学布局全国重要生态系统保护和修复重大工程，严格落实工程方案科学论证和影响评价制度，优化要素配置和工程措施，宜封则封、宜造则造，宜保则保、宜用则用，宜乔则乔、宜灌则灌、宜草则草、宜田则田，增强生态治理的科学性、系统性和长效性。要坚持以水定绿、量水而行，以多样化乡土树种草种为主，科学造林种草，合理配置林草植被，着力提高生态系统自我修复能力，增强生态系统稳

定性，促进自然生态系统质量的整体改善和生态产品供给能力的全面提升（刘世荣，2020）。

（5）建立以流域为单元的工程规划体系，坚持上溯下延、系统治理

流域是重要的自然地理单元，也是自然生态系统中能量流、物质流的重要载体，流域内的水文、植被、土壤等各个自然要素具有“牵一发而动全身”的特点（吴钢等，2019）。如果只关注下游生态治理，不重视上游的源头治理，就会产生“多米诺骨牌”效应，使治理成果功亏一篑。只有把流域作为一个整体或一个系统来进行综合治理，才能取得事半功倍的效果。在推进山水林田湖草系统治理的过程中，要深刻认识水在生态单元形成中的重要作用，依据流域层级关系逐级规划、全面覆盖，从小流域治理走向大流域治理（付扬军，2020）。

（6）推行生态治理工程成本核算制度，坚持以质为先、工程化管理

当前，生态治理已经从追求量的扩张转向全面提质增效的新阶段，低投入、低水平的生态建设模式已不能适应山水林田湖草系统治理的要求，必须严格按照工程管理方式，实事求是地进行工程成本核算，以投入量决定工程任务量，避免任务大而全、资金少而散等问题，使项目成本管理逐步走上规范化、制度化的轨道。同时，充分考虑生态治理工程的艰巨性和长期性，既要满足工程建设投入，也要考虑后期管理、更新成本，建立投资标准与物价变化联动的动态调整机制。

（7）实行以专业化队伍为主的工程实施模式，坚持标准引领、高起点推进

必须加快完善生态治理工程技术标准体系，对工程建设实行全过程标准化管理，严格按标准设计、按标准实施、按标准验收。同时，要实行以专业化队伍为主的工程实施模式，培育一支高水平、高素质的生态保护修复专业化队伍，用专业化技术、现代化装备、信息化管理手段，高起点、高质量地推进山水林田湖草系统治理。

（8）牢固树立“绿水青山就是金山银山”的理念，坚持绿色发展

推进山水林田湖草系统治理，必须牢固树立和自觉践行“绿水青山就是金山银山”理念，以高质量发展为根本要求，以供给侧结构性改革为主线，正确处理保护与利用、生态与经济的关系，既要绿水青山，也要金山银山，建立生态产品价值顺利实现机制，让绿水青山有效转变为金山银山，实现生态效益、经济效益和社会效益的有机统一（刘世荣，2020）。

（9）完善“天空地”一体化监测评价体系，坚持精准监测、量化评估

现代化监测评价体系是生态治理体系和治理能力现代化的重要组成部分，是编制生态治理规划、监测工程进展、评估生态建设效果的重要手段。要推动新一代信息技术与生态治理融合发展，加强互联网、大数据、物联网、云计算、人工智能等先进技术在生态治理领域的应用，构建“天空地”一体化监测评价体系和大数据平台，开展

山水林田湖草生命共同体承载力、适宜性、脆弱性、敏感性评价，构建山水林田湖草生态系统变化发展预测模型，模拟预测未来气候情境、社会经济情境和政策制度情景下的国土生态安全格局，为山水林田湖草系统治理奠定坚实的科学数据基础，为系统编制空间规划、布局生态保护与修复工程、完善自然保护地体系等提供基础数据支撑。

（10）强化山水林田湖草系统治理的科技支撑，坚持需求导向、创新驱动

坚持以生态保护修复一线需求为导向，深化科研项目立项论证制度改革，自下而上地汇聚亟须解决的关键技术难题、凝练关键技术背后的科学问题，找准主攻方向，统筹中央、地方、企业和社会科技资源，产、学、研、用紧密结合，协同开展技术攻关，实行重大项目“揭榜挂帅”，尽快破解山水林田湖草系统治理的理论与技术“瓶颈”，加快技术集成与推广应用，为山水林田湖草系统治理提供有力支撑。

6.1.3 生态修复的基本原则

（1）坚持保护优先，自然恢复为主

牢固树立尊重自然、顺应自然、保护自然的生态文明理念，按照保护优先、节约优先、自然恢复为主的方针，高效开展山水林田湖草生态保护修复工作，提升资源环境承载力，理顺经济发展与生态保护关系，实现人与经济、自然环境的和谐、协调、可持续发展（姜霞等，2019）。加大生态保护和修复力度，保护和建设的重点由事后治理向事前保护转变，由人工建设为主向自然恢复为主转变，从源头上扭转生态恶化趋势。在研究判别生态系统关系的基础上，顺应自然规律，发挥自然力量辅以限制人为开发、人工修复措施，从而实现良好生态系统的保护和受损生态系统的修复。

（2）坚持统筹兼顾，突出重点难点

着眼于提升国家生态安全屏障体系质量，聚焦国家重点生态功能区、生态保护红线、自然保护地等重点区域，突出问题导向、目标导向，坚持陆海统筹，妥善处理保护和发展、整体和重点、当前和长远的关系，推进形成生态保护和修复新格局。紧紧围绕区域特点，立足于解决区域各类生态问题，全方位、多层次、多领域地开展生态保护与修复，加强顶层设计，整合部门举措，形成工作合力，统筹协调推进（姜霞等，2019）。突出重点流域、重点区域、重点生态功能区和重点生态系统，对重点区域优先实施有针对性的措施，自然恢复与人工修复相结合，生物措施与工程措施相结合，各种措施合理配置，发挥综合治理效益。

（3）坚持科学治理，推进综合施策

坚持“山水林田湖草是生命共同体”理念，遵循生态系统内在机理，以生态本底和自然禀赋为基础，关注生态质量提升和生态风险应对，强化科技支撑作用，因地制

宜、实事求是，科学配置保护和修复、自然和人工、生物和工程等措施，推进一体化生态保护和修复。尊重生态系统的整体性和系统性，始终将整体保护、系统修复理念贯穿始终，紧紧围绕提高生态系统完整性及服务功能的目标，全面、整体地开展保护与修复（邹长新等，2018）。

（4）坚持改革创新，完善建管机制

创新山水林田湖草生态保护修复的组织、实施、考核、激励、责任追究等管理机制，构建责权明确、协同推进、务实有效的工作格局。坚持依法治理，深化生态保护和修复领域改革，释放政策红利，拓宽投融资渠道，创新多元化投入和建管模式，完善生态保护补偿机制，提高全民生态保护意识，推进形成政府主导、多元主体参与的生态保护和修复长效机制（王丽霞等，2017）。

6.2　阿勒泰地区生态修复的总体思路

山水林田湖草各生态要素相互作用、相互联系、相互依托，统筹山水林田湖草生态保护修复，必须从系统思路、全局视角、流域景观层面出发，针对核心问题和关键环节，根据相关要素功能联系、作用关系，统筹考虑各要素保护需求，提出系统性整体解决方案。阿勒泰地区是典型的山地—绿洲—荒漠复合型生态系统，作为一个生命共同体，这一复合生态系统提供了水源涵养、土壤保持、防风固沙、水质净化、生物多样性维持、产品供给等多样化的生态系统服务，而这些不同生态系统服务间，存在此消彼长的权衡关系或者相互增益的协同关系。由于人类对不同生态系统服务不合理地选择利用，导致在增加供给功能的同时，引起生命共同体其他生态功能的下降，是区域生态环境问题产生的根本原因。按照由局部到全局的方略，阿勒泰地区围绕区内流域生态系统健康和功能提升这一核心目标，以生命共同体生态系统服务权衡协同机制为理论指导，以流域清水产流、防风固沙、土壤保持、产品供给、生物多样性保护等关键生态系统服务协同提升为重点，按照“抓点—连线—带面”策略，突出水生态保护这一关键点，着力修复流域以水为纽带的生态过程，坚持“抚育山区、稳定荒漠、优化绿洲”方针，从区内流域生态系统层面进行整体规划和协调，将过去分要素治理模式转变为山水林田湖草系统治理模式。

6.2.1　把流域健康和功能提升作为区域生态保护修复的核心和关键

水是生命之源、生态之基、生产之要，在干旱荒漠地区尤其如此。在西北干旱缺水地区，水不仅是国民经济发展的命脉，决定着经济发展水平，而且是维护区域生态的重要因素。一方面，由于经济社会的发展，区内工农业用水和生活用水总量不断增加，区域水资源需求持续上涨；从产业发展来看，该区域草地资源、矿产资源丰富，但无论是发展畜牧业还是发展矿产业均需要水资源的支撑；作为北疆“水塔”和“生命河”，该区域的水资源还对乌鲁木齐、昌吉、克拉玛依、哈密、吐鲁番等地的发展至关重要，是支撑天山北坡经济带未来发展的关键所在。另一方面，额河流域地域范围大，生态问题复杂且多样，但流域内各生态系统的维持都高度依赖于水文因子，流域的关键功能、主要问题和能量物质循环都离不开水这一核心。不合理的水资源开发利用是区域生态退化的主要原因，水资源过度利用导致地下水位的下降，天然河谷林、草地以及河湖湿地等发生退化；随着气候变暖，维护河谷林草和湿地生态无疑需要增加生态需水的保障；此外，水利工程建设以及工农业水污染引起的水生态风险也是区域主要的生态风险。为此，区域生态保护修复的重点是以水为核心的生态安全维护，即“两河一湖”生态安全维护。

6.2.2 从生态系统整体性角度建立分区治理格局

流域生态系统服务协同提升的关键在于，明确流域生态系统服务形成与供给过程，合理确定不同生态系统的功能定位与利用方向，即从生态系统整体性角度建立分区治理格局。额河流域位于阿尔泰山南坡，随地形的升降形成了一个自北向南的物质流、能量流、信息流、服务流耦合体系，见图 6-1。

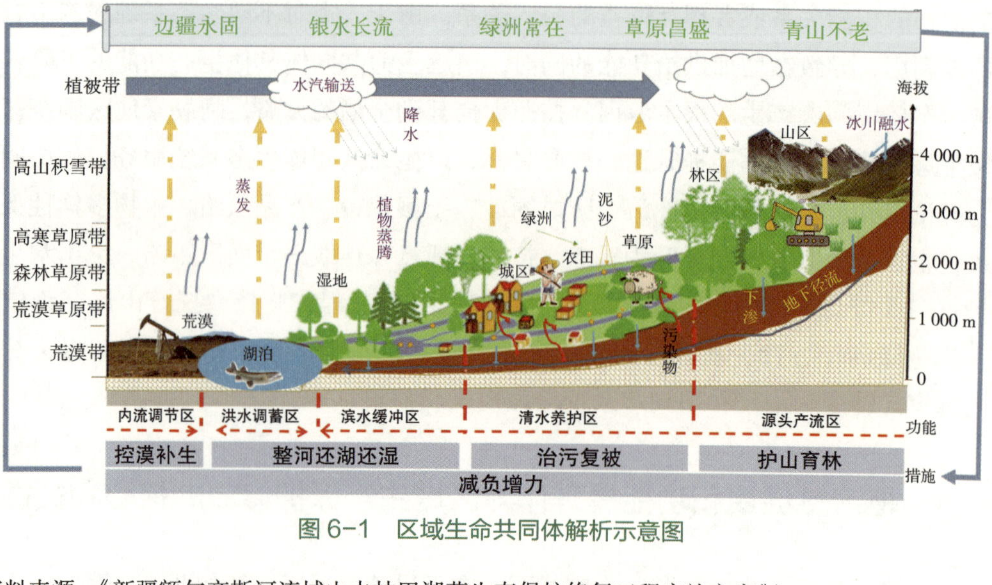

图 6-1 区域生命共同体解析示意图

（资料来源：《新疆额尔齐斯河流域山水林田湖草生态保护修复工程实施方案》）

从物质流来看，由大西洋来的气流，容易通过额尔齐斯河谷地进入本区，并受山地抬升影响，在阿尔泰山南坡，形成丰富降水。水流经源头区产生后，通过林草植被的涵养与净化来补给径流，随后根据地形向下迁移，额尔齐斯河流出境外，乌伦古河最终汇入乌伦古湖。土壤流失发生在植被破坏裸露地区和覆盖度较低的地区，随水流迁徙，并在河流、湖泊中沉积。污染物主要来源于矿产开发、畜牧养殖、农业种植、工业生产和生活等，或直接排放或间接渗入水中，随水流迁移转化。受区域地形地貌等条件的制约，容易形成山谷风，白天能量从山下向山上，晚上能量由山上向山下，同时额尔齐斯河的河谷通道也为区域提供了重要风道。从服务流来看，从山上到山下的森林、草原、荒漠草原、农田以及河湖湿地等分别形成了源头产流区、净化汇流区、调节服务区，分别主要提供水源涵养、水质净化、供给和调蓄功能。

6.2.3　以有限目标为导向进行分类分区施策

从额河流域来看，流域内人的命脉在田和牧，即绿洲，绿洲发展的命脉在水，即“两河一湖”，水的命脉在山，即阿尔泰山，山的命脉在土，土的命脉在林草，林草的命脉又操之在人。实施山水林田湖草生态保护修复，要以区域山上山下“山水林田湖草生命共同体”的特点、联系、问题为依据，按照统一性、系统性、整体性原则，从流域上下游左右岸山林区、林草区、绿洲区、河湖区、荒漠区不同保护修复定位出发。从生态系统整体性、区域问题和定位来看，山林区以涵养功能和山林点状破坏为主，林草区以调节供给功能和面状退化为主，绿洲区以污染物输出为主，河湖区以调蓄功能和多因素综合影响为主，荒漠区以特殊服务功能和点状破坏为主。

从流域整体性生态保护修复来看，应采取保源头、强躯干、治污染、修命脉、建屏障、提功能和抓点—连线—带面等目标策略，即保育河湖产水源头区、强健河湖清水调蓄区、治理河湖污染源、修复河湖命脉、建设荒漠防护屏障、贯通生态廊道、提升治理能力和功能恢复。从路径来看，通过综合采取护山育林、治污复被、整河还湖、控漠补生、减负增力等手段，探索实践山水林田湖草生态保护修复的新机制、新模式，构建自然生态系统健康稳定和社会经济绿色发展相辅相成的格局，真正改变以往“各自为政”工作格局，提高财政资金使用效率，形成额河流域生态保护修复关键技术整体解决方案，见图 6-2。

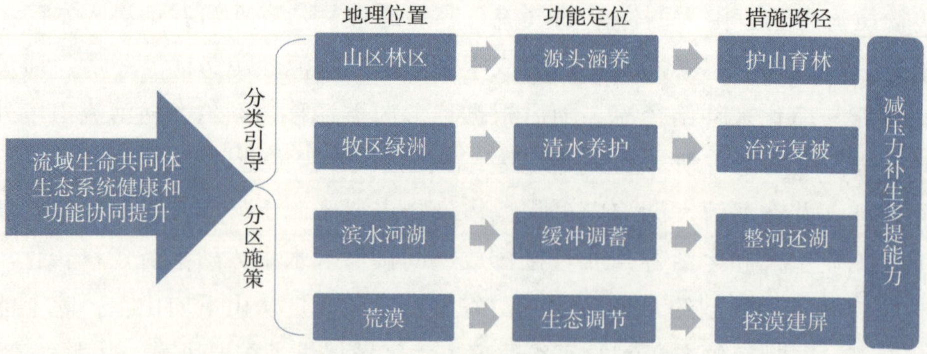

图 6-2 流域山水林田湖草保护修复思路图

6.2.4 发挥体制机制引导作用，全力保障修复进展和成效

建立全过程共治共管机制。成立专家委员会，加强科技支撑；坚持“党政同责”“一岗双责”，全面推行河（湖）长制，落实政府主体责任；探索建立“地委行署决策担责、县市部门落实执行”的项目推进机制，构建系统的项目推进指挥体系；制定阿勒泰地区生态文明建设绩效考核制度，提高生态文明建设评价考核权重。

建立监督与审计制度。搭建大数据一体化服务平台，形成全流程管理监督；开展项目资金绩效评价，完成年度绩效目标设定和监控；建立工程绩效考核制度，定期对工程推进及成效进行考核；强化目标责任考核及问责，严格责任追究，对推动生态保护修复工程不力、工程资金使用不合规等问题实行追责。

建立长效机制。全面建立、推行河（湖）长制和流域水质目标管理体系，建立地区、市县、乡镇、村连四级河长体系；全面实施生态环境网格化管理，建立网格化管理制度，明确各级网格责任主体，有效提高环保监管效能；健全自然资源和国土空间用途管制制度，将空间管制扩大到所有自然生态空间，建立国土空间开发与保护“一张图”；探索建立运行管护长效机制，按照管护主体、管护责任与管护经费“三落实”的要求，探索具有共性、可复制的运行管护模式，加强后期管护。

6.3 阿勒泰地区生态修复的技术路线

6.3.1 诊断识别区域内生态环境问题

围绕山水林田湖草等要素，以问题为导向，以生态功能提升为目标，充分了解和认识区域内生态系统存在的主要问题以及面临的突出矛盾。

6.3.2 建立区域山水林田湖草生命共同体分区治理格局

依据区域突出生态环境问题与主要生态功能定位，对生态保护修复空间进行片区划分，并结合生态保护修复工程内容，确定相应工程布局。

6.3.3 分区分类设定工程及实施目标

按照“一块区域、一个问题、一套目标、一种技术、一项工程”的思路，研究建立可定量、可考核的工程实施目标指标体系，形成以额河流域为模板的生态保护修复关键技术整体解决方案。

6.3.4 明确年度工程项目计划及成效

综合考虑生态保护修复紧迫程度、重要程度、成熟度、效益等因素，按照优先开展紧迫度、重要性高的和效益突出的、先易后难的原则，明确年度工程项目计划及成效。

6.3.5 按一体化思路提出工程实施保障制度措施

分析区域生态保护体制机制与“山水林田湖草生命共同体”系统保护理念和技术不适应、生态保护能力等方面的关键问题，明确体制机制改革方向。强化工程实施成效考核，从组织领导、干部绩效考核、资金筹措与投入、监测预警等方面提出生态保护修复体制机制的创新方向、任务和路径，见图 6-3。

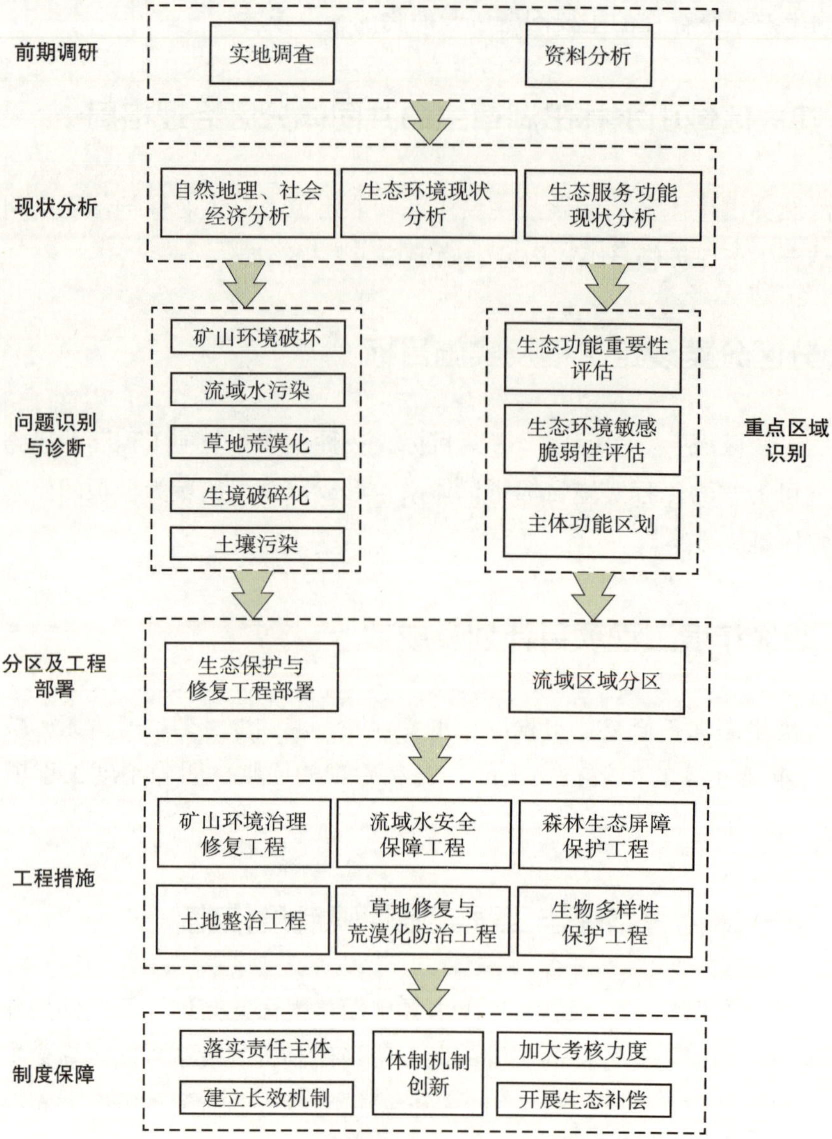

图 6-3 生态保护修复工程设计技术路线图

6.4 阿勒泰地区生态修复关键技术

阿勒泰地区山地、森林、草原、河流、湖泊、绿洲和荒漠构成“山水林田湖草生命共同体”，各生态系统相互作用、互相影响和动态变化，对退化区域进行恢复和重建，实现改善生态系统的功能，改善水分平衡，提高生物多样性，恢复退化土壤肥力和物理特征等。不同生态系统，如森林、草原、河流、湖泊等不同的退化程度，其恢复方法也不尽相同。

与健康生态系统相比，退化生态系统是一类病态的生态系统，它表现在一定时空范围内，在自然因素、人为因素，或二者共同干扰下，导致生态系统的结构和功能发生破坏或者丧失，生物多样性下降，稳定性和抗逆能力减弱，系统生产力下降。以森林生态系统退化为例，其退化过程如图 6-4 所示。

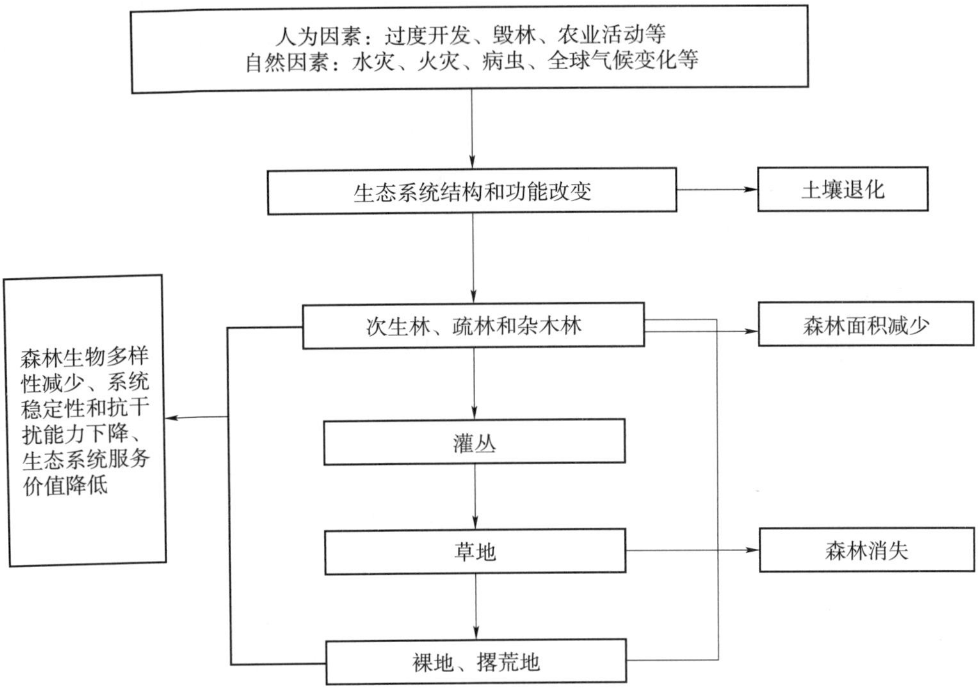

图 6-4 森林生态系统退化过程示意图

要开展退化生态系统的恢复，应依据“山水林田湖草生命共同体”的理念，按森林、草原、河流、湖泊和农田等不同生态系统划分，在探明生态系统维持及退化原因、程度的基础上，找到群落演替过程中生态特征和环境特征的变化规律，了解退化生态系统主导因子，分析“近自然”生态系统恢复与重建典型群落类型配置模式。了解植被退化、土壤状况、水分特征等因素之间的关系，按照“近自然”重建群落配置模式，森林生态系统开展无灌溉荒漠造林技术、沟植覆盖节水保墒技术、乡土树种壮苗培育、土壤改良技术等，草原生态系统采取草原施肥、补播牧草、调控畜群等技术，湿地生态系统采取控制污染物流入、改良湿地土壤、恢复重建湿地生物群落等方式，实现植被恢复，水体恢复，土壤恢复，生态系统结构与功能恢复，最终实现生态、经济、社会和景观效益的统一。

6.4.1 森林生态系统修复现状

6.4.1.1 阿勒泰地区森林资源现状

根据国家林业和草原局网站公布的数据，我国第九次森林资源调查结果为：森林面积 22 044.62 万 hm^2，森林覆盖率达到 22.96%。新疆森林资源主要分布在阿尔泰山、天山、昆仑山及环塔里木盆地和准噶尔盆地绿洲地区。新疆第九次森林资源清查（2016 年）数据显示，新疆森林面积约 802.23 万 hm^2，森林覆盖率 4.87%。阿勒泰地区森林面积约 266.804 万 hm^2，其中幼龄林、中龄林、近熟林和成过熟林分别为 0.06 万 hm^2、0.55 万 hm^2、1.69 万 hm^2 和 7.02 万 hm^2。近熟林和成过熟林所占比例较大，充分显示了林区林龄老龄化趋势加重，更替困难。另外，分布于额尔齐斯河和乌伦古河干流及支流河谷林由于截流、滥伐、放牧等导致的河谷林衰退、生态功能下降等问题日渐凸显，森林生态系统功能下降。

6.4.1.2 森林生态系统功能及主要生态问题

森林生态系统是陆地上最大的生态系统，与其他陆地生态系统相比，森林生态系统具有丰富的物种多样性、空间结构和较大的生物量，通过物质循环和能量流动对周围环境产生影响，具有涵养水源、控制水土流失与荒漠化、降低风速、净化空气、调节气候和消除污染等功能（赵良平，2007）。新疆森林资源由山地森林、平原荒漠林、绿洲人工林组成，具有森林防护、固碳释氧、生物多样性保护、涵养水源、保育土壤等功能，山地森林以涵养水源为主，平原荒漠林以森林防护为主，绿洲人工林则以固碳释氧为主，这与新疆所处的地理位置和气候相一致（肖中琪等，2019）。阿勒泰地区森林资源是西伯利亚和新疆植物区系联通的重要通道，反映了欧洲—西伯利亚区系成分，是应对全球气候变化较为敏感的自然过渡带，是新疆北部天然生态屏障，主要分布在阿尔泰山和萨吾尔山海拔 1 300～2 400 m 亚高山和中山带及河谷两岸，区域内森林类型包括山地森林、河谷次生林、荒漠灌木林和平原人工林，以西伯利亚落叶松、西伯利亚云杉、西伯利亚冷杉、西伯利亚红松为建群种的南泰加林，是我国唯一的分布区，树种古老珍稀、群落原始独特，是我国寒温带物种的生物基因库，具有重要科研价值和自然保护区价值。阿勒泰地区以杨柳科为建群种的河谷林是我国唯一的天然分布区，其孕育了世界 4 个杨树派系——白杨、胡杨、青杨、黑杨，是中国野生杨树基因库。平原人工林以农田防护林形式营造，保护耕地，在其外围分布着荒漠灌木林，对绿洲荒漠化起抑制和缓冲作用，是保障绿洲稳定的屏障。

阿勒泰地区森林生态系统存在的主要生态问题包括 4 个方面：一是矿产资源的长

期开发，导致阿尔泰山诸河采金、采砂铁矿等生态系统退化；二是人类活动的超载过牧、无序砍伐等，造成山区森林树龄老龄化趋势加重，更替困难；三是绿洲农业过度开发，河水截流、乱砍滥伐造成河谷林森林群落快速衰退，生态功能下降；四是虽然目前阿勒泰地区开展了一系列生态保护修复工作，例如林草部门的水源地禁牧补助、退耕还林、退牧还草等，旅游部门的扶持政策，劳动部门的就业培训以及其他方面的政策，但存在条块分割现象，缺乏整体和系统性。

6.4.1.3 生态恢复的方法

生态系统保护和修复的方法是，首先围绕存在的主要生态问题提出保护和修复的总体目标，针对保护和修复区域，查清区域生态本底情况，采取和利用自然解决途径（Nature-based Solutions，NbS），即充分利用自然，遵循生态系统自身规律，通过简单而有效的方法（刘佳坤等，2019；俞孔坚，2019），选取适合本区域的生态修复关键技术，对受损、退化和服务功能下降的生态系统进行整体保护、系统修复和综合治理。结合“近自然”法，以潜在自然植被和群落演替理论为依据，选择适生乡土植物，采用人工与自然相结合，进行混交、异龄、复层和低造价，揭示植物群落演替的内在机制，构建退化森林生态系统最佳的森林群落植被配置模式，营造具有群落结构完整、物种多样性丰富、生物量高、区域稳定状态、后期则完全遵循自然循环规律的“少人工管理型”植被（达良俊，2008；李庆康等，2002）。

（1）调查现状，摸清本底情况

阿勒泰地区自然条件复杂，生物种类繁多，仅通过自然恢复速度太慢，应根据区域生态演替的规律，针对森林植被退化的现状，遵循自然恢复演替规律，展开相应的人工生态保护和恢复工作，逐步恢复生态稳定性和健康性，保护区域生物多样性和生态环境。因此，在开展生态保护与恢复工程的时候，首先应对修复区域现状掌握清楚。

阿勒泰地区森林类型包括山地森林、河谷次生林、荒漠灌木林和平原人工林4种类型，结合生态修复工程涉及的区域，依据修复区域、未修复区域、未破坏区域勾画典型区域，均匀布设样方，开展植物种类、群落结构、生物多样性、土壤理化性质和土壤种子库的调查，了解植被退化程度、土壤养分状况、土壤种子库构成情况等，从土壤、植被和群落演替分析入手，以生物多样性恢复为核心，剖析区域内森林生态系统演替过程中群落的物理、化学和生物学变化特征，找到群落演替过程中生态特征和环境特征的变化规律，探索恢复与重建植物群落典型类型配置模式。了解植被退化、土壤状况、群落优势种之间的关系，优选森林群落“近自然”保护与重建配置模式研究，开展引洪沟植覆盖节水保墒、无灌溉荒漠造林、全生长季造林、直播造林、乡土树种壮苗培育、土壤改良等植被恢复技术研发与集成，应用封禁、封育等对策手段，建立植被恢复和生态保育关键技术研究，提高植被恢复的效益。同时，通过不同植被恢复对策、途径和步骤，探索最佳森林植被更新、保育及管理模式。

（2）进行典型群落结构研究，构建“近自然”植物群落配置模式

依据阿勒泰地区森林生态系统本底情况，分析群落物种组成、结构等，选取植物群落中的演替早期阶段物种或演替中期阶段的物种作为先锋树种，其多为一年生植物，能够快速适应退化的土壤条件，在生长季内快速生长，为修复区域内其他植物提供隐蔽条件，促进其他植物的生长。同时，先锋物种快速死亡，能够增加退化土壤的有机质，在较短的时间内形成植物与土壤之间的良性循环，为生态修复区域优势群落的生长和稳定奠定基础。同时，按照自然群落结构、特征、生物多样性组成，根据生态系统群落中建群物种、优势物种、组成物种在群落中的地位和综合作用，构建阿勒泰地区森林生态系统中河谷林、绿洲防护林、荒漠平原林典型植物配置组成。以先锋物种和自然群落分布的典型配置实现生态保护与恢复生物多样性。

（3）进行森林生态系统健康评价

通过多样性指数来反映阿勒泰地区植物群落种类、数量及特征，比较不同区域群落的复杂性，分析全区森林生态系统演替方向、速度及程度，推测森林生态系统的稳定性和健康性。以结构—多样性指数、Shannon-wiener 指数等为区域健康评价指标，监测和诊断区域内森林生长状况及其生态、经济、社会效益的发挥情况，从森林内部及与环境的关系方面评价森林质量及其经营的水平，为保障森林生态系统保护与恢复的可持续性。

6.4.2 森林生态系统修复关键技术

6.4.2.1 乡土树种壮苗育苗关键技术

（1）容器育苗技术

容器育苗技术采用各种容器，利用苗木适宜的基质进行培育，苗木成活率高、生长快，能够满足不同造林季对苗木的需求（邓煜等，2000；萧玲玲，2015）。利用生态系统典型植物配置组成的植物成分作为研究对象，利用塑料容器，选择合适的基质进行直播育苗，了解提高各植物苗木种子处理、成活、不同施肥方式、繁育效率、提高苗木质量等基础条件，提高人工造林栽植苗木的成活率，使其更能适应当地的自然环境，同时还能有效防止输入型有害生物的危害，为生态保护和修复提供优质的乡土苗木。

（2）裸根苗木蘸根壮苗

蘸根剂一般由天然钠基膨润土、黄腐酸钾矿粉、甘草废渣粉等按照合适的比例配

制，混合均匀后调成糊状，挂在移栽苗木根部。蘸根剂能够在苗木的根系上形成一层保护膜，其黏附力强，不易脱落。同时苗木蘸根后，能够防止苗木因不良气候、长时间储存、长距离运输等造成水分、养分的流失，蘸根剂的保水、保肥效果好，能够大大提高苗木种植的成活率。采用裸根苗木蘸根壮苗技术可以提高苗木保存率和成活率。

6.4.2.2 生态植被重建关键技术研究

（1）沟植覆盖节水保墒造林技术

沟植覆盖节水保墒造林技术是集合沟植（祁生文，2010）、保水剂并结合覆盖技术进行的造林。造林时，整地开沟，将苗木种植在沟底，沟底日照时间相对较短，蒸发量会减少，沟内灌水，也不易造成水资源的浪费；添加保水剂，减少苗木用水量；种植后，在沟内覆盖一层麦草，覆盖技术既能够减少水分蒸发，又能保温、保湿，保证苗木生长期用水。沟植覆盖节水保墒造林技术能够提高苗木成活率，减少用水量，适合在干旱荒漠区开展生态恢复。

（2）无灌溉荒漠造林技术

阿勒泰地区矿山开发，像采金、沙石料开采直接造成沙石裸露，形成大面积的裸地，天然植被基本消耗殆尽，破坏容易，恢复难，要完全依赖生态系统的自然恢复能力，恢复速度将极慢，利用无灌溉荒漠造林技术，遵循生态系统荒漠演替规律，结合“近自然”植物群落配置模式物种，低成本、少水量、大面积、快速增加，最大限度地发挥荒漠林的自我修复能力，有效恢复荒漠植被。在干旱荒漠区进行无灌溉荒漠造林技术，可以利用以钠基膨润土为主的保墒剂或止水袋等进行无灌溉造林，造林时应考虑选择合适的种植时间，物种选择、造林密度、保墒剂的量或止水袋的量，植穴规格深度、大小、覆沙厚度等因素，保证最佳条件下最高的造林成活率。无灌溉造林时，多采取秋季第一场雪前种植，1年生的梭梭、柽柳等，穴植地上部分露出较少，不容易被风沙吹折，且少量雨雪可在穴植坑内积聚水分，来年春季土壤墒情较好，苗木种植前可利用蘸根剂蘸根，保水保墒的同时蘸根剂内添加的趋避剂可使植物根部免遭啮齿类动物伤害。保墒剂保肥保水、止水袋低量微渗水等措施都大大提高了造林成活率、保存率，无灌溉荒漠造林技术能够快速对荒漠区植被进行有效恢复，还能有效合理地利用水资源，这对阿勒泰地区干旱荒漠区生态保护与恢复具有重要的意义。

（3）低覆盖度造林对周边植被促进技术

低覆盖度造林对周边植被促进技术是干旱区生态保护和恢复，在遵循植被演替规律的基础上，利用人工植被快速恢复的优势，结合天然植被，合理地调节和控制生态系统功能，使其快速地恢复生态服务功能，实现可持续发展（杨文斌等，2012）。该技术是利用人工营造低覆盖度的荒漠林有效地促进其周边草本植被生长的技术。通常低覆盖度的荒漠林由乔木、灌木或者半灌木组成，造林覆盖地面面积约25%，低覆盖度的造林能极大地促进林下植被的恢复，提高物种多样性，增加区域群落功能的复杂性，且是人工和自然植被恢复的完美结合。低覆盖度造林物种选择，种植密度和前期对该区域土壤种子库的深入研究均是植被恢复的影响因素，同时，低覆盖度造林后，林下植被变化是小区域的一个系统演替过程和土壤肥力的逐步恢复过程，这对探讨生态重建、生态植被保护与恢复工程中生态演替规律的研究具有重要意义。

（4）分子渗灌节水造林技术

分子渗灌节水造林主要是利用分子渗灌装置（图6-5），将装置中蓄水池内的水经过自然压力，再通过渗水头渗入树根周边，水分可控，根部水分微渗，初期试验所种植物种生长期所需水量，可再进行大面积的造林，如此可大大减少造林水资源的浪费，用最少的水，带来高的造林成活率，是干旱区节水造林、植被恢复的可选择的优良技术。

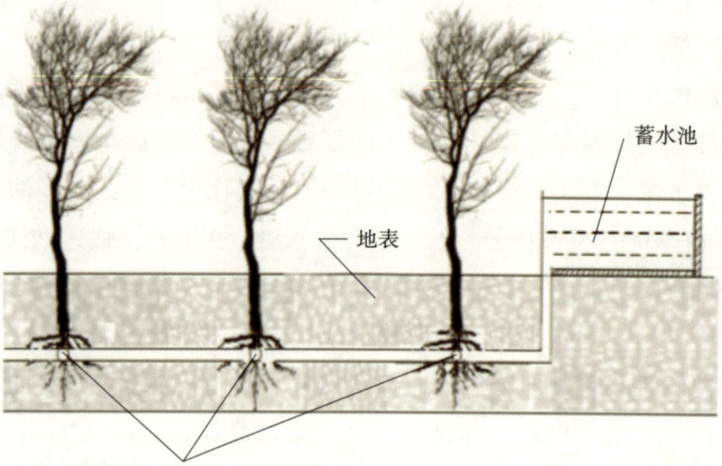

图6-5 分子渗灌节水造林技术示意图

（资料来源：新疆额尔齐斯河流域山水林田湖草生态保护修复工程试点项目指挥部）

（5）无人机直播造林植被恢复技术

在开展生态保护和恢复工程时，经常因受到地形地势的影响，不能开展大面积的机械作业，经常采取人工植苗、播种等方式进行植被恢复。对于坡度较大、地形复杂的区域，实现不规则地块全覆盖和均匀播种是制约人工植被恢复的主要因素，同时，复杂地形条件下人工作业难度较高，开展大面积的植被恢复推广和应用极其困难。无人机目前被广泛地运用在农业、林业生产，以及资源调查、信息监测、健康评估、喷洒灌溉等方面。利用无人机直播造林植被恢复技术能够降低大面积开展生态修复的成本，提高播种的效率和均匀度，解决了人工播种效率低、成本高，复杂地形条件还存在人工播种难度大等问题。在进行无人机直播造林技术时，应遵循生态系统自然演替规律，按照“近自然”植物群落物种配置模式选择物种，围绕植被恢复和提高土壤质量的主旨，“近自然”植物群落物种配置模式中先锋物种多为 1 年生植物，可在生长季快速生长并回补土壤，能大大促进优势植物的生长，通过植被恢复与土壤之间的互动效应，相互转化关系，促进植被演替，改善种群结构，丰富植物多样性，促进植被的恢复，同时，丰富的植物有机体回补土壤，改善土壤结构，使土壤质量演化趋向正向发育，得到逐步提高并保持在较高水平，使退化的生态系统达到生态平衡和良性循环。

6.5　阿勒泰地区生态保护与修复成效评估技术

6.5.1　评估方式

全面评估、重点分析。整体考虑、综合评估，系统分析生态系统格局、生态环境质量、生态服务功能、人类活动胁迫等生态效益，退化生态系统修复、制度与资金保障等项目绩效和公共生态福祉等社会效益。在全面评估的基础上，重点突出生态成效，构建生态成效评估综合指数，分析生态成效情况。

定量评估为主、定性评估为辅。对生态系统格局、生态环境质量、退化生态系统修复、生态服务功能、人类活动胁迫、公共生态福祉和制度与资金保障指标中资金筹措使用等指标评估采用定量计算赋值，对制度与资金保障指标中管理保障制度建立采用定性分析赋值。

6.5.2　评估原则

客观性原则：以评估区域基础调查、数据资料为准，对生态保护修复成效进行评估。

科学性原则：根据评估指标体系及计算方法，科学评估生态保护修复成效。

综合性原则：综合反映生态保护修复的生态系统功能结构、生态环境质量、退化生态系统修复、生态服务功能、人类活动胁迫、公共生态福祉、制度与资金保障等成效状况。

定量化原则：评估指标以量化数值表示，每项指标都有确定的权重分值及计算方法。

可操作性原则：评估流程清晰、概念清楚、方法明确，可操作性强。

6.5.3 评估流程

评估流程如图 6-6 所示。首先，需要建立评估指标体系：根据规程内容构建评估指标体系，明确指标计算方法。其次，需要构建评估数据集：根据指标含义及数据源，全面、准确地进行资料收集，建立遥感信息、统计数据、环境监测、问卷调查等评估数据集。评估指标计算及分级。计算各评估指标及综合指标数值，明确成效等级。再次，需要编制成效评估报告：综合分析成效评估结果，编写成效评估报告。最后，提出意见或建议：在生态环境保护修复成效评估的基础上，提出生态环境保护和管理优化建议。

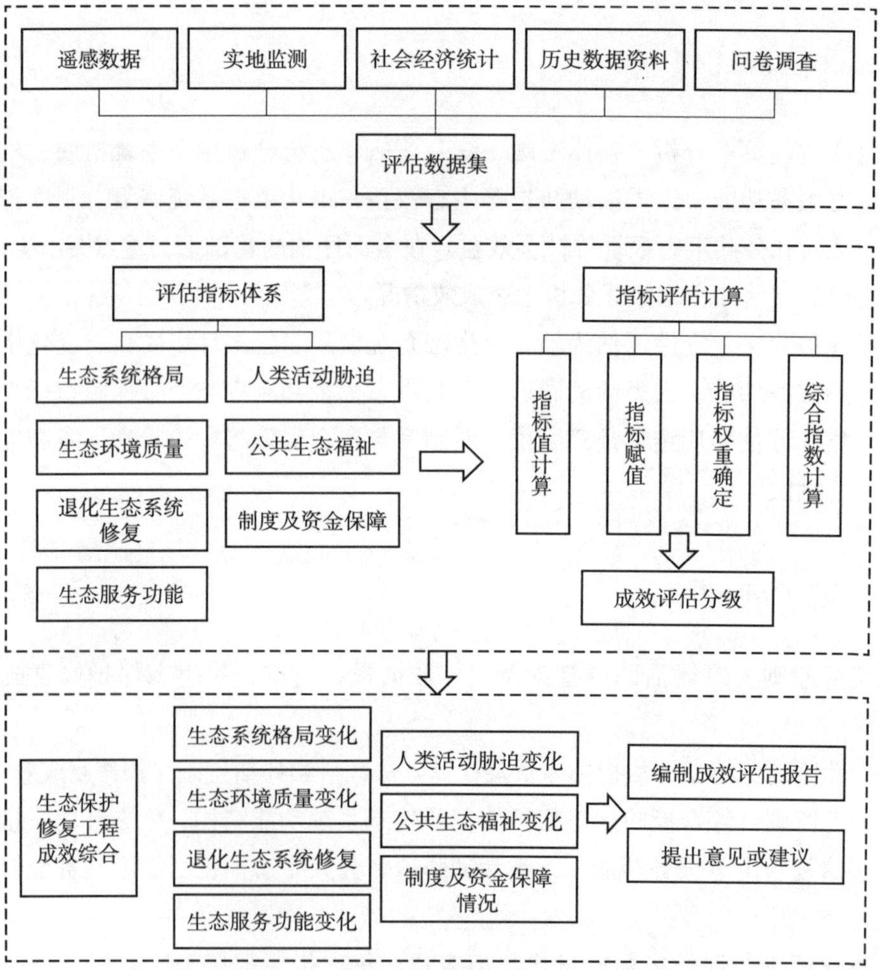

图 6-6 评估流程图

6.5.4 评估指标体系

中期评估指标体系包括生态环境质量、退化生态系统修复、制度与资金保障 3 个评估类别 10 个一级指标、16 个二级指标。

终期评估指标体系包括生态系统格局、生态环境质量、退化生态系统修复、生态服务功能、人类活动胁迫、公共生态福祉、制度与资金保障 7 个评估类别 22 个一级指标、29 个二级指标（表 6-1）。

表 6-1 山水林田湖草生态保护修复成效评估指标体系

指标类别	一级指标	指标权重	二级指标	指标权重	评估周期
生态系统格局	生态系统转化	0.500	土地覆被转类指数	0.500	终期
	景观格局优化	0.500	最大斑块指数变化指数	0.250	终期
			景观连通性变化指数	0.250	终期
生态环境质量	水环境质量	0.400	地表水水质变化指数	0.400	中期 / 终期
	森林质量	0.300	森林覆盖率变化指数	0.150	中期 / 终期
			森林蓄积量变化指数	0.150	中期 / 终期
	草原质量	0.300	草原综合植被覆盖度变化指数	0.150	中期 / 终期
			草原植被鲜草产量变化指数	0.150	中期 / 终期
退化生态系统修复	退化土地修复	0.500	水土流失治理目标完成率	0.125	中期 / 终期
			沙化土地恢复目标完成率	0.125	中期 / 终期
			土地整理目标完成率	0.125	中期 / 终期
			矿山环境修复目标完成率	0.125	中期 / 终期
	退化植被修复	0.250	森林保护修复目标完成率	0.125	中期 / 终期
			退化草原保护修复目标完成率	0.125	中期 / 终期
	退化河流修复	0.125	退化河流修复目标完成率	0.125	中期 / 终期
	退化湿地修复	0.125	退化湿地修复目标完成率	0.125	中期 / 终期
生态服务功能	水源涵养	0.450	水源涵养有效性指数	0.450	终期
	土壤保持	0.050	土壤保持有效性指数	0.050	终期
	防风固沙	0.150	防风固沙有效性指数	0.150	终期
	生物多样性保护	0.350	生物多样性保护有效性指数	0.350	终期
人类活动胁迫	人为干扰指数	0.400	人为干扰度指数变化指数	0.400	终期
	草原载畜压力	0.300	草原载畜压力变化指数	0.300	终期
	污染物排放	0.300	污染物减排指数	0.300	终期

续表

指标类别	一级指标	指标权重	二级指标	指标权重	评估周期
公众生态福祉	人均生态补偿收入	0.400	人均生态补偿收入增长指数	0.400	终期
	人居环境	0.300	农村人居环境整治目标完成率	0.300	终期
	生态环境满意度	0.300	生态环境满意度指数	0.300	终期
制度与资金保障	组织保障	0.250	组织保障制度建立	0.250	中期 / 终期
	项目管理	0.500	项目管理工作实施	0.500	中期 / 终期
	资金筹措使用	0.250	资金筹措及拨付使用目标完成率	0.250	中期 / 终期

6.5.5 综合评估及应用

中期成效基于生态环境质量、退化生态系统修复和制度与资金保障 3 个方面进行评估。

终期成效基于生态系统格局、生态环境质量、退化生态系统修复、生态服务功能、人类活动胁迫、公共生态福祉和制度与资金保障 7 个方面进行评估（表 6-2），并计算生态成效综合指数，评价生态保护修复成效。

评估结果用于工程适应性管理、生态环境保护决策支撑、单位或个人奖惩等。

表 6-2 终期成效评估的分级标准

生态系统格局				
成效评估分级	显著优化	明显优化	无明显变化	退化
成效评估指数	≥85	55≤指数＜85	45≤指数＜55	指数＜45
退化生态系统修复				
成效评估分级	优秀	良好	合格	不合格
成效评估指数	≥90	80≤指数＜90	60≤指数＜80	指数＜60
生态服务功能				
成效评估分级	显著提升	明显提升	无明显变化	降低
成效评估指数	≥85	55≤指数＜85	45≤指数＜55	指数＜45
人类活动胁迫				
成效评估分级	显著降低	明显降低	无明显变化	增加
成效评估指数	≥85	55≤指数＜85	45≤指数＜55	指数＜45

续表

公共生态福祉				
成效评估分级	优秀	良好	合格	不合格
成效评估指数	≥90	80≤指数＜90	60≤指数＜80	指数＜60
制度与资金保障				
成效评估分级	优秀	良好	合格	不合格
成效评估指数	≥90	80≤指数＜90	60≤指数＜80	指数＜60

生态成效评估综合指数基于阿勒泰地区山水林田湖草生态保护修复生态系统格局、生态环境质量、生态服务功能、人类活动胁迫计算。生态成效评估结果分为 4 级，即显著好转、明显好转、无明显成效、负面成效（表 6-3）。

生态成效评估综合指数 =0.25 生态系统格局指数 +0.25 生态环境质量指数 +
0.35 生态服务功能指数 +0.15 人类活动胁迫指数

表 6-3　山水林田湖草生态保护修复生态成效评估分级标准

成效评估分级	成效评估分值	生态成效状况
显著好转	分值≥85	表明评估区域生态保护修复成效处于显著好转状态，或增量上生态保护显著大于生态退化
明显好转	55≤分值＜85	表明评估区域生态保护修复成效处于明显好转状态，或增量上生态保护大于生态退化
无明显成效	45≤分值＜55	表明评估区域生态保护修复成效处于相对稳定状态，或处于生态保护与生态退化均衡对峙期
负面成效	分值＜45	表明评估区域生态保护修复成效处于下降状态，或增量上生态保护小于生态退化

参考文献

[1] 达良俊 . 2008. 城市生态系统近自然型恢复的理论与实践 . 长江流域资源与环境 (2): 169.

[2] 邓煜，刘志峰 . 2000. 温室容器育苗基质及苗木生长规律的研究 . 林业科学 (5): 33-39.

[3] 董玮，秦国伟 . 2021. 以系统思维推进山水林田湖草沙综合治理 . 学习时报，2021-01-06(7).

[4] 付扬军 . 2020. 山水林田湖草生态保护修复工程控制性规划的编制 . 北京：中国地质大学 .

[5] 姜霞，王坤，郑朔方，等 . 2019. 山水林田湖草生态保护修复的系统思想——践行“绿

水青山就是金山银山”. 环境工程技术学报，9(5): 475-481.

[6] 李庆康，马克平. 2002. 植物群落演替过程中植物生理生态学特性及其主要环境因子的变化. 植物生态学报，(S1): 9-19.

[7] 刘佳坤，斉涛，赵宇，等. 2019. 面向城市可持续发展的自然解决途径 (NBSs) 研究进展. 生态学报，39(16): 6040-6050.

[8] 刘世荣. 2020. 山水林田湖草系统治理基本方略. 中国绿色时报，2020-10-09.

[9] 马亚亚. 2020. 黄土高原不同类型区生态—经济—社会协调发展关系研究. 咸阳：西北农林科技大学.

[10] 祁生文. 2010. 青海省干旱、半干旱地区抗旱造林综合配套技术研究. 咸阳：西北农林科技大学.

[11] 王波，王夏晖，张笑千. 2018.“山水林田湖草生命共同体”的内涵、特征与实践路径——以承德市为例. 环境保护，46(7): 60-63.

[12] 王波，何军，王夏晖. 2020. 山水林田湖草生态保护修复试点战略路径研究. 环境保护，48(22): 50-54.

[13] 王丽霞，邹长新，王燕，等. 2017. 现代生态保护理念在生态保护中的应用. 生态与农村环境学报，33(10): 865-871.

[14] 吴钢，赵萌，王辰星. 2019. 山水林田湖草生态保护修复的理论支撑体系研究. 生态学报，39(23): 8685-8691.

[15] 肖中琪，张毓涛，李吉玫. 2019. 新疆森林生态系统服务功能价值评估. 新疆大学学报（自然科学版），36(04): 483-490.

[16] 萧玲玲. 2015. 温室容器育苗基质及苗木生长规律的研究. 中国农业信息 (6): 94-95.

[17] 杨文斌，郭建英，胡小龙，等. 2012. 低覆盖度行带式固沙林带间植被修复过程及其促进沙地逆转效果分析. 中国沙漠，32(5): 1291-1295.

[18] 俞孔坚. 2019. 道法自然的增强设计：大面积快速水生态修复途径的探索. 生态学报，39(23): 8733-8745.

[19] 赵良平. 2007. 燕山山地森林植被恢复与重建理论和技术研究. 南京：南京林业大学.

[20] 邹长新，王燕，王文林，等. 2018. 山水林田湖草系统原理与生态保护修复研究. 生态与农村环境学报，34(11): 961-967.

第7章

阿勒泰地区山水林田湖草保护修复的布局与实施

7.1 阿勒泰地区生态修复工程总体布局

以“山水林田湖草生命共同体”为导向，以协同提升阿勒泰地区关键生态系统服务为核心目标，综合考虑全区不同流域的生态类型和功能定位、关键生态过程和生态关联关系、面临的主要生态环境问题及其成因，识别“山水林田湖草生命共同体”生态保护修复重点区域，对全区生态保护与修复空间进行片区划分，明确不同分区的特征与重点任务，为后期开展实施综合全区山水林田湖草生态保护与修复工程项目奠定基础。

7.1.1 总体布局

在重点生态区域识别和关键生态过程分析基础上，结合额尔齐斯河流域及行政单元相对完整性，对全区生态保护与修复空间进行片区划分。

7.1.2 分区思路

按照“山水林田湖草生命共同体”的理念与生态系统理论，从生态系统整体性和生态服务功能管理角度出发，综合考虑流域不同要素间、不同空间区域间的生态联系与耦合过程（王夏晖等，2018），采用空间分析和地理信息系统技术，识别“生命共同体”生态保护修复重点区域空间分布和主要结构特征，依据区域突出生态环境问题、主要生态功能定位和保护管理需求等因素，对山水林田湖草生态保护修复工程实施范围进行区域划分（图 7-1），按照“一块区域、一个问题、一套目标、一种技术”的思路（张惠远等，2019），对流域进行生态保护与修复分区，识别不同区域特征，提出不同分区的治理策略，明确不同分区的重点任务（罗明等，2019；彭建等，2019）。

一是针对全区生态环境突出问题，根据三部委印发的《关于推进山水林田湖生态保护修复工作的通知》，确定生态保护与修复的重点工程及内容方向。

二是贯彻“山水林田湖草生命共同体”理念与生态系统理论，明确区域内各生态系统要素之间的相互关系及山上山下、河湖内外、河流岸上岸下、左右岸的相互关系，确定产生生态环境问题的关键环节原因。

三是针对生态功能重要区域和生态脆弱敏感区域，开展生态系统服务功能重要性评估和生态系统敏感性评估，并通过梳理国家、阿勒泰地区相关规划，识别影响区域生态安全、需要优先保护和修复的重点区域。

四是基于上述分析和评估，考虑阿勒泰地区境内流域及行政单元的相对完整性，对区内生态保护与修复空间进行片区划分。结合生态保护与修复工程内容，明确重点任务，确定相应的工程部署区域，分层次、分区域开展保护修复，因地制宜采取加速、延缓、阻断、过滤、调控等管理和技术工程手段，实施系统性保护修复。

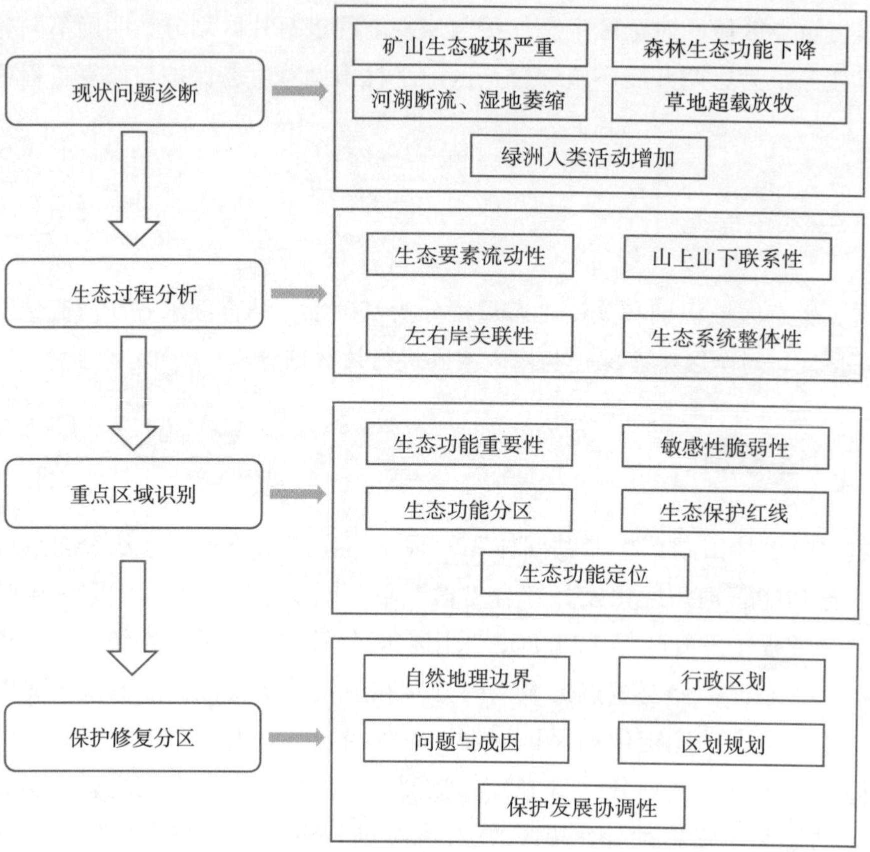

图 7-1　生态保护与修复分区思路图

7.2　生态保护与修复分区方案

基于额河流域自然地理单元和主体功能区类型分布以及生态敏感性评价结果，将各项影响因子进行空间叠加分析，同时以县域为行政单元，构建以提升山区源头产流区生态功能为重点的北部阿尔泰山生态功能涵养区、以维护清水产流区和河湖调蓄区生态安全为重点的中部“两河一湖”生态安全维护区、以保障内流调节区生态安全为重点的南部荒漠草原生态保育区的生态保护与修复分区布局。

7.2.1 分区方案

在重点生态区域识别和关键生态过程分析基础上，综合考虑全区不同区域的生态类型和功能定位、关键生态过程和生态关联关系、面临的主要生态环境问题及其成因，紧紧围绕青山不老、银水长流、草原昌盛、绿洲常在的目标和水这一核心因子，坚持以生命共同体为导向，坚持“抚育山区、稳定荒漠、优化绿洲”方针，以矿山生态修复、流域水环境安全保障、湿地修复、天然草场恢复与荒漠化防治、天然林草保育、生物多样性保护等为重点（表7-1、图7-2）。

表7-1 阿勒泰地区生态保护与修复分区

片区	范围	面积/km^2	占比/%
北部阿尔泰山生态功能涵养区	包括阿勒泰地区北部的山地丘陵区域，行政区划包括阿勒泰市、布尔津县、富蕴县、哈巴河县、青河县、福海县	43 182.66	36.68
中部“两河一湖”生态安全维护区	包括阿勒泰市、北屯市、布尔津县、福海县、富蕴县、哈巴河县、吉木乃县、青河县低山丘陵及冲积洪积平原	39 633.42	33.67
南部荒漠草原生态保育区	主要包括阿勒泰地区南部的低山丘陵荒漠区，包括福海县、富蕴县、青河县	34 900.88	29.65

7.2.2 分区特征与重点任务

（1）北部阿尔泰山生态功能涵养区

该区域是“两河一湖”的源头区，主要起到水源涵养、生物多样性维持、水土保持等功能。分布范围主要包括阿勒泰地区北部的山地丘陵区域，行政区划包括阿勒泰市、布尔津县、富蕴县、哈巴河县、青河县、福海县，面积43 182.66 km^2，占阿勒泰地区面积比例的36.68%。按照国家主体功能区划，该区主要属于国家重点生态功能区以及国家级、省级禁止开发区。山区生物资源十分丰富，是《中国生物多样性保护与行动战略（2011—2030年）》中划定的35个生物多样性优先保护区域之一。矿产资源丰富，有金、铜、锡和稀有金属、云母、宝石等大型成矿带，盛产稀有金属、白云母及宝石矿，已知矿床（点）百余处。生态系统以草地和森林生态系统占主导，分布有寒温带泰加林，是西伯利亚动植物种类在我国集中分布的代表区域，以西伯利亚落叶松为主，还包括西伯利亚冷杉、西伯利亚云杉、西伯利亚红松，在河谷和山坡下部则有疣枝桦、山杨等次生林。

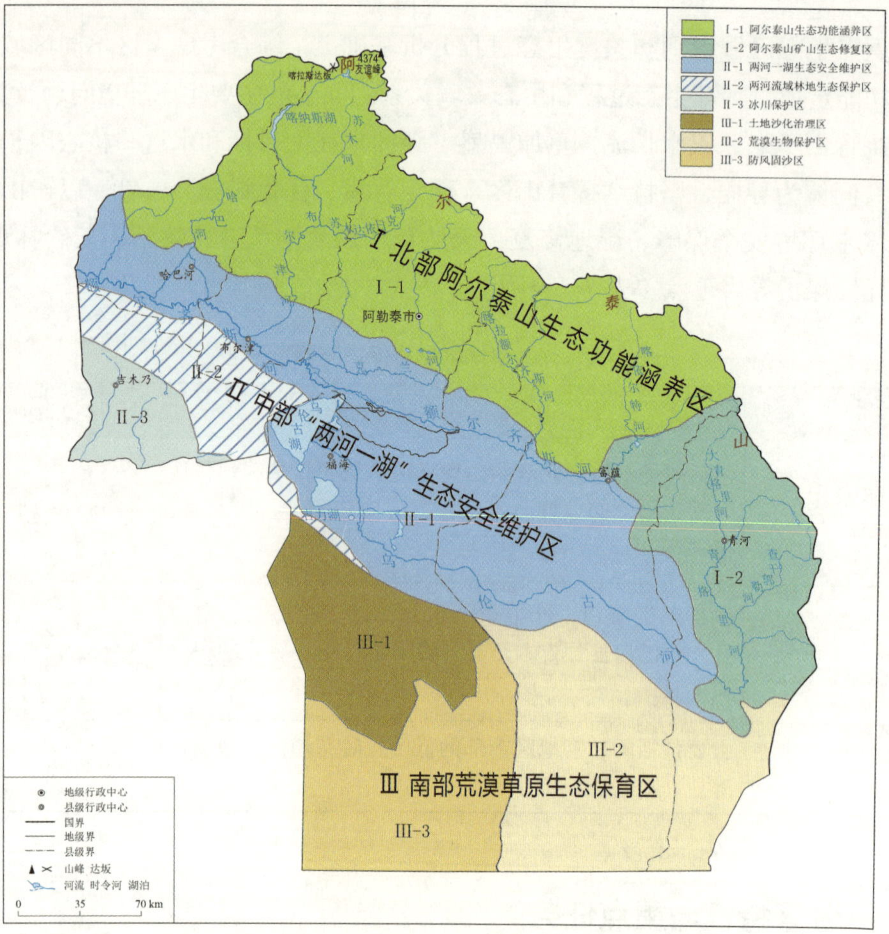

图 7-2 阿勒泰地区生态保护与修复分区图

存在的主要生态环境问题有：

1）矿产资源开采造成生态破坏。砂金、稀有金属和非金属矿基本为露天开采，破土、出渣破坏地貌和地表植被，诱发水土流失，引发坍塌、滑坡和泥石流等地质灾害。破坏严重的区域主要分布在开采历史较长的矿区及砂金、砂铁矿采区（图 7-3），包括可可托海稀有矿采区、福海县红山嘴新金沟砂金采区、西岔河砂金采区、额尔齐斯河砂金开采区、富蕴县克林砂金采区、多拉纳萨依金矿采坑、萨尔布拉克金矿、福海县喀拉塑克采砂场、青河县砂铁矿开采区等区域。

2）森林生态功能降低。采矿、水资源开发和过度放牧等，在一定程度上导致了阿尔泰山区生态系统的退化，引起生态系统涵养功能下降，威胁生物多样性功能发挥。

主要表现为森林老化退化，采矿造成的生态破坏、湿地草场退化、水土流失等（图 7-4）。

图 7-3　采矿废弃地图

（资料来源：《新疆额尔齐斯河流域山水林田湖草生态保护修复工程实施方案》）

图 7-4　退化、毒化森林草地图（保留的草本为毒草——乌头）

（资料来源：《新疆额尔齐斯河流域山水林田湖草生态保护修复工程实施方案》）

3）水土流失与生境破碎化。暴雨和融雪性洪水时期，阿尔泰山区河水呈现出浑浊的黄褐色甚至黑褐色的现象比较普遍，除了过度放牧造成植被破坏的原因外，另外一个重要原因是山区简易公路受到冲刷（图 7-5）。

图 7-5　阿尔泰山体裸露与克兰河洪水图

（资料来源：《新疆额尔齐斯河流域山水林田湖草生态保护修复工程实施方案》）

此外，过度放牧和采矿、水资源开发、农业开发以及气候变化、生态系统破碎化和人为干扰增强，在一定程度上导致了阿尔泰山区生态系统的退化，威胁了野生动物的繁衍生息，对当地生物多样性、生态系统的完整性产生影响，引起生物多样性功能降低。

针对以上问题，北部阿尔泰山生态功能涵养区生态保护修复的重点任务包括：

一是加大矿山生态修复治理力度，减轻区域生态环境风险。一方面，对重点废弃矿区和裸露沙石进行回填平整，治理水土流失、修复20世纪采矿留下的生态“伤疤”，恢复本区自然生态环境，使生态建设步入良性发展的轨道。另一方面，要加大对公路沿线、城市周边、旅游线路等重点区域的受损地质环境修复，减轻因采矿和工程开发而造成的地质环境灾害等生态风险。

二是加大林草植被修复力度，提升水土保持和生物多样性维护功能。一方面，要加大退耕退牧还林还草还湿力度，还空间于生态，扩大生态空间的面积；另一方面，要加强森林营造和抚育力度，对老化、退化林地进行人工更新抚育，强化低效林改造和宜林地造林，提升森林质量、数量，增强其调节气候、涵养水源的功能。此外，要突出对重点区域、重点廊道的修复，增强生态系统连通性，降低破碎度，提高栖息地质量。

三是加强尾矿修复与综合利用，促进生态保护修复与生态发展同步提升。一方面，要加大对尾矿废弃矿渣废渣的处置利用，把治理修复与综合利用结合起来，有效消除尾矿带来的生态环境风险。另一方面，在推进矿山修复和林草植被修复过程中，要把促进区域产业转型和农牧民生产生活转型作为重点方向，尤其是要做好资源枯竭型矿山的转型发展探索，使农牧民转变为生态保护的获利者。此外，要加强生态环境监测监管能力建设，促进当地经济社会稳步发展。

（2）中部“两河一湖”生态安全维护区

该区属于“两河一湖”生态安全保障的核心区，主要起到“两河一湖”生态缓冲调节的作用，同时也是水、牧、农等生态产品供给和生产的主要区域。主要指阿勒泰地区的中部区域，属于额尔齐斯河流域和乌伦古湖流域，包括阿勒泰市、北屯市、布尔津县、福海县、富蕴县、哈巴河县、吉木乃县、青河县，面积39 633.42 km^2，占阿勒泰地区土地面积比例的33.67%。该区属于国家重点生态功能区，以山地丘陵和山前冲洪积平原为主，以荒漠和草地生态系统为主，分布面积分别占该片区总面积的53.3%、25.08%。同时区域内是绿洲分布的核心区，区内工农业生产等人类活动主要集中于这一区域。

存在的主要生态环境问题有：

1）湿地退缩。水利工程开发对下游区域的湿地产生影响，远离河道的区域由于水分条件的改变，生态群落向旱生类型演替。克兰河下游科克苏湿地面积萎缩、破碎度增加、集中度降低，趋于分散分布（图 7-6）；土壤盐渍化。阿勒泰地区共有次生盐渍化耕地 10 742.0 hm^2，占耕地总面积的 10.4%。全区因盐渍化和沼泽化弃耕地达 2.4 万 hm^2。

图 7-6　退化和未退化泥炭湿地对比图

（资料来源：《新疆额尔齐斯河流域山水林田湖草生态保护修复工程实施方案》）

2）乌伦古湖水质有待提高。由于过度截流，水量减少，降低了水环境容量，导致水质恶化等。2017 年，克兰河、额尔齐斯河、乌伦古河 11 个监测断面水质类别均符合Ⅱ类水质标准，断面水质状况均为优；布尔津河、哈巴河、卡依尔特斯河、库依尔特斯河、阿拉克别克河、别列则克河 6 条一般性河流水质均符合Ⅱ类水质标准；喀拉额尔齐斯河、卡依尔特河与库依尔特斯河汇合断面符合Ⅲ类水质标准，水质状况为“良好”。2017 年喀纳斯湖水质状况为良好，乌伦古湖水质为重度污染，主要污染物为化学需氧量、氟化物、硫酸盐、氯化物等。

3）天然草场退化。根据阿勒泰地区草地资源调查数据，近 20 年来，阿勒泰地区草原一直处于超载状态，受超载放牧和病虫害、天然灾害、无序开发等的影响，73% 的天然草场出现退化，其中严重退化的草地面积约占 40%（图 7-7）。近年来由于周边植被的破坏以及沙质荒漠草地的严重退化，乱挖烧柴、超载放牧、鼠类危害等对天然植被破坏严重，生态极为脆弱。

图 7-7　过牧造成的山道海子草地退化图

（资料来源：《新疆额尔齐斯河流域山水林田湖草生态保护修复工程实施方案》）

4）河谷林退化。由于过度截流，特别是大型引水设施的修建，使河流水量减少，水位降低，导致河谷林森林群落快速衰退，加之长期以来的毁林开垦、乱砍滥伐、牲畜啃食等原因，河谷林面积逐年减少（图7-8），林分质量下降，林龄结构不合理，中、幼林恢复困难。珍稀树种银白杨和银灰杨在乌伦古河和额尔齐斯河河谷区已经濒临灭绝，林业生态功能严重下降。

图7-8 退化河谷林图

（资料来源：《新疆额尔齐斯河流域山水林田湖草生态保护修复工程实施方案》）

总体来看，中部“两河一湖”区域既是人类活动的集中区域，也是生态保护修复的重点区域。该区域是阿勒泰人民生存繁衍、生活生产的重点区域，保护好两河流域的生态环境，对阿勒泰地区乃至全疆至关重要。针对以上问题，重点任务包括：

一是加强河湖生态修复，提升“两河一湖”水生态安全水平。一方面要加强河湖水系连通和生态补水，满足河湖基本生态需水，提升河湖的自净能力和生态功能；另一方面要加大河湖湿地的保护和修复，尤其是乌伦古湖，重建河湖湿地生境，重建河湖生态缓冲带，提升水质净化、生物多样性维护等生态功能。同时要加强“两河一湖”主要支流河道及其两侧的综合治理，减轻水土流失、地质灾害，提高水源涵养、水质净化、土壤保持等功能。确保“两河”水质保持优良、乌伦古湖水质和生态系统稳步改善。

二是加强草地生态修复，提升草地承载力和调节能力。一方面要加大退耕还草、退牧还草力度，扩大草地生态空间，减轻草地生态压力；另一方面要加大对退化草地的生态修复，以生态淹灌为重要手段，实现草地的自然修复。此外，要加大对天然草原的保护力度，通过补播草原、除害草、生态移民等手段，提升草原的生产力。通过提升草地生态质量，恢复和增强草地在水土保持、污染净化等方面的调节作用。

三是加强绿洲的生态修复治理力度，削减各类污染源。一方面，要加强绿洲生态功能提升，加强城镇绿化和生态屏障建设，提升农田生态防护功能，在改善区域人居环境的同时增强污染物生态拦蓄能力；另一方面，要着力削减绿洲内部的各类污染源，加大农业面源污染治理，强化重点区段的水质治理，确保区内饮用水水源地水质和各主要支流入河断面水质的稳定达标。

四是注重整体保护，强化生态治理能力提升。在提升污水垃圾等方面治理能力的同时，着力做好监测预警、科技支撑等能力的提升。针对区域干旱特征，做好人工调控降水工作，从区域水平提升生态需水的稳定补给能力。强化布尔津、吉木乃周边沙化土地治理，防止荒漠化扩张。还要做好生物多样性的保护，重点是做好“两河一湖”生态系统旗舰物种的种群恢复。通过综合实施各类工程确保河流出境断面稳定达标。

（3）南部荒漠草原生态保育区

该区是荒漠化防治和生物多样性保护的重点区。主要范围包括阿勒泰地区南部的低山丘陵荒漠区，包括福海县、富蕴县、青河县，面积 34 900.88 km^2，占阿勒泰地区土地面积的 29.65%。该区基本是常年无地表径流区，但洪流较为发育，是该区植被生长滋养的水分来源，也是地下水的主要补给水源。区内植被受水源条件的制约，一般大的汇水洼地和侵蚀沟谷内，地下水埋藏较浅，植被较为稠密，主要植物有梭梭柴、柽柳等，野生动物以有蹄类动物为主。卡拉麦里自然保护区分布在这一区域。

该区属于国家级重点生态功能区及自治区级禁止开发区，人口聚集度低，以戈壁荒漠为主，海拔高低为 100～500 m，荒漠生态系统占主导类型，分布面积占该片区总面积的 96.21%。该区生态环境十分脆弱，但矿藏资源富存。该区生态保护与修复原则是“宜荒则荒，宜草则草”，实施生态修复、荒漠化治理，开展禁牧、休牧，退出矿产开采，加强生物多样性研究与保护。目前存在农田开垦造成的地下水位下降、荒漠化加剧，以及矿产资源开发造成的生态破坏、荒漠化、生物多样性受到威胁等问题。

针对以上问题，该区域重点任务包括，一是加大重点区域的荒漠化治理，重点是卡拉麦里山周边，强化封禁保护、植被生境恢复和生态廊道建设。二是加强矿山生态修复，重点是推进青河沙铁矿区的生态修复。三是加强农田绿洲的治理，开展退耕退牧还草，扩大自然生态空间，促进农牧民转产转业，减少人类活动的干扰。四是加强治理能力提升，尤其是生态管护能力和监测预警能力等。通过加大保育力度，降低荒漠化的发生，保持荒漠生态系统的健康稳定。

7.3　阿勒泰地区关键生态过程分析

7.3.1　流域水土迁移过程分析

流域土壤侵蚀迁移过程与流域水文过程高度一致，因此流域水土迁移过程可以通过流域分析进行揭示。

额尔齐斯河流域可以分为额尔齐斯河、乌伦古河、吉木乃诸小河 3 个子流域，其中额尔齐斯河流域自东向西又分为库依尔特斯河和卡依尔特斯河、喀拉额尔齐斯河、克兰河、布尔津河、哈巴河等几个小流域，几个小流域均为自北向南流向，见图 7-9、表 7-2。

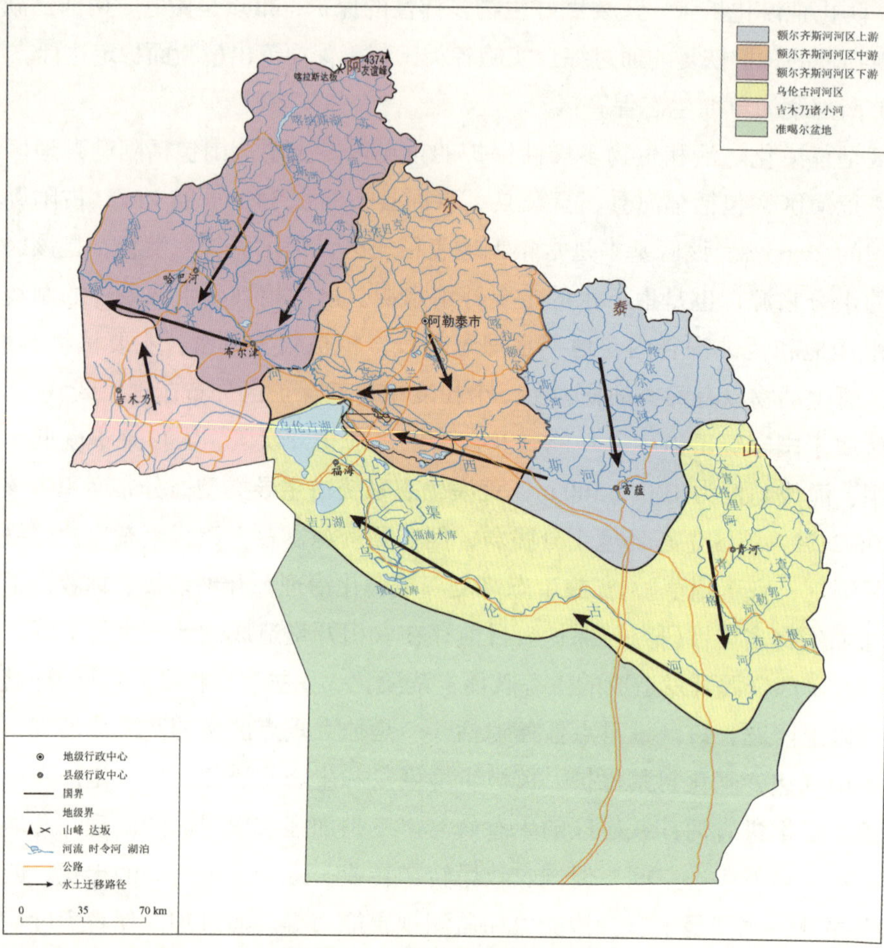

图 7-9 流域水土迁移路径图

表 7-2 额尔齐斯河主要支流河道特征

支流名称	岸别	集水面积 /km^2	河长 /km	天然落差 /m	比降 /‰
库依尔特斯河	右	1 965	75	1 210	16.13
卡依尔特斯河	右	2 940	106	930	8.75
喀拉额尔齐斯河	右	6 669	200	2 053	10.37
克兰河	右	1 545	215	2 240	10.42

续表

支流名称	岸别	集水面积 /km²	河长 /km	天然落差 /m	比降 /‰
布尔津河	右	8 422	145	514	3.45
哈巴河	右	6 494	111	500	4.51
别列孜河	右	—	108	530	4.91

乌伦古河在额尔齐斯河以南，也发源于阿尔泰山东段南麓，即青河县北部的阿尤山、三道海子。支流自北向南有小青河、查干郭勒河和布尔根河（发源于蒙古国境内），先后在青河县境内汇集为乌伦古河。上游流向偏南，在二台峡谷突然折向西北，沿途流经富蕴、福海两县中部，并在福海县城西南先流入吉力湖（小海子），继经库依尕河，最后归入乌伦古湖（原名布伦托海）。

吉木乃诸小河以前在丰水年河水可流到额尔齐斯河，为额尔齐斯河的支流。近十多年，即使河流发生洪水，也无水流到额尔齐斯河北岸，各条小河自成水系。

从额尔齐斯河干支流顶托关系来看，额尔齐斯河的中下游的哈巴河、布尔津河、克兰河等对于额河干流具有重要的顶托关系。通过洪水顶托和生态灌水，为干流滨河湿地及干支流交汇处的湿地发育提供了重要条件。额尔齐斯河与乌伦古湖连通后，“两河”水系形成连通，乌伦古湖也将有效调控额尔齐斯河的洪峰，见图 7-10。

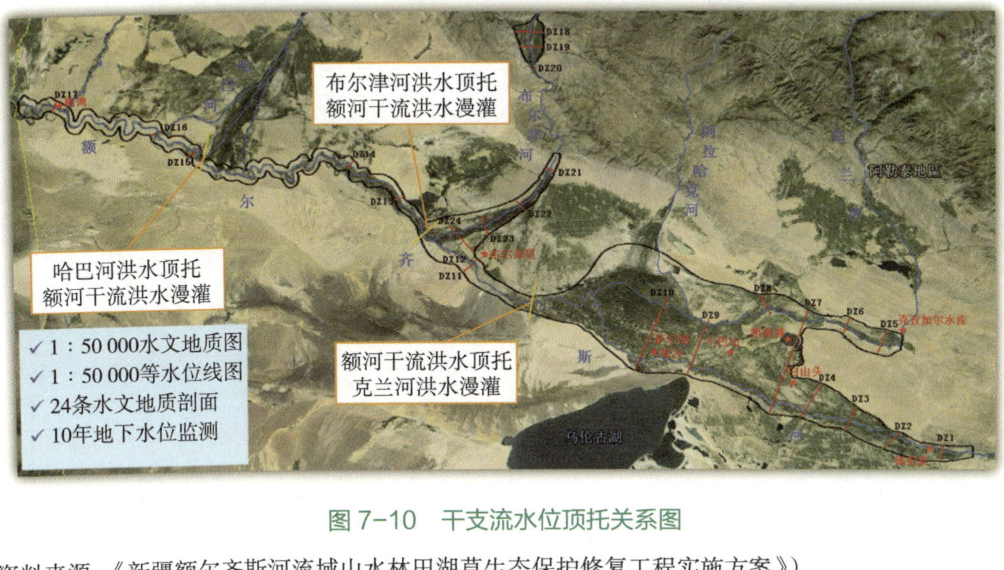

图 7-10　干支流水位顶托关系图

（资料来源：《新疆额尔齐斯河流域山水林田湖草生态保护修复工程实施方案》）

7.3.2　流域控制单元划分

目前基于控制单元的水污染管理已经成为国际水环境保护领域的主要趋势，我国也已开始推行流域控制单元管理。这一方法通过分析水陆响应关系建立污染排放与水质响应关系，以控制单元为基础落实流域水环境容量分配方案，实现以水生态承载力优化流域产业合理布局，为协调控制单元上下游冲突矛盾问题提供了有效途径。在有效衔接流域水自然特征和水资源三级分区基础上，以控制断面（节点）为基点，综合考虑污染源分布、社会经济、土地利用等诸因素，建立“关键控制节点—控制河段—对应陆域”的水陆响应关系，形成流域控制单元划分方案，见图 7-11。

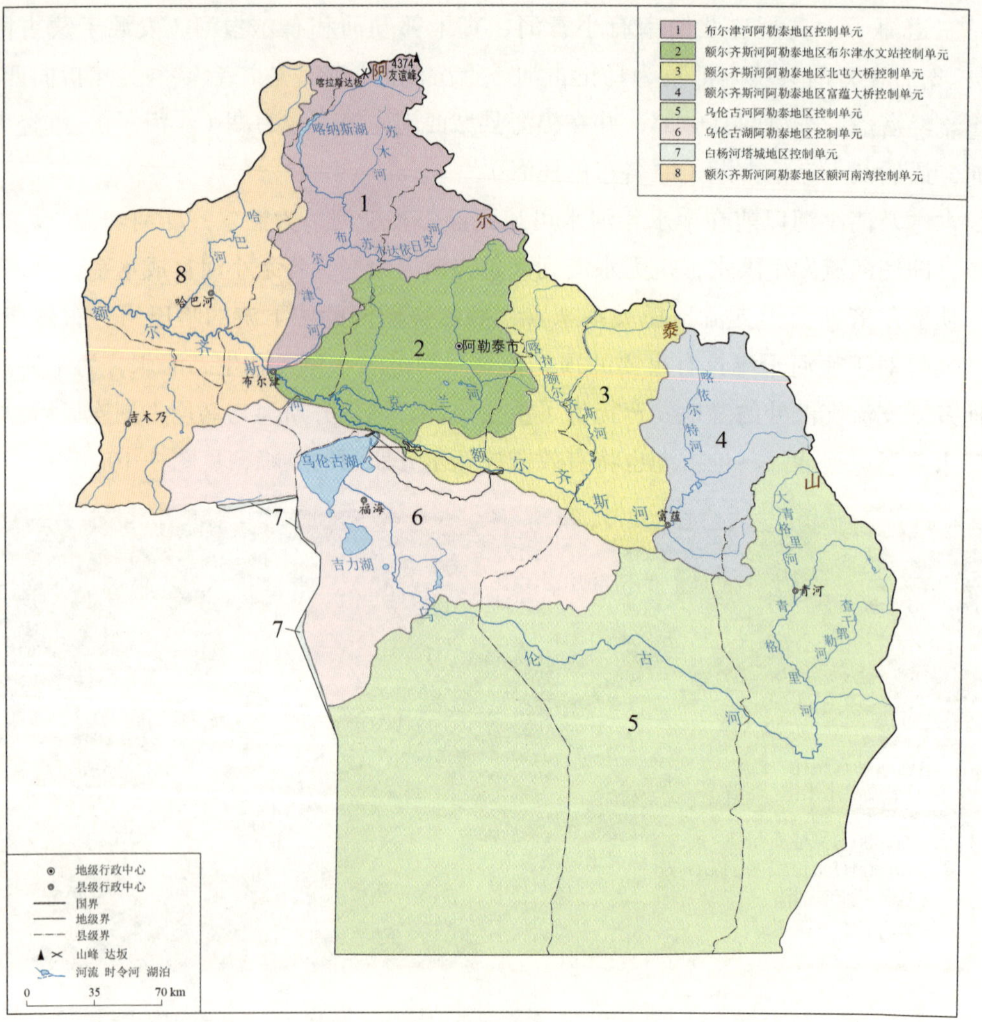

图 7-11 流域控制单元分区图

额尔齐斯河流域可以分为乌伦古湖阿勒泰地区控制单元、额尔齐斯河阿勒泰地区北屯大桥控制单元、白杨河塔城地区控制单元、额尔齐斯河阿勒泰地区富蕴大桥控制单元、额尔齐斯河阿勒泰地区布尔津水文站控制单元、额尔齐斯河阿勒泰地区额河南湾控制单元、布尔津河阿勒泰地区控制单元、乌伦古河阿勒泰地区控制单元 8 个控制单元。分别对应乌伦古湖断面（湖中心、南部渔政点、乌伦古湖码头）、北屯大桥、白杨河水库出口、富蕴大桥、布尔津水文站、额河南湾、布尔津河大桥、顶山监测断面控制区域。乌伦古湖阿勒泰地区控制单元为水质改善型，其余均为水质维护型。

7.3.3　鱼类产卵场及洄游路线判识

额尔齐斯河发源于新疆阿尔泰山南坡，是中国唯一流入北冰洋的国际河流，一年之中有近 5 个月的封冰期，独特的水域生态环境，养育了西伯利亚鲟、江鳕、白斑狗鱼、额河银鲫、河鲈等 30 多种名贵冷水性鱼类。其中有 6 种鱼类被列入自治区重点保护水生野生动物名录，分别为长颌白鲑、北极茴鱼、小体鲟、西伯利亚鲟、高体雅罗鱼、阿勒泰杜父鱼，哲罗鲑被列入伊犁哈萨克自治州重点保护水生野生动物。从鱼类产卵场及洄游路线来看，克兰河、布尔津河及额尔齐斯河干流是鱼类重要的产卵场及洄游通道，见图 7-12。

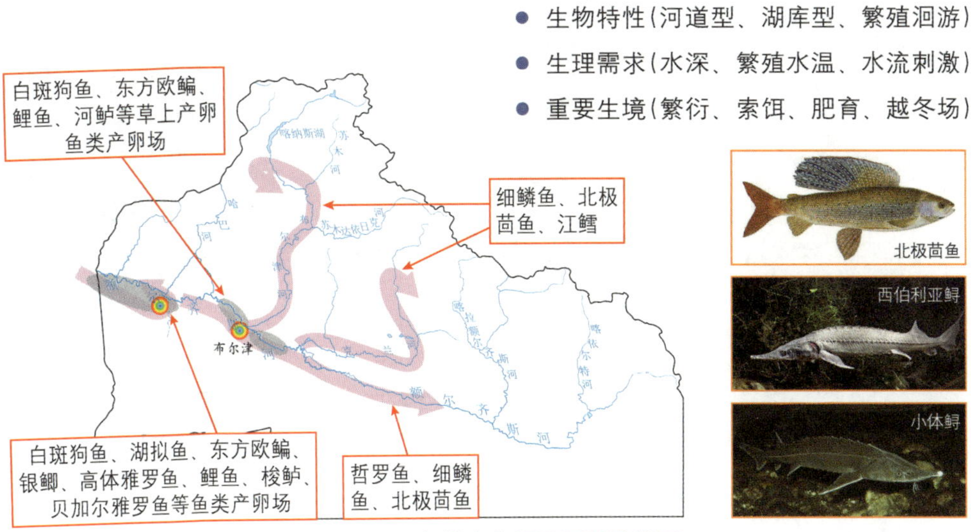

图 7-12　鱼类产卵场及洄游路线图

（资料来源：《新疆额尔齐斯河流域山水林田湖草生态保护修复工程实施方案》）

7.3.4　景观生态源汇过程与生态安全格局分析

空间格局和生态过程是相互联系的。景观的空间格局影响能量、物质以及信息在景观中的运动，可以用“源（汇）—通道—节点”的一般模式来表示。通过对生态过程潜在的和表面的空间分析，可以判别和设计景观生态安全格局，实现对生态过程的有效控制。“识别源地—构建阻力面—提取廊道”的研究框架业已成为生态安全格局构建的基本模式。其中，生态源地是指对区域生态安全有重要意义或具有辐射功能的生境斑块，是构建生态安全格局的基础。阿勒泰生态安全格局见图 7-13。

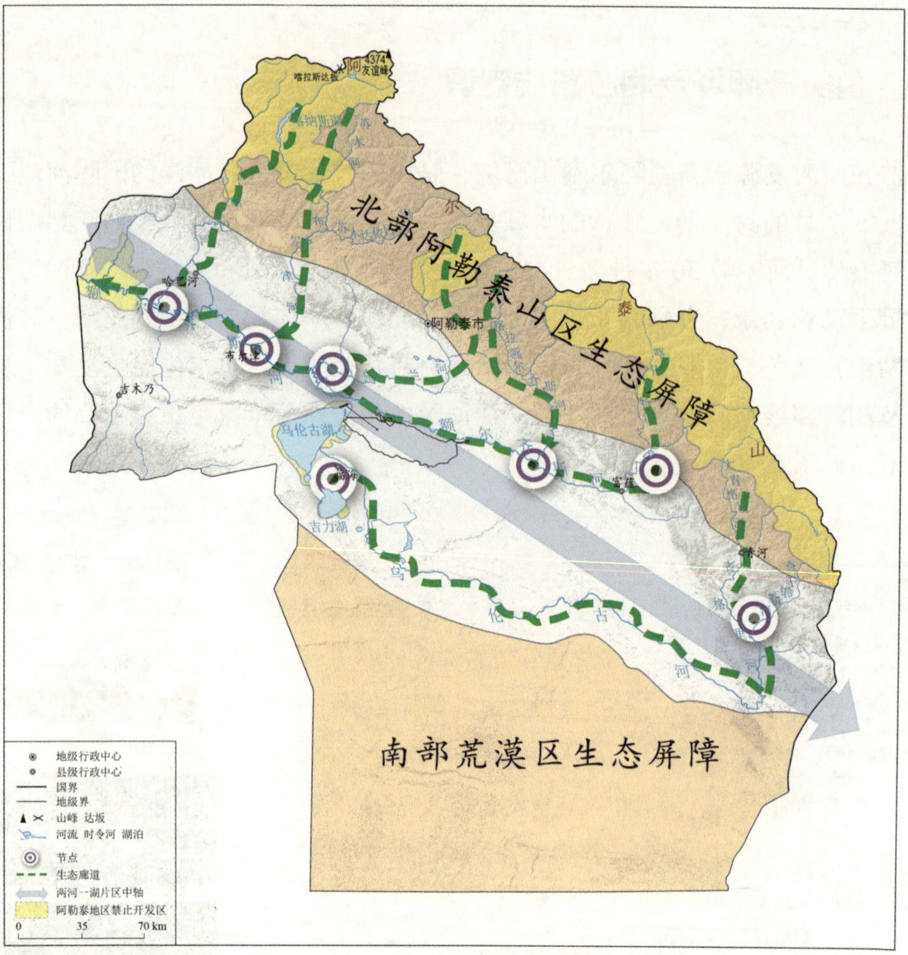

图 7-13　生态安全格局图

本方案选取阿勒泰地区禁止开发区作为生态源区，把地形、生态系统类型作为阻力因子，基于最小累积阻力模型识别生态廊道，构建生态安全格局。评估结果显示，额尔齐斯河的干流和几大支流在联系自然保护区、森林公园、湿地公园等重要生态源区方面具有重要的生态廊道作用。结合生态系统的特征和功能定位，构建形成了“一轴、两屏、六廊道、多节点”的生态安全格局。其中“一轴”是指以额尔齐斯河干流为核心的“两河一湖”片区中轴，“两屏”分别为北部阿勒泰山区和南部荒漠区，“六廊道”包括乌伦古河、哈巴河、克兰河、布尔津河、喀拉额尔齐斯河等，“多节点”为阿勒泰地区的禁止开发区以及生态廊道交会点。

7.4　阿勒泰地区重点生态修复区域识别

7.4.1　自然保护地

阿尔泰“两河”流域内的保护地建设可追溯至 1980 年前后，近 15 年，发展迅速。1980 年由新疆维吾尔自治区人民政府批准成立的哈纳斯自然保护区和布尔根河狸自然保护区，是新疆地区最早建立的自然保护区。随后，1986 年又批准成立了金塔斯山地草原类草地自然保护区、卡拉麦里有蹄类自然保护区。进入 2000 年之后，自然保护区又新增 3 处。2000 年国土资源部着手进行国家地质公园建设，随后，流域内设立国家地质公园 2 处。流域内森林公园建设始自 1998 年，截至 2017 年自治区以上级别的森林公园达 11 处。2005 年国家湿地公园开始进行试点建设之后，流域内批建国家湿地公园 9 处。2006 年国务院公布《风景名胜区条例》之后，流域内新增风景名胜区 1 处。2011 年农业部公布《水产种质资源保护区管理暂行办法》，之后，流域内批建国家级水产种质资源保护区 5 处。统计来看，2000 年以来，尤其是 2010 年以来，流域内保护地建设快速发展，截至 2017 年，自治区级以上保护地总数已达 35 处，见表 7-3、图 7-14。

表 7-3　阿尔泰“两河”流域地区的保护地名录

保护地类型	名称	级别	设立时间（年）	面积 /km²
自然保护区	哈纳斯国家级自然保护区	国家级	1980/1986	2 201.62
	布尔根河狸国家级自然保护区	国家级	1980/2013	50.00
	卡拉麦里有蹄类自然保护区	自治区级	1986	
	金塔斯山地草原类草地自然保护区	自治区级	1986	567.00
	阿勒泰科克苏湿地自然保护区	国家级	2001	306.67
	阿尔泰山两河源自然保护区	自治区级	2001	6 808.00
	额尔齐斯河科克托海湿地自然保护区	自治区级	2005	990.43
森林公园	贾登峪国家森林公园	国家级	2002	389.85
	白哈巴国家级森林公园	国家级	2002	483.76
	哈巴河白桦国家森林公园	国家级	2010	247.00
	阿尔泰山温泉国家森林公园	国家级	2010	887.93
	福海森林公园	自治区级		28.82
	神钟山森林公园	自治区级		680.70

续表

保护地类型	名称	级别	设立时间（年）	面积 /km²
森林公园	青河县青格里河森林公园	自治区级		19.09
	大青河森林公园	自治区级		312.36
	布尔津森林公园	自治区级		88.85
	额尔齐斯河北屯森林公园	自治区级		98.00
	小东沟森林公园	自治区级		14.95
水产种质资源保护区	喀纳斯湖特有鱼类国家级水产种质资源保护区	国家级	2009	45.73
	乌伦古湖特有鱼类国家级水产种质资源保护区	国家级	2010	30.00
	库依尔特河北极茴鱼国家级水产种质资源保护区	国家级	2011	6.12
	哈巴河国家级水产种质资源保护区	国家级	2013	6.67
	额尔齐斯河科克苏段特有鱼类国家级水产种质资源保护区	国家级	2013	
湿地公园	阿勒泰克兰河国家湿地公园	试点	2011	75.25
	乌齐力克湿地公园	国家级	2011	868.73
	福海县乌伦古湖国家湿地公园	国家级	2012	1 271.55
	青河县乌伦古河国家湿地公园	国家级	2014	135.90
	吉木乃县高山冰缘区国家湿地公园	国家级	2014	49.65
	富蕴县可可托海国家湿地公园	试点	2014	30.11
	布尔津县托库木特国家湿地公园	试点	2014	11.74
	哈巴河阿克齐国家湿地公园	试点	2016	12.5
	丰庆湖国家湿地公园	试点	2017	
地质公园	布尔津喀纳斯湖国家地质公园	国家级	2004	875.00
	富蕴可可托海国家地质公园	国家级	2005	619.40
风景名胜区	哈纳斯风景名胜区	国家级	2007	1 280.00

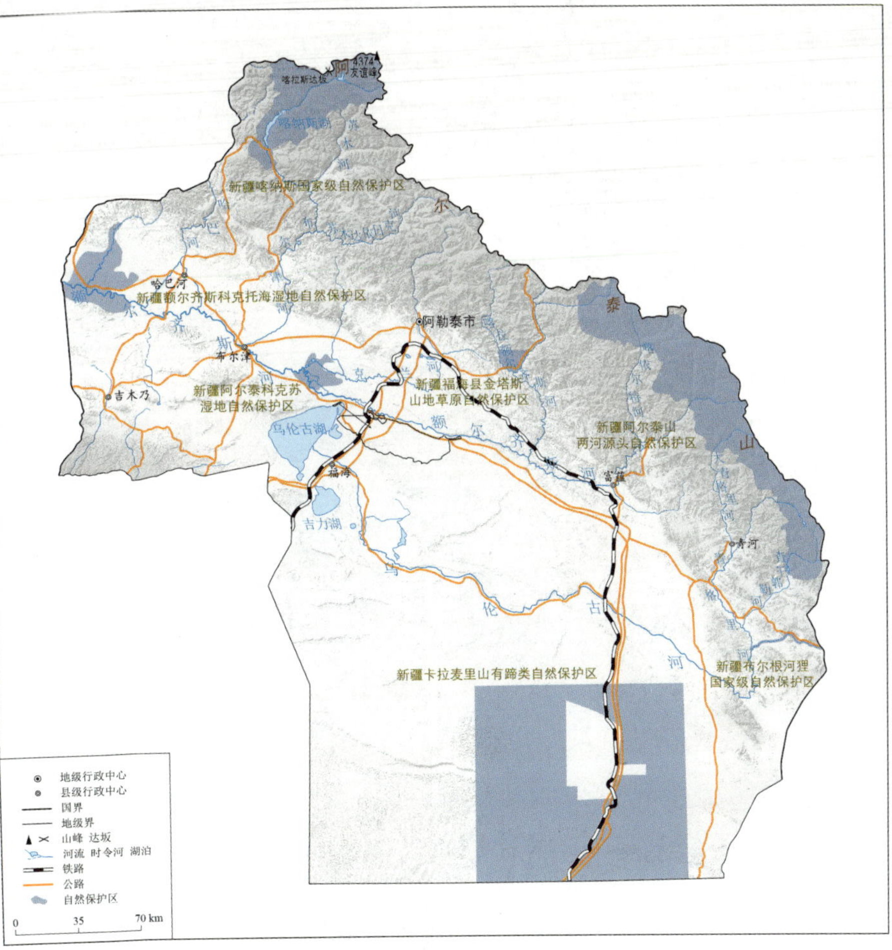

图 7-14　阿勒泰地区自然保护区分布图

7.4.2　生态重要区

（1）生物多样性优先区

区内有 6 类 42 个保护地：自然保护区、风景名胜区、森林公园、地质公园、湿地公园、集中式饮用水水源保护区。其中，国家级保护地 15 个，总面积约 7 116.31 km^2，占功能区总面积的 22.75%；自治区级保护地 27 个，总面积 24 170.10 km^2，占功能区总面积的 77.25%。阿勒泰地区共建立 7 个自然保护区（其中国家级 3 个）、11 个森林公园（其中 4 个为国家级）、9 个湿地公园（其中 4 个为国家级湿地公园）、地质公园 3 个（2 个为国家级）。《中国生物多样性保护战略与行动计划（2011—2030 年）》《新疆维吾尔自治区生物多样性保护战略与行动计划（2011—2030 年）》，均将阿勒泰地区列入行动计划优先保护区域。2010 年新疆阿尔泰山被列为世界自然遗产预备清单，见

图 7-15。

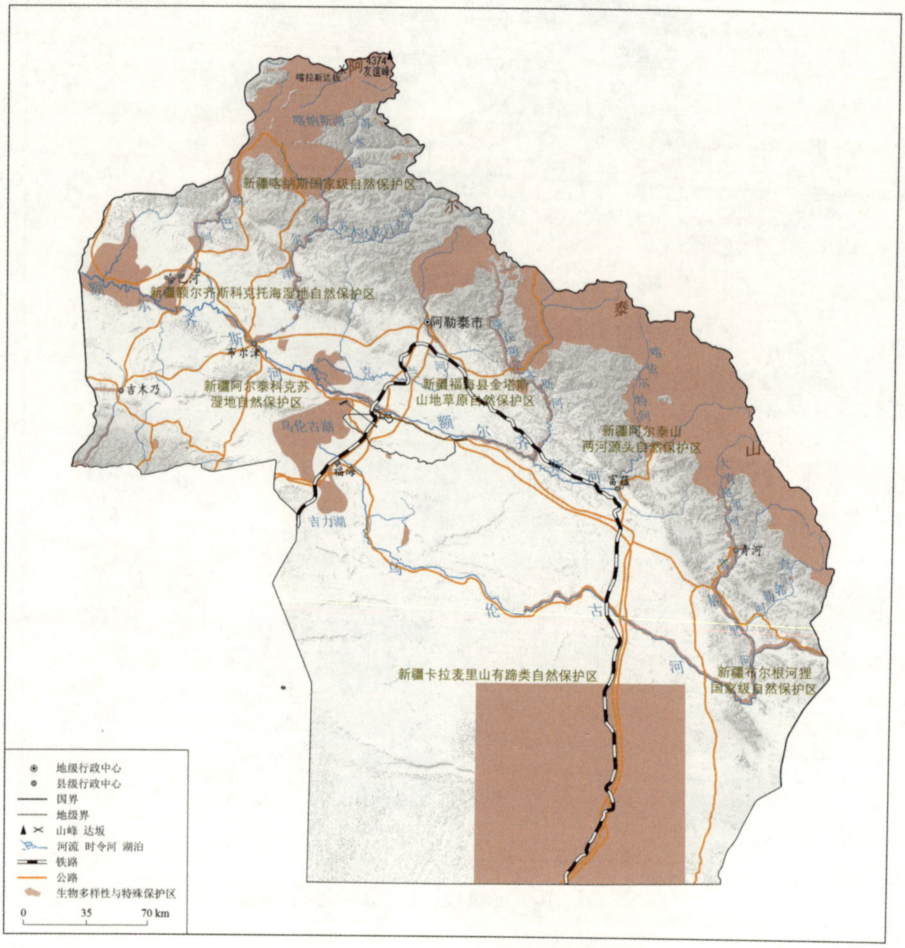

图 7-15 生物多样性与优先保护区图

（2）水源涵养重要区

水源涵养重要区分布在阿勒泰市、哈巴河县、布尔津县、吉木乃县、福海县、富蕴县、青河县，兵团 181 团、182 团、183 团、185 团、186 团、187 团、188 团均有分布，其中，富蕴县和布尔津县的面积较大。水源涵养区主要由冰川、永久积雪、冻土和高寒草甸、森林和山地草甸草原组成。

（3）水土保持重要区

水土保持重要区位于阿尔泰山和萨吾尔山的低山带。主要由山地草原、半荒漠草原组成。水土保持区在吉木乃县、哈巴河县、布尔津县、阿勒泰市、福海县、富蕴县、青河县，兵团 181 团、186 团均有分布，青河县所占比例最大，其次是富蕴县和阿勒泰市。

（4）防风固沙功能重要区

防风固沙功能重要区分布在西部的两山之间、中部的“两河”之间和东南部的准噶尔盆地。主要由戈壁、低山残丘、半流动和半固定沙地组成。主要沙漠有阿克库姆、布兰迪库姆、土里克留库姆、恰夏克多、萨拉尔库姆、塔孜库姆、恰乌卡尔沙漠等，见表 7-4。

表 7-4　生态重要区各等级占比

生态重要区	一般重要 /%	重要 /%	极重要 /%
水源涵养重要区	54.9	16.6	28.5
水土保持重要区	94.2	5.0	0.8
防风固沙功能重要区	80.8	10.3	8.9

7.4.3　生态敏感区

水土流失敏感区主要分布在水土保持重要区位于阿尔泰山的高山带。在哈巴河县、布尔津县、阿勒泰市、富蕴县、青河县、吉木乃县均有分布，青河县分布面积最大。其中一般敏感、敏感、极敏感区占比分别为 95.5%、3.6%、0.9%，见图 7-16。

防风固沙敏感区主要分布在西部的两山之间、中部的“两河”之间和东南部的准噶尔盆地，哈巴河县、布尔津县、福海县、富蕴县、青河县南部和吉木乃县均有分布。其中一般敏感、敏感、极敏感区占比分别为 57.0%、20.3%、22.7%，见图 7-17。

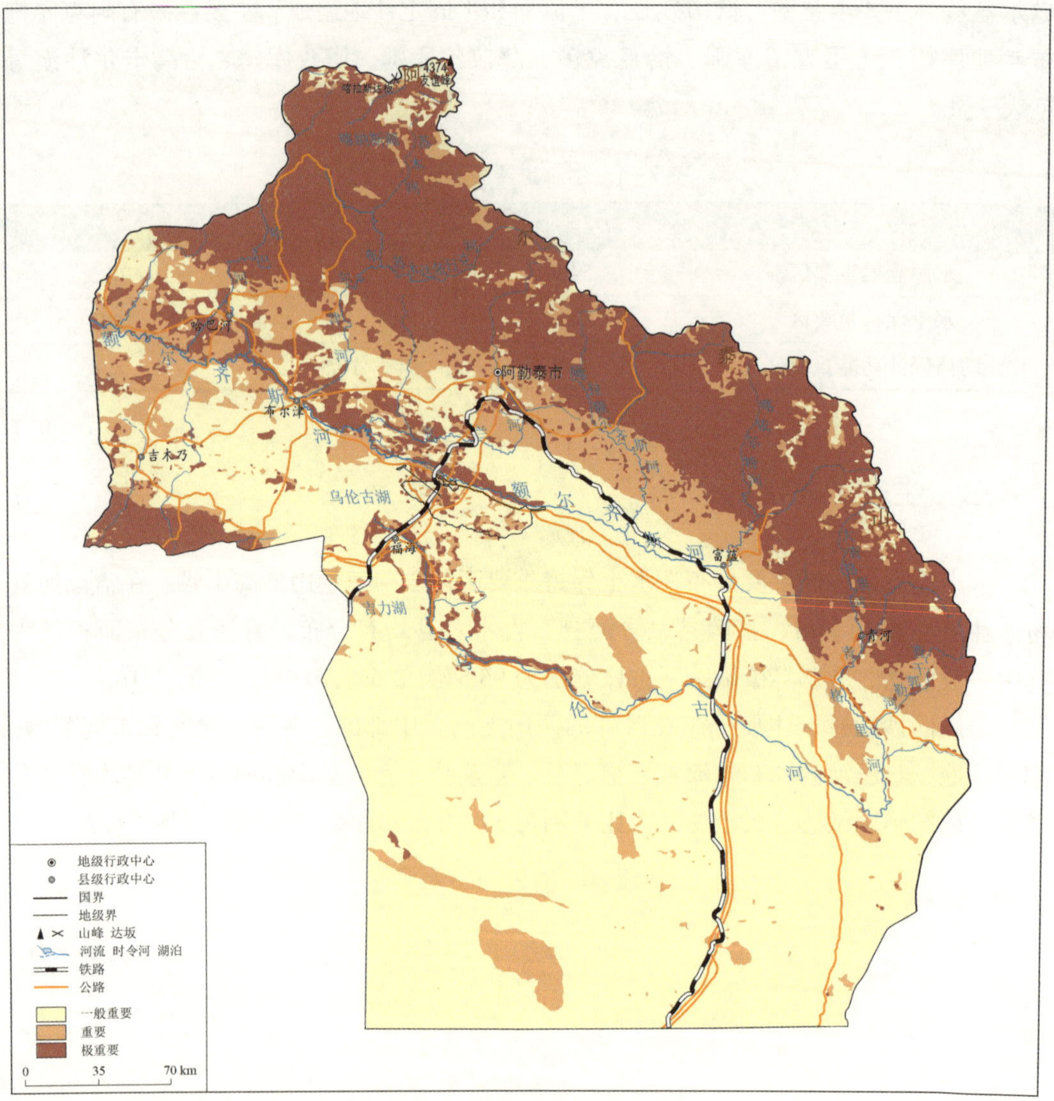

图 7-16　水源涵养重要性评价图

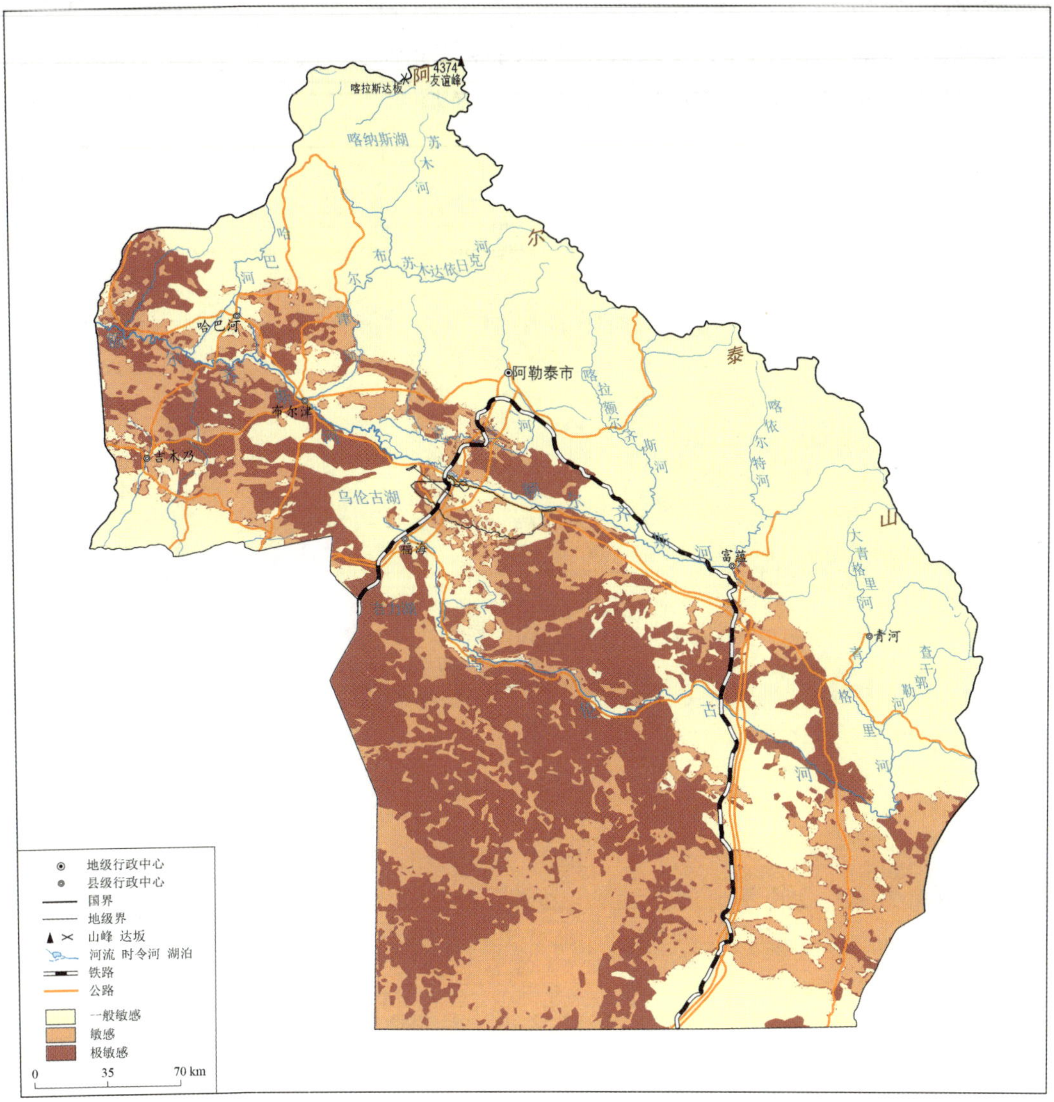

图 7-17　防风固沙敏感性评价图

参考文献

[1] 罗明，于恩逸，周妍，等 . 2019. 山水林田湖草生态保护修复试点工程布局及技术策略 . 生态学报，39(23): 8692-8701.

[2] 彭建，吕丹娜，张甜，等 . 2019. 山水林田湖草生态保护修复的系统性认知 . 生态学报，

39(23): 8755-8762.

[3] 王夏晖，何军，饶胜，等. 2018. 山水林田湖草生态保护修复思路与实践. 环境保护, 46(Z1): 17-20.

[4] 张惠远，李圆圆，冯丹阳，等. 2019. 明确内容标准 强化实施监管——山水林田湖草生态保护修复的路径探索. 中国生态文明 (1): 66-69.

第8章

乌伦古河流域水环境综合治理实践

8.1 乌伦古河流域生态系统现状和格局

本章以乌伦古河流域为例来进一步探讨生态系统的综合保护和修复。根据乌伦古河流域自然环境和自然资源的特点，可将流域生态体系依据地貌特征划分为 5 个系统，即山地生态系统、山前冲洪积倾斜平原生态系统、河谷平原生态系统、人工绿洲生态系统、湖泊生态系统。

乌伦古河流域以点状分布的 5 个自然保护区、国家湿地公园为重要生态保护核心，以阿尔泰山地森林、上游丘陵草原—中游丘陵荒漠—下游平原荒漠草原、人工绿洲、乌伦古湖—尾闾为四大生态屏障，以乌伦古河水系及周边河谷林草为生态廊道，构建“五核四屏一廊”的生态系统格局。

“五核”：以自然保护区和国家湿地公园为生态保护核心，包括阿尔泰山两河源自然保护区、布尔根河狸自然保护区、卡拉麦里山自然保护区，乌伦古河国家湿地公园和乌伦古湖国家湿地公园。

“四屏”：高山森林生态屏障、丘陵荒漠草原生态屏障、绿洲生态安全屏障和乌伦古湖—尾闾生态屏障。

“一廊”：乌伦古河及周边河谷林草组成的生态廊道空间。

8.2 乌伦古河流域水环境治理研究

8.2.1 我国湖泊湿地水环境治理研究现状

湖泊及其流域是人类的主要生境之一，流域内的水、土地、生物以及矿产等资源维系着人类的生存和发展，湖泊、河流、水库和湿地等作为栖息地为物种多样性的维持提供了保障。我国湖泊众多，面积超过 1 km^2 的湖泊有 2 800 多个，总面积约 9 万 km^2。截至 2017 年，中国已建立 57 处国际重要湿地、602 处湿地自然保护区、898 处国家湿地公园，总面积为 53.6 万 km^2，居亚洲第一位、世界第四位。西部地区湿地面积占全国湿地总面积的 51.5%，其中甘肃、青海、宁夏、西藏、贵州、云南、新疆 7 个西部省（自治区）拥有 14 处国际重要湿地和 181 处国家湿地公园，分别占全国总数的 24.56% 和 20.16%，类型涵盖了干旱、半干旱、高原等多种气候地质特征，是鸟类、特殊植被、鱼类等物种的重要栖息地，也是我国黄河、长江等重点流域的源头，承担了区域气候调控、水资源调蓄、生态屏障等多种重要功能。

湿地或多或少担任着区域经济发展载体的角色，但是部分经济发展相对滞后区域，资源不合理开发导致湿地面积逐步萎缩、生态板块破碎化、水资源匮乏、水质恶化，对区域生态安全、生物多样性保护造成不利影响，后期生态修复投入资金巨大、生态风险高等问题逐步凸显。据统计，太湖水危机后，仅江苏省投入太湖流域的治理资金就超 180 亿元，社会投资更是超千亿元，太湖单位面积治理资金超过 741 万元 /km^2。巨大的资金投入是经济欠发达地区难以承受之痛。历史经验教训表明，落实“绿水青山就是金山银山”，构建流域绿色发展模式是从源头降低湿地生态破坏的首要途径。

1992 年，我国正式加入《湿地公约》以来，采取了一系列措施加强湿地资源保护。《中华人民共和国自然保护区条例》《海洋环境保护区管理办法》先后明确了湿地概念，《中华人民共和国水资源污染防治法》《中华人民共和国野生动物保护法》《中华人民共和国环境保护法》《中华人民共和国渔业法》《中华人民共和国草原法》等多部法律从不同角度提出了湿地保护要求。2010 年国家林业局印发了《国家湿地公园管理办法》（2017 年修订），2013 年国家林业局颁布了《湿地保护管理规定》，之后甘肃、山西、内蒙古、宁夏、西藏、新疆等省（自治区）先后颁布地方性湿地保护条例和湿地管理办法，进一步强化湿地自然生态保护，目前湿地保护法已被列入十三届全国人大常委会立法规划。

2014 年环境保护部、国家发展改革委及财政部联合印发了《水质较好湖泊生态环境保护总体规划（2013—2020 年）》，设立了“良好湖泊生态环境保护专项资金”，对我国 365 个水质较好湖泊提出规划措施和要求，其中地处国家级自然保护区或国家级风景名胜区的湖泊有 107 个。截至 2016 年，良好湖泊保护共安排资金 1 978 亿元，其中西部 7 省 31.833 亿元，占全国的比例为 1.61%。2017 年 3 月，国家林业局、国家发展改革委和财政部联合印发了《全国湿地保护“十三五”实施规划》，要求到 2020 年，全国湿地面积不低于 8 亿亩，湿地保护率超过 50%，恢复退化湿地 14 万 hm^2，新增湿地面积 20 万 hm^2（含退耕还湿），建立比较完善的湿地保护体系、科普宣教体系和监测评估体系，明显提高湿地保护管理能力，增强湿地生态系统的自然性、完整性和稳定性。

湿地保护理念与我国环境保护理念同步更迭完善，经历了末端治理—源头治理—生态恢复的发展阶段。2006 年国务院印发《国家中长期科学和技术发展规划纲要（2006—2020 年）》，确定了包括水体污染控制与治理科技重大专项在内的 16 个重大专项，“水专项”实施至今先后经历了“控源减排”“减负修复”和“综合调控”三个阶段，设立了湖泊、河流、城市水环境、饮用水、流域监控、战略与政策六大主题，其中湖泊主题旨在研发不同类型湖泊水污染治理和富营养化控制自主创新的关键技术，形成湖泊水污染和富营养化控制的总体方案，目前以太湖、滇池、巢湖、三峡水库等为例开展了典型湖泊污染治理共性技术研究与示范。

在湖泊湿地环境管理层面，真正意义上利用生态系统方法（Ecosystem Approach）进行管理，或者是实施生态系统管理（Ecosystem Management）还是在 20 世纪 90 年代后。生态系统管理是在对生态系统组成、结构、过程和功能加以充分理解的基础上，制定适应性的管理（Adaptive Management）策略，以恢复或维持生态系统整体性和可持续性，这是目前国内外在流域管理中研究的热点问题。

8.2.2　乌伦古河流域生态环境现状

（1）基础环境概况

新疆远离海洋，深居内陆，降水量整体偏少，气候干燥，蒸发量大，水资源紧缺。近年来，区内湖泊面临面积减少、水质恶化、水盐关系紊乱、水体污染加重等问题（吴敬禄等，2012）。张建平（2010）在博斯腾湖生态环境现状调查基础上，指出了博斯腾湖矿化度逐年升高、水质咸化的问题，且水位降低、芦苇湿地生境减少，造成原生扁吻鱼及塔里木裂腹鱼等绝迹，同时农业开垦种植造成部分湖泊水体有机污染加重；段维东等（2017）分析了 2009 年新疆地区水环境现状、问题，指出乌伦古湖、艾比湖水质为劣于Ⅴ类，超标项目为化学需氧量、氟化物以及高锰酸盐指数，博斯腾湖存在生化需氧量、化学需氧量等有机污染问题。水体矿化度提高、有机污染加重均会对水体生态系统造成一定影响（龙伦明等，2013），且干旱地区闭流型湖泊地下水出湖径流是湖泊盐分排泄的唯一途径（陈洁，2017），一旦湖泊水体矿化度升高，将难以采用常规方式进行修复。因此，分析干旱地区封闭型湖泊水生态问题及其症结所在，并针对性提出解决措施是从源头防控湖泊退化的重要手段。本书结合历史资料分析与实地调研数据，以乌伦古湖为例，从自然演变和人为影响角度分析乌伦古湖水体矿化度升高及有机污染成因，为新疆乌伦古湖水生态环境健康与可持续利用提供科技支撑。

乌伦古湖位于新疆准噶尔盆地北部，阿勒泰地区的福海县境内，由布伦托海（又名大湖或大海子）和吉力湖（又名拷勒湖或小湖）组成，水域总面积 1 027.6 km^2，其中布伦托海水面为 858.9 km^2，蓄水量为 68.7 亿 m^3；吉力湖水面为 168.7 km^2，蓄水量为 16.7 亿 m^3。“两湖”由 7 km 长的库依尔朵河连通。乌伦古湖是我国西北干旱区典型闭流型湖泊，其主要补给水源为乌伦古河，是一条内陆河流，流经青河县、富蕴县、福海县，最终汇入乌伦古湖。由于 20 世纪六七十年代乌伦古河频繁发生断流，导致入湖水量锐减，湖泊水位快速下降，面积萎缩引发诸多生态环境问题。1970 年和 1987 年分两期实施完成了“引额济海”工程，工程渠道最大流水量可达 30 m^3/s，年入湖水量 2 亿～6 亿 m^3，开辟了乌伦古湖的第二水源。

乌伦古湖是阿尔泰山绿洲的天然生态屏障，栖息着天鹅、黑颈鹳、鹭鸶、海鸥、灰鹤、大雁、白鹭、野鸭、翠鸟等47种名贵鸟类，盛产贝加尔雅罗鱼（小白鱼），东方欧鳊、银鲫、梭鲈、赤鲈等27种名贵野生鱼类，兼备“鸟类天堂”和“名贵鱼乡”的美名。其水位的消长变化，对当地土地资源、矿产资源、动植物群落，乃至区域气候都具有重大影响。并在防止垦地沙化、局部气候调节、承载珍稀濒危鱼类等方面具有重要的生态保持和平衡功能，是区域生态环境的调节器、制衡器，具有巨大的生态环境效益。乌伦古湖还是新疆干旱平原区现存的少数几处天然湿地之一，已被收入世界湿地名录，是我国重要湿地之一，也是新疆第二大湖及新疆第二大渔业基地，具有重要的生物多样性保育和水文调节功能。

据调查，目前乌伦古湖水生态系统中有浮游植物164种，以硅藻、绿藻和蓝藻为主；浮游动物16属25种，枝角类和桡足类为优势种，种类数量占比为76%；水生植物以芦苇为主，沉水植物龙须眼子菜、穿叶眼子菜和狐尾藻覆盖面积较少，不到水面面积的5%；底栖动物共有41种，主要以水生昆虫和寡毛类为主，年均密度为1 015.01 ind./m^2。乌伦古湖水质存在盐度及矿化度高、化学需氧量及氟化物偏高的问题，水生态系统逐步向荒漠化、富营养化结构转变。乌伦古湖生态环境问题由来已久，有自然变迁的影响，同时受到人为活动影响较大。

（2）乌伦古湖水环境自然演变过程

乌伦古湖形成于第四纪早期，规模较大，且与额尔齐斯河相连通，至第四纪晚期，由于地壳运动，布伦托海进一步凹陷，同时冰川规模缩减导致冰雪融水径流量大减，乌伦古湖与额尔齐斯河断绝联系，奠定了现今湖泊基本面貌（毛德华，1981）。全新世以来，乌伦古湖的变化主要受气候影响，早全新世3000年期间，气候冷暖干湿变化导致乌伦古湖水文变化频繁；中全新世近4 000年气候相对稳定，温度适宜，降水丰沛，湖泊处于高水位状态；晚全新世持续2 000年以上，气候干燥，湖泊面积大范围萎缩（马龙等，2009）。由于布伦托海（乌伦古湖）为流域海拔最低点，封闭型湖泊特点导致其水体交换能力较差，多年的气候变化和水位变化引发湖泊矿化度、盐度逐年升高，1963年B. A. 奥勃鲁契夫调查乌伦古湖时指出“乌伦古湖两岸湖里有芦苇，岸上有青草，但湖水有点咸，煮起茶来不好喝”。20世纪50年代以前，乌伦古湖水位经历了多次上升及下降过程，受自然因素影响，水体盐度和矿化度较高的问题已持续百年（程艳等，2016）。

20世纪60年代后期至今，人类活动是乌伦古湖水位下降及矿化度持续升高的主要影响因素，气候变化影响占整个过程的1/4～1/3。乌伦古河中下游大量开发耕地，同时兴建了福海水库等水利设施，导致乌伦古河水量大幅降低，1959—1969年，湖泊水位下降了将近2.8 m。20世纪80年代中期福海县灌溉面积已达60多万亩，

20 世纪 90 年代在经济作物“打瓜籽”的经济利益驱动下，耕地开荒处于无序状态，灌溉面积最高峰时期达到 120 万～130 万亩，大量的水资源需求导致乌伦古河径流量逐年降低；同时乌伦古河流域有天然草场面积约 40 万亩，流域草场以天然打草场为主，越冬度春牲畜 104.7 万头（只），流域牧民 1.54 万户，人口 6 万多人。长期以来，由于过度超载放牧，草场植被破坏严重，加速了流域的天然草场退化、沙化程度。1986 年，湖泊水位一度降低到 478.60 m，湖泊面积萎缩到 765 km^2，为扩大布伦托海来水量，分别于 1970 年及 1987 年新建并扩建了“引额济布”工程，引水量最大可达 6 亿 m^3/a，到 1988 年乌伦古湖水位重新上升至 481 m。21 世纪以来由于流域内水资源过度开发利用，导致乌伦古河存在长时间断流，2005 年断流 55 天，2006 年断流 72 天，2007 年断流 127 天，2008 年持续断流 182 天，这引起吉力湖水位快速下降，使得乌伦古湖水倒流吉力湖，并改变了区域地下水位情势，引起了较大规模的区域环境恶化，土地沙化及碱化日益严重。此外由于历史遗留原因，2015 年前部分工业企业废水直排进入乌伦古湖，城镇及农村污水处理设施建设滞后，区域畜禽养殖、水产养殖及农业种植无序发展，导致大量的 COD、氮、磷等陆域污染物迁移进入乌伦古湖，引起湖泊水质恶化。

8.2.3　乌伦古河流域生态环境问题与成因分析

（1）生态环境存在的问题

乌伦古河流域目前面临的主要生态环境问题为水资源不合理开发利用导致的水位持续下降、水体矿化度升高及多方面因素影响带来的生态系统演变三个主要问题。

水资源方面，乌伦古湖受自然因素及人为因素的双重影响，水盐关系紊乱。自然因素方面，乌伦古湖由于地质下陷和气候变化影响，晚全新世（距今 5 000 年前）以来湖面面积大幅萎缩，同时水位持续下降，有记录（1905 年）以来乌伦古湖已存在矿化度及盐度升高的迹象。根据吴敬禄等（2012）研究，760—1050 年记录了新疆湖泊的高水位、大湖面特征，主要由于整体气候相对稳定，温度适宜，降水丰沛。20 世纪 60 年代以来，乌伦古湖水位波动主要由于人类活动影响。本研究分析了 1962 年以来富蕴、阿勒泰及福海气象站降水量、温度等数据，结果表明 1962 年以来，富蕴、阿勒泰及福海气象站点年降水量逐年波动升高，温度存在类似规律，平均每 10 年上升 0.4℃，总体来看气候为暖湿特征，气候变化对乌伦古湖水位影响较小，但从 20 世纪 60 年代以来乌伦古湖水位出现了迅速下降的问题，主要受人为活动影响较大。流域内主要产业为畜牧业、农业等，之前灌溉大多采用漫灌方式进行，导致乌伦古河出现了常年断流现象，乌伦古河干流改道进入吉力湖，布伦托海基本无新鲜水直接补充，1970 年之后开展了“引额济海”工程，一定程度上缓解了布伦托海的水位下降问题，但同时引起了吉力湖矿化度升高的问题（赵冲等，2019）。根据2020年的补充监测，乌伦古河上游克孜加吊桥（富蕴）仍存在较大流量（8 m^3/s），但下游福海水文站已断流，河中段由于农业养殖及种植导致乌伦古河水资源由进入吉力湖变更为通过农田排碱渠进入大湖，携带无机盐及污染物进入布伦托海，对布伦托海造成一定影响。

水质方面，乌伦古湖水质污染问题需进一步研究及管控。乌伦古湖目前水质整体较好，基本维持Ⅲ类（除COD_{Cr}及氟化物），但有机污染及氟化物污染问题由来已久，具有较强的地域特征（吉芬芬等，2018年）。自2002年执行《地表水环境质量标准》（GB 3838—2002）以来，乌伦古湖水质监测结果表明，COD_{Cr}普遍超过20 mg/L，2008年一度超过120 mg/L，2011年以来持续升高并于2014年达到110 mg/L左右，这与乌伦古河流域（富蕴、福海、北屯）经济发展有关。据统计，2007—2017年，乌伦古河流域福海县人口年平均增长率为3.79%，2018年第一产业较2007年增加2.29倍，第二产业增长3.67倍，相应的污染物排放导致乌伦古湖水质出现变差趋势，10年间COD_{Cr}及氟化物均超过Ⅲ类水质标准，同时2009年及2010年出现总磷超标问题，2012年出现BOD_5及TN超标问题；近年来，由于国家“水十条”的实施，福海县逐步推进了城镇生活污水收集处理、工业源达标排放、农业节水灌溉技术推广等污染治理措施，为乌伦古湖水质好转奠定了基础。根据监测，2015—2019年乌伦古湖COD及氟化物浓度逐年降低，COD超标倍数由3.64倍降低至0.42倍，氟化物超标倍数由2.85倍降低至1.30倍，水质存在好转迹象，但同时应注意到，2016—2019年乌伦古湖COD及氟化物浓度基本维持在Ⅲ～Ⅳ类，呈现稳定趋势。经调研新疆干旱区湖泊如博斯腾湖、艾比湖等，均经过了污染后治理浓度逐步降低的趋势，但COD及氟化物多存在一个隐形阈值，基本维持在Ⅲ～Ⅳ类。

生态方面，乌伦古湖生态系统正逐步退化，生态风险显著。根据相关单位调查（刘宇，2009；赵永晶，2010），在湖泊浮游植物中小型藻类明显增多，并且硅藻门中—富营养指示种明显增加，指示了湖泊水体富营养化在加剧。另外，从营养指示种的季节分布来看，乌伦古湖夏季以中—富营养指示种和中营养指示种占优势，春季、秋季和冬季以中营养指示种占优势，表明湖泊水体已经开始由中营养水平向轻度富营养转变。根据上海海洋大学对乌伦古湖底栖动物完整性指数（B-IBI）和鱼类生物完整性指数（F-BIB）的评价，从底栖动物群落组成与结构看，总体上乌伦古湖生态质量由20世纪60年代的优良状态退化为现状的中等；从鱼类生物完整性指数上看，湖泊生态系统从20世纪60年代的“健康”退化为2000年后的“一般”。此外，与20世纪80年代末相比，中海子、骆驼脖子及吉力湖北部浅水区原有的近10万亩眼子菜、金鱼藻等沉水植物消亡。湖泊鱼类资源结构发生重大变化，土著鱼类资源濒临灭绝。乌伦古湖原有土著鱼类区系组成简单，仅有 7 种土著鱼类；从 1965 年起，经过约 40 年的时间，通过引种移植和通渠流入，至 2006 年乌伦古湖鱼类增加为 22 种，外来鱼类池沼公鱼成为乌伦古湖的主产鱼类；而曾作为乌伦古湖生产鱼类的土著种河鲈和贝加尔雅罗鱼已处于濒危状态，且鱼类资源产量并未随着大量外来鱼种的引进而有较大的增加。与 1986 年相比，2010 年湿地面积减少到 40.74 km^2（6.11 万亩），湿地面积净减少 15.81 km^2（2.37 万亩），占流域湿地面积（1986 年）的 28.19%。湖荡及湖滨芦苇湿地消失主要区域分布在吉力湖北、布伦托海中海子东西边缘，在东南骆驼脖子和大湖西部也有少量萎缩，中下游河谷林湿地大幅萎缩，入湖河流河滨缓冲带功能极大降低。根据流域土地利用变化分析，与 1986 年相比，乌伦古河中下游两岸及入吉力湖湖口的三角洲地区，有近 97.66 km^2（14.65 万亩）的河谷林地消失，其中流域富蕴段河谷林面积减少 42.58 km^2（6.39 万亩），退化率为 26.56%；流域福海段河谷林面积减少 55.08 km^2（8.26 万亩），退化率为 28.18%。大量的林地、草地被垦殖为耕地，乌伦古河流域中福海县耕地面积由 1986 年的 378.57 km^2（56.79 万亩）提高至 2010 年的 679.22 km^2（101.88 万亩），近年来据不完全统计，福海县耕地面积提高至 120 万亩。大量的农田灌溉造成水面蒸发面积的扩大，进一步加大流域水资源流失，进而引起生态环境的改变（黄智华等，2011）。

（2）乌伦古湖水质污染成因初析

综合考虑乌伦古湖特殊的地理、气候和水文特征，结合历史数据和现场调查相关数据，通过大数据分析和物质平衡分析等方式解析乌伦古湖水质污染成因。

历史数据分析方面，2009—2012 年，乌伦古河流域点源污染排放量逐年升高，2013—2018 年有所降低，尤其是 2016 年以来，由于“水十条”的实施，点源污染排放量持续降低，面源污染则由于农田种植面积和畜禽养殖量不断升高，污染排放量持续升高，对应的 2009—2015 年布伦托海水质 COD_{Cr}、COD_{Mn} 及 BOD_5 均有所升高，2016 年之后由于“水十条”的实施，区域污染治理水平不断提升，建设了福海污水处理厂，规范了福海糖厂污染治理设施运行与维护，推行了滴管式农业灌溉模式，促进了水污染物排放量降低，相应地，乌伦古湖化学需氧量大幅降低并维持在 25 mg/L 左右。整体变化趋势与周边排污特征有一定相关性。

水质测试指标相关性分析表明，乌伦古河流域整体上 COD_{Cr} 与 COD_{Mn} 等指标具有显著的相关性，即布伦托海—吉力湖—乌伦古河整体上水质存在一定相关性，随着乌伦古河水体 COD_{Cr} 浓度升高，乌伦古湖的 COD 浓度也整体上升，说明了外源对乌伦古湖存在影响。结合汇水特征（水资源平衡）测算结果，乌伦古河、东岸排碱渠污染物迁入量占全部的 76% 以上。根据历史水质数据分析与推算，矿化物与氟化物之间存在正相关关系，在目前乌伦古湖矿化度（平均 2.2 g/L）的情况下，水体氟化物的浓度将维持在 2 mg/L 左右。

从物质平衡角度分析，乌伦古湖在目前的 TOC 含量情况下，COD_{Cr} 的浓度应维持在 23～27 mg/L 的范围内，降低乌伦古湖 TOC 浓度将是降低 COD_{Cr} 的关键措施。同时，乌伦古湖作为乌伦古河流域尾闾，水系更新不畅，大部分污染均容易积累在湖体中，基于数学模型模拟，近 20 年，汇入乌伦古湖中的 COD_{Cr} 可导致水体 COD_{Cr} 浓度维持在 23 mg/L 左右（未叠加本底影响），因此虽然目前乌伦古河、额河等来水水源水质相对较好，但由于常年累积将会导致水体中 COD_{Cr} 的浓度逐年升高。在多年平均的乌伦古河及额河汇入氟化物浓度和水量情况下，需要 56 年时间累积达到目前的乌伦古湖水体氟化物浓度，整体来看乌伦古湖氟化物浓度偏高的问题主要是湖体水文地质特征及本体累积作用双重影响的原因。

整体上，乌伦古湖水质 COD 和氟化物污染物浓度偏高主要是由于累积作用，其浓度波动受周边污染源排放影响，同时也受到流域内特殊水文地质构造和气候特征的影响。

8.2.4 乌伦古河流域综合治理总体思路与设计

整体来看，目前乌伦古湖存在水体咸化、水质超标和水生态系统破坏三大问题，正在经历由淡水湖泊生态系统向咸淡水湖泊生态系统转变的过程，乌伦古湖的水质改善与水生态修复工作已经刻不容缓。

（1）总体思路

以保障流域生态基流、改善湖泊水动力交换条件为前提，以乌伦古湖水体生境修复为主，以乌伦古河绿色流域创建为辅，从全流域出发，进一步降低湖泊污染物纳入量，促进湖泊生态自净，实现流域社会经济可持续发展，切实保障乌伦古湖生态安全。

（2）总体设计框架

一是合理布局湖泊水系更新措施，完善乌伦古河流域水资源分配。新疆干旱地区，水资源相对匮乏，气候变化所引起的湖泊水位波动有其自然规律（梁犁丽等，2011）。自然作用对环境的调节是一个较长期的过程，流域生态环境具有调整适应的能力，但人类活动具有放大作用，尤其是对于乌伦古湖，虽然“引额济海”工程一定程度上缓解了布伦托海咸化过程，但并未根本改变布伦托海河道尾闾的属性，近年由于人类活动加剧，乌伦古河流域水资源无序开发最终导致了布伦托海及吉力湖水位及水盐关系紊乱的问题，同时由于污染物累积作用导致水质 COD_{Cr} 及氟化物浓度超过地表水Ⅲ类标准，给区域生态系统地下水循环带来一定不利影响。因此应在适应气候变化的情境下，开展乌伦古河流域水资源平衡核算，依据自然资源的承载力，科学布局、管理流域水资源的开发利用，统筹制定布伦托海及吉力湖水位控制方案，对应地完善乌伦古河流域水资源分配方案，开展布伦托海水系更新方案研究，在保障流域生态安全的前提下，开展布伦托海引流活水工程，加快乌伦古湖水系更新速率。此外，从水体交换、污染源迁入、水化学反应等多角度探究水体盐度、矿化度等升高成因，针对性研究水陆统筹的盐度及矿化度控制技术，如流域节水工程、生态移民、生态输水、人工修筑阶梯状塘堰等（迪丽努尔·阿吉等，2010；惠丹，2016；张同泽，2007）。

二是优化调整流域产业结构，削减入湖污染负荷。外源输入是布伦托海水质 COD_{Cr} 浓度波动的主要影响因子，同时也是湖泊水生态系统富营养化的主要原因，因此应从降低污染物入湖量角度出发，优化调整流域产业结构，削减入湖污染负荷。禁止新建高能耗水型工业建设项目，做好工业废水达标排放。实行农业结构战略性调整，以水定制发展规模，以水定制结构布局，合理确定农业内部结构和种植比例；针对未来可能存在的环境问题和压力，对影响流域生态环境的重点区域进行生态环境建设，减轻流域生态环境压力。构建符合当地经济发展特色的经济模式；通过大力发展流域生态农业，建设节水、绿色和有机农业的基础设施，可极大减少农业面源污染以及农业用水入湖污染物；大力发展生态旅游为主的现代服务业，提高第三产业比重，可利用当地得天独厚的旅游资源提高当地人民收入，改善生活质量。通过实施一系列的工业、城镇生活、规模化畜禽养殖、水产养殖、农村生活和农业面源等各类污染源控制工程，降低入湖污染负荷，推进水生态系统逐步恢复，切实维护乌伦古湖水质安全（李慧菁等，2015）。

三是实施水生态红线管理，维护乌伦古湖良好生态。坚持水量、水质和水生态统一规划，以划定乌伦古河、乌伦古湖自然岸线保护范围为手段，强化湖泊滨岸带生态系统保护，切实维护水生态空间；坚持以水定陆总体原则，合理控制流域用水总量，逐步退还挤占河道及湖泊内生态环境用水和超采的地下水。加强乌伦古河流域渔业生态发展规划，开展退耕还湿、退养还滩，逐步扩大水源涵养林、湖泊湿地等绿色空间。定期开展乌伦古湖水生态系统调查与安全评估工作，跟踪评估水生态系统健康水平，推进外来物种防控、原生土著生物保护，采取必要限制开发措施，针对布伦托海开展本地物种增殖放流活动，保护水生生物多样性。

四是加强流域环境监管能力建设，防控潜在环境风险。实施乌伦古河流域生态环境与保护、生态环境监测、环境监察、应急保障和环境信息化五大能力建设，维护流域生态安全和环境质量。提高乌伦古河流域青河、富蕴、福海3个县生态环境部门环境监测能力，实现对湖泊水体、入湖河流及其他环境要素的长期和系统观测。制定乌伦古湖环境应急预案，重点强化环境监督管理中心的突发环境事件现场应对能力。构建集信息开发、应用、建设、管理与服务一体化的乌伦古湖环境信息化体系，实现对乌伦古河流域环境动态信息监测与管理，及时掌握景区建设过程中发生的各种问题，并进行有效的处理。完善流域环境监察人员、设施与条件，提高流域环境监察执法能力。

五是扩大流域自然景观宣传，促进生态文明建设。乌伦古河流域的自然资源景观多样，有河流、湖泊、沼泽、湿草甸、草原、森林等。无论是水域景观，还是生物景观都极富特色和美感，都具有极高的保护价值和重大社会文化价值。通过大力宣传和引导旅游产业发展及基础设施建设，为游客提供融入自然、亲近自然、了解自然、观赏鸟类的最佳场所，满足游人休闲、娱乐和观赏的需求。同时吸引国内外专家、学者、记者进行科考、交流、宣传、旅游等活动，将不断提高乌伦古湖的知名度，不断扩大乌伦古湖在新疆、全国乃至世界的社会影响力。乌伦古湖独特的生态系统，珍稀的自然资源都是对人们进行环保教育的素材，可以在此接受良好生态文明的教育和熏陶，有利于提高周边民众的环保意识，激发民众热爱自然的感情，提高民众主动保护环境的意识，促进生态文明建设（潘明明等，2014）。

8.3 乌伦古河流域生态分区和生态修复总体布局

8.3.1 乌伦古河流域生态分区

在重点生态区识别和关键生态过程分析的基础上，综合考虑流域内不同区域的生态类型和功能定位、关键生态过程和生态关联关系、面临的主要生态环境问题及其成因，划定乌伦古河流域生态分区方案。

以乌伦古河流域全域作为整体，定为一级分区。在乌伦古河流域一级分区的基础上，充分考虑了流域内的生态类型及行政地理单元，分为上游山地区、中游台地区、下游平原绿洲区、湖泊尾闾区 4 个二级分区。在二级分区的基础上根据其不同的水源涵养、生物多样性保护、水土保持、人居环境整治、产品提供、防风固沙等生态功能划分了 17 个三级分区。四级分区在三级分区的基础上以微单元或微地貌及其主要生态服务功能为主划分了 63 个生态单元。

8.3.2 乌伦古河流域生态修复总体布局

区块划分围绕青山不老、银水长流、草原昌盛、绿洲常在的目标和水这一核心因子，按照每个区块赋予的差异化功能，将乌伦古河流域划分为：以高山水源涵养及矿上生态修复等为重点的上游山地区，以自然修复、封禁管育等为重点的中游台地区，以防治土壤盐渍化为重点的下游平原绿洲区，以生物多样性保护、自然修复、封禁管育为重点的湖泊尾闾区的生态保护与修复分区布局。

生物多样性保护、水环境安全保障、人工绿洲区保护贯穿于上游山地区、中游台地区、下游平原绿洲区。

8.4　乌伦古河流域生态经济与生态产业布局模式

8.4.1　生态经济产业发展布局

依靠现有的生态优势、资源优势、文化优势及流域产业结构，重点发展“生态 +”项目，从旅游、农业、文化、工业、服务业着手。以乌伦古河为纽带，考虑乌伦古河上、中、下游生态产业现状，以多功能全方位衔接的旅游空间布局，实现阿勒泰地区生态经济产业互通与全域旅游的战略目标，不断优化乌伦古河流域生态经济产业结构，社会、经济效益不断提高，成为在全国具有重要影响力的生态文明示范区、新型旅游产业集聚区。乌伦古河流域生态产业布局如下。

（1）乌伦古河上游：借助现有的交通条件和乌伦古河景观生态廊道，加快旅游产业的发展，以口岸为核心，发展边贸经济，鼓励跨境旅游

将哈萨克文化以及三道海子古代探秘文化作为发展核心，形成“生态 + 文化”产业链。设立青河古城文化旅游区及汉朝烽火台人文景观观赏区，提升建设秘境青河生态旅游区（三道海子）、秘境草原游牧文化体验区。依托塔克什肯国家口岸自身区位优势，开展建设塔克什肯口岸边贸旅游集散地建设项目，加快边境游和跨境游发展。

（2）乌伦古河中游：依托乌伦古河中游独特的地形地貌及沿岸生态景观，发展以草原民俗文化为载体的综合旅游发展带，形成“生态 + 农牧业、旅游”的发展模式

重点打造黄泥滩水库现代牧业生态休闲景区。打造成乌伦古河流域内极具特色的现代牧业生态休闲景区，集生态养殖、农业采摘、休闲娱乐、水上活动、旅游度假于一体的户外休闲旅游胜地。

流域自然地质资源优越，应以此为依托发展地质类旅游。二台一卡拉先格尔地震断裂带是世界上罕见的地震断裂带之一。二台一卡拉先格尔地震断裂带遗迹至今保存完整，是目前世界地震史上最壮观、最惊人、保存最完好的地震遗迹，也是世界上最典型的地震遗迹，素有“地震博物馆”之称。

充分利用恰库尔图镇的区位优势，将恰库尔图镇打造成为“商贸强镇、旅游名

镇”。做到以核心旅游景点为龙头，全方位衔接区域周边其他主要景区景点，实现中游草原民俗旅游综合发展带由点到面以旅游为主题的生态经济产业新格局。

（3）乌伦古河下游：大力发展区域环境旅游，适度发展农产品的精加工和深加工

在保证乌伦古湖湖区水质和生态承载力的基础上，着力打造以乌伦古湖及周边滨水旅游资源为主的核心景区。大力开发亲水休闲旅游产品，包括冬捕、渔猎等多样民俗节气活动，以乌伦古河景观生态廊道和通往喀纳斯景区的 S318 公路作为串联媒介，在其两侧的特色农庄开展特色野鱼美食节，带动周边乡村经济发展。利用乌伦古湖周边景点的旅游基础设施，打造下游福海县区域文化，将福海县打造成为“草原水城”的旅游形象。

在环乌伦古湖生态渔业休闲养生区建设的基础上，为不断完善游客的配套体验，建立下游现代农牧业示范区。积极推进福海县旺源驼奶、阿勒泰大尾羊特色优势产业。在此基础上建设福海县驼、羊“绿色”生态养殖示范区，加大奶源基地建设力度，大力发展养殖小区，推进牲畜规模化、标准化养殖。建设绿色有机农产品生产精深加工基地建设，包括现代农业科技示范园，有机农产品展示基地、特色农业游乐体验中心。

依托乌伦古湖湿地公园扩建提升工程，从包括湿地生态恢复与保育、湿地科研、监测与培训、湿地生态观光旅游入手，将乌伦古湖国家湿地公园建设成为整体形象突出、基础设施完备、湿地景观独特、湿地保育与科普宣教的大型湖泊湿地保护和恢复示范区，使其成为西北干旱区最重要的生态环境教育基地。

8.4.2 生态经济和生态产业工程

本次规划 7 个分区 15 个项目，分别为秘境草原游牧文化体验区 3 个、塔克什肯口岸边贸旅游服务区 1 个、大小青河河谷自然村落休闲养生区 4 个、上游水利风景参观区 1 个、中游草原民俗旅游综合发展带 4 个、“草原水城”生态旅游综合服务区 1 个、下游现代农牧业示范区 1 个。各生态产业工程具体内容见表 8-1。

表 8-1　生态经济和生态产业工程主要建设内容汇总

项目分类	项目名称	建设内容	工程总投资 / 万元
秘境草原游牧文化体验区	青河古城文化旅游区建设工程	文化公园提升 2 项，停车场 5 个（1/300 m^2），游客服务中心 800 m^2，特色购物餐饮街区 1 000 m^2，生态厕所 10 个，垃圾箱 50 个，多媒体指示牌 30 个	1 758

续表

项目分类	项目名称	建设内容	工程总投资 / 万元
秘境草原游牧文化体验区	秘境青河生态旅游区提升建设工程（三道海子）	游客服务中心 200 m^2，停车场 1 万 m^2，全景导览牌 5 块、景点解说牌 5 块、指示牌 20 块，生态厕所 7 个，项目民居改造（约 50 户），修建游步道 3 km、木栈道 1 km，休息亭 20 座，垃圾箱 20 个，修建马站 3 座，马道 30 km，瑙干彩佛保护设施修复，房车营位 30 个，帐篷营位 25 个，瑙干彩佛停靠站、花海子观景台修复及停靠站，完善水电、供暖、通信、电力等设施，对旅游经营区范围内的村落、道路、河道等进行全面升级改造，优化绿化旅游环境	7 050
	青河县汉朝烽火台人文景观观赏区建设工程	修通并硬化通往烽火台道路，修建登山步道，太阳能路灯，观景亭 1 座，生态厕所 3 个，景点解说牌 2 块、指示牌 5 块，垃圾箱 10 个，山体周边绿化 1.5 万 m^2	1 306
塔克什肯口岸边贸旅游服务区	青河县塔克什肯口岸边贸旅游集散地建设工程	建立边民互交贸易市场，中蒙俄边境旅游集散中心，特色餐饮街，旅游客运站，旅游服务中心，边城文化广场，旅游厕所 2 座，全景导览牌 2 块、指示牌 10 块，停车场 2 万 m^2	10 400
大小青河河谷自然村落休闲养生区	青河县大青河森林公园旅游度假区建设工程	修建马站 10 座，30 km 马道（沙路面），游客服务中心 300 m^2，配套停车场 800 m^2，生态厕所 5 个，景点解说牌 2 块、指示牌 5 块，对旅游经营区范围内的村落、道路、河道等进行全面升级改造，优化旅游环境	1 650
	青河县套查干湖小众旅游工程	生态厕所 5 个，全景导览牌 2 块、景点解说牌 2 块、指示牌 10 块，房车营位 20 个，帐篷营位 25 个，码头 1 个，垃圾箱 20 个，对旅游经营区范围内的村落、道路进行升级改造，优化旅游环境	955
	青河县乌伦古河国家湿地公园形象提升建设工程	修建户外科普园，观景平台，民俗文化园，亲水栈道，观察塔 3 座，生态停车场 5 个（1/300 m^2），游客服务中心 800 m^2，全景导览牌 4 块、景点解说牌 4 块、温馨提示牌 20 块，生态厕所 10 个，垃圾箱 50 个	1 550
	青河县萨尔托海镇旅游集散地	三区革命遗址文化公园建设，停车场 5 个（1/300 m^2），游客服务中心 800 m^2，特色购物餐饮街区 1 000 m^2，生态厕所 10 个，垃圾箱 50 个	980

项目分类	项目名称	建设内容	工程总投资 / 万元
上游水利风景参观区	青河县克孜塞水库水利风景区建设工程	观赏游览步道 15 km，50 m 宽景观步道绿带 15 km，生态停车场 2 个（1/300 m^2），游客服务中心 800 m^2，亲水码头 2 个，生态厕所 4 个，垃圾箱 10 个，全景导览牌 2 块、指示牌 5 块，景区管理处 1 处，多媒体监控系统 1 套	1 067
中游草原民俗旅游综合发展带	二台—卡拉先格尔地震断裂带地质公园建设工程	游客服务中心 800 m^2，VR 系统 1 套，观景台 3 座，生态停车场 2 000 m^2，停车场 2A 级旅游厕所 1 个，遗址中心区可移动式环保厕所 2 个，全景导览牌 5 块、景点解说牌 5 块、指示牌 10 块，对旅游经营区范围内的村落、道路、河道等进行全面升级改造，优化旅游环境	1 170
	恰库尔图（地区）商贸服务小镇	新建特色民宿、休闲采摘园共 1.2 万 m^2，在集贸市场内打造哈萨克刺绣产品文化手工艺品制作区，游客制作体验区，养殖场杂交改良技术中心，旅游骑乘体验区 2 000 m^2，侏罗纪公园内增设恐龙化石、古生物化石馆、仿真恐龙游乐区、硅化木园、餐饮区域和购物中心等配套设施，占地 2 万 m^2。游客服务中心 400 m^2，配套停车场 2 000 m^2，生态厕所 2 个，景点解说牌 2 块、指示牌 5 块，大型汽车汽修厂 1 座，仓储中心 1 个	13 630
	黄泥滩现代草原生态休闲景区建设工程	环湖砂石路 30 km，50 m 绿色环水库景观绿带 30 km，地貌观赏游览步道 15 km，生态停车场 5 个，智能引导系统 1 个，农业观光园 27.54 km^2，生态观光牧场 10.3 km^2，商业草坪种植 38.54 m^2，游客服务中心 3 800 m^2，特色民宿 40 间，购物餐饮街区 2 000 m^2，亲水码头 2 个，初级滑雪道及配套设施 2 个，引导系统 1 项，生态厕所 20 个，垃圾箱 50 个，多媒体博物馆 1 200 m^2，观景平台 4 个，宣传网站 1 项，三维解说系统 1 套，指示牌 70 个，景区管理处 2 处，基础信息系统建设 1 套，多媒体监控系统 1 套	61 584
	富蕴县坎儿井特色农业与旅游生态功能区	生态停车场 2 个，智能引导系统 1 个，农业观光园 9 km^2，生态观光牧场 5.5 km^2，游客服务中心 300 m^2，特色民宿 20 间，购物餐饮街区 1 200 m^2，引导系统 1 项，生态厕所 5 个，垃圾箱 20 个，多媒体博物馆 700 m^2，坎儿井文化宣传网站 1 个，三维解说系统 1 套，指示牌 10 个，景区管理处 1 处	5 955

续表

项目分类	项目名称	建设内容	工程总投资 / 万元
“草原水城”生态旅游综合服务区	福海县水博物馆建设工程（水文化展示中心）	入口大厅，影视（报告）厅，水资源环境展厅，水科学技术展厅，水文化艺术展厅，湿地中心，水主题科普游乐区，服务咨询台 2 处	980
下游现代农牧业示范区	福海县绿色有机农牧产品生产精深加工基地建设工程	园区道路，供排水等基础设施建设，农产品加工园，畜牧产品加工园，水产品加工园，游客体验中心，园区建设面积共计 15 km^2	26 000
合计			136 035

8.5 乌伦古河流域生态综合治理的建设方案

8.5.1 分区保护与修复模式及措施选择

（1）上游高山水源涵养区

上游山地区以水源涵养、人居环境整治、水源保护和生物多样性保护为主要治理措施。

1）对流域内乌伦古河流域已建水库水源工程进行改扩建，增加水库兴利库容，充分发挥水库兴利作用，解决下游灌区的季节性缺水和人畜用水问题，同时改善库区周围人居生态环境，实现供水任务安全可靠。

2）对重要湖（库）划定水源保护区，采取隔离防护与水污染防治措施，加强水源地用水保护，保证下游居民用水安全。

3）加强取水水源流域范围内重要村镇农药、化肥、生活污水、畜牧业及牧民生活的管理，保证“两河”源水环境安全。

4）通过封育自然修复，人工抚育和管护，加大森林资源管护力度，天然林分布区域以封育保护为主，禁止或严控林地下放牧和天然林采伐，促进林牧平衡发展，减少牲畜进入。

5）对布尔根河狸自然保护区和大小青河湿地保护区，采取建设自然保护区、增强宣传和保护生物多样性的措施。

（2）中游台地区

1）采取轮封、轮牧、禁牧、休牧及植被保护与修复治理措施来维护生物多样性和生态环境的安全。

2）通过农业垃圾集中处理、生活污水处理，进行人居环境的改善。

3）通过灌区骨干渠系改造和高效节水灌溉系统的建设调整作物种植结构，降低灌溉定额，节约用水。

4）通过防护林工程的建设，提高灌区防护林面积，防风固沙，减少水土流失。

（3）下游平原绿洲区

人工绿洲区指流域内灌区，主要位于乌伦古河两岸，是阿勒泰地区主要农牧业基地。

1）实施生态修复、荒漠化治理，开展禁牧、休牧，加强生物多样性研究与保护。加大重点地区的荒漠化治理，强化封禁保护，居民用地、耕地、人工牧草采取全部退地的措施。

2）通过水资源配置工程，建设补水生态渠道，满足草地生态需水量。

3）对裸地及荒漠化土地进行封禁保护，对戈壁区荒漠化严重的区域设置机械沙障，降低地面风速，加快沙土沉降，减少风沙天气危害。

4）对天然草场实行轮封、轮牧、轮休的管理措施，对该区加强管理，减少载畜量，通过封禁治理，使其自然修复达到最佳状态的畜草平衡，保护原生地表植被。

5）通过农业垃圾集中处理、生活污水及农田排水的综合整治、农田防护林建设、高效节水灌溉系统的建设等措施进行综合治理，促进该区农业发展。

（4）湖泊尾闾区

1）针对湖泊尾闾水质污染、水源保护区草原退化、水土流失加剧、河谷林草退化、湿地萎缩等问题，采取封禁、轮封、轮牧、水源地保护等自然修复措施，并减少面源污染。

2）对湖周边的沼泽、湖滨湿地区域实施围栏封禁和人工管护绿化，促进湖滨缓冲区域的自我休养生息，保护现有天然湖荡及湖滨湿地，优化乌伦古河流域内的河谷林草带生态环境。

3）从维护湿地生态系统的完整性、保护生物多样性、湿地科普宣教和方便游览出发，通过在乌伦古河入户三角洲地带建设湿地保护工程、湿地恢复工程建设、科普教育工程、防御灾害设施和管理能力建设，打造湿地生态建设的标志性工程、湿地保护与恢复示范工程及湿地科普、宣传和教育的示范基地。目前该项目已在实施过程中。

4）通过额河和乌伦古河水资源配置工程，在不调整额尔齐斯河向乌伦古湖多年平均补湖水量 8 亿 m^3 的基础上，通过调整入湖过程及通道来解决连续偏枯年份乌伦古河水资源紧缺问题，解决乌伦古河中下游水生态安全问题，以及改善乌伦古湖水质、保护生物多样性问题。

8.5.2 分区重点建设内容

根据生态功能分区乌伦古河流域生态保护与修复综合治理实施二级含 4 个分区、三级包含 17 个分区。三级分区中有相同的生态功能和措施，也有其独有的生态功能特点。本次分区治理建设内容按三级 17 个分区功能，提出上游高山水源涵养综合治理工程、水源涵养和修复工程、封禁工程、河谷林草种植区退转保护工程、河河（湖）连通工程、水源保护水资源保障工程、生态补水淹灌（闸、堰）工程、人居环境整治工程、灌区及骨干工程节水改造工程、防护林工程、景城一体建设工程 11 类工程，128 个小项目。各分区各工程建设重点内容见表 8-2。

上游高山涵养区治理工程类型有上游中高山水源涵养区封禁保护工程、水源涵养工程、水源保护工程、灌区及渠系节水改造工程，人居保障工程等各类项目共计 73 项。具体内容为：在上游中高山水源涵养区封禁保护 2 项，退转保护工程 1 项，山洪沟治理工程 26 项，河道治理工程 11 项，生态补水淹灌（闸、堰）工程 9 项，水源地保护工程 4 项，水源保障工程 3 项，查干郭勒河下游灌区排水改造工程 1 项，人居保障工程 1 项，骨干输水改造工程 7 项，高效节水改造工程 1 项，灌区防护林建设工程 1 项，景城一体工程 4 项，生物多样性保护连通工程 2 项。

中游治理工程类型有封禁保护工程、河谷林草种植区退转保护工程、水源保护工程、灌区及渠系节水改造工程、人居保障工程、生态补水堰灌（闸、堰）工程、防护林工程，各类项目共计 31 项。其主要建设内容有封禁保护工程 1 项，退转保护工程 1 项，河道治理工程 5 项，生态补水淹灌（闸、堰）工程 5 项，水源地保护工程 5 项，中游灌区排水改造工程 1 项，人居保障工程 1 项，骨干输水改造工程 8 项，高效节水改造工程 1 项，灌区防护林建设工程 1 项，景城一体建设工程 2 项。

下游平原绿洲区治理工程类型有封禁保护工程、水源涵养工程、水源保护工程、灌区及渠系节水改造工程、人居保障工程和生态补水工程、灌区水质改善建设工程，涉及各类项目共计 21 项。下游平原绿洲区主要建设内容有封禁保护工程 1 项，退转保护工程 2 项，河道治理工程 6 项，生态补水淹灌（闸、堰）工程 5 项，水源地保护工程 1 项，排水渠改造及容泄区生态建设工程 1 项，骨干输水改造工程 1 项，高效节水改造工程 2 项，防护林工程 1 项，景城一体建设工程 1 项。

湖泊尾闾区拟建设治理工程类型有 3 项：生态改善工程（乌伦古湖和额尔齐斯河连通工程）、乌伦古河中下游生态供水工程（城北水库至温都哈拉引水工程）和乌伦古湖水源涵养与生态修复工程，湿地公园保护系统工程目前正在建设中。

表 8-2　乌伦古河流域生态保护与修复综合治理实施方案建设内容项目一览表

二级分区		三级分区		主要建设内容		工程投资 / 万元
代码	名称	代码	名称			
I	上游高山水源涵养区	I -1	上游山地水源涵养区	设置围栏，采取封禁、封育，自然修复，对裸地及荒漠化土地进行封禁保护；工程采取设置谷坊或淤地坝、泄洪渠、护坡、纳洪口、河道疏浚等工程措施，将洪水疏导至安全行洪通道内；在河道凹岸冲刷严重段和距离河道附近的村镇居民点布置护岸和堤防工程；采取封禁管育、种草和栽植水土保持林的植物措施	1. 封禁、退转保护工程 1 项；2. 林草种植退转保护工程 1 项；3. 山洪沟治理工程 26 项；4. 河道治理工程目 11 项	184 999
		I -2	上游山地生物多样性保护区	划定水源保护区，采取设置围栏封禁，退耕还湿、退牧还湿措施，对保护区内林相老化区，采取封育植树；修建生态渠道，湿地补水；修建壅水坝，引水闸抬高河道水位，增加河谷林草淹灌面积	1. 河河（湖）连通工程 2 项；2. 萨尔托海水库上、下游河道生态保护工程 1 项；3. 生态补水淹灌（闸、堰）工程 9 项	52 542
		I -3	上游山地水源保护区	主要对水源地一级保护区范围进行封闭，新建刺丝围栏，水源地视频监控系统、设立标识牌和界标等。同时新建水库，实施增水	1. 水源地保护工程 4 项；2. 水源保障工程 3 项	98 727
		I -4	上游山地人工绿洲区	设置污水处理设备，污水收集管网，污水收集井、沼液抽吸车，垃圾桶、垃圾收集车，设置农药瓶回收箱，压缩设备，垃圾中转站及垃圾装运车等；对灌区骨干支渠（排渠）进行防渗、清淤改造；灌区节水改造工程，建设高标准农田；对重要乡镇周边渠道及重要灌区植树绿化	1. 查干郭勒河下游灌区排水改造工程 1 项；2. 人居保障工程 1 项；3. 骨干输水改造工程 7 项；4. 高效节水改造工程 1 项；5. 灌区防护林建设工程 1 项；6. 景城一体建设工程 4 项	150 842
		I -5	上游山地矿山综合治理区	采取禁牧，建立防护林，实施防风固沙工程的措施	封禁保护工程 1 项	—
		小计				487 110

续表

二级分区		三级分区		主要建设内容		工程投资/万元
代码	名称	代码	名称			
Ⅱ	中游台地区	Ⅱ-1	中游河谷林草生物多样性保护区	设置围栏，采取封禁、封育，自然修复，对裸地及荒漠化土地进行封禁保护；工程采取设置谷坊或淤地坝、泄洪渠、护坡、纳洪口、河道疏浚等工程措施，将洪水疏导至安全行洪通道内；在河道凹岸冲刷严重段和距离河道附近的村镇居民点布置护岸和堤防工程；修建壅水坝，引水闸抬高河道水位，增加河谷林草淹灌面积	1. 封禁保护工程 1 项；2. 河道治理工程 5 项；3. 生态补水淹灌（闸、堰）工程 5 项	64 996
		Ⅱ-2	中游台地防风固沙区	禁牧，自然修复沙丘地带草地植被，建设防护林	—	—
		Ⅱ-3	中游台地水土保持区	采取封禁管育、种草和栽植水土保持林的植物措施	退转保护工程 1 项	27 785
		Ⅱ-4	中游台地水源保护区	主要对水源地一级保护区范围进行封闭，新建刺丝围栏，水源地视频监控系统、设立标识牌和界标等	水源地保护工程 5 项	1 880
		Ⅱ-5	中游台地人工绿洲区	设置污水处理设备，污水收集管网，污水收集井、沼液抽吸车，垃圾桶、垃圾收集车，设置农药瓶回收箱，压缩设备，垃圾中转站及垃圾装运车等；对灌区骨干支渠（排渠）进行防渗、清淤改造；灌区节水改造工程，建设高标准农田；对重要乡镇周边渠道及重要灌区植树绿化	1. 中游灌区排水改造工程 1 项；2. 人居保障工程 1 项；3. 骨干输水改造工程 8 项；4. 高效节水改造工程 1 项；5. 灌区防护林建设工程 1 项；6. 景城一体建设工程 2 项	141 153
		小计				235 814
Ⅲ	下游平原绿洲区	Ⅲ-1	下游平原生物多样性保护区	设置围栏，采取封禁、封育，对河谷林草荒漠化土地进行封禁保护；设置谷坊或淤地坝、泄洪渠、护坡、纳洪口、河道疏浚等工程措施，将洪水疏导至安全行洪通道内；在河道凹岸冲刷严重段和距离河道附近的村镇居民点布置护岸和堤防工程；对生态堰进行改造，壅高水位，进行河谷林草淹灌	1. 封禁保护工程 1 项；2. 林草种植区退转保护工程 1 项；3. 河道治理工程 6 项；4. 生态补水淹灌（闸、堰）工程 5 项；5. 河谷林草退转保护工程 1 项	118 934

续表

二级分区		三级分区		主要建设内容		工程投资/万元
代码	名称	代码	名称			
Ⅲ	下游平原绿洲区	Ⅲ-2	下游平原水源保护区	主要对水源地一级保护区范围进行封闭，新建刺丝围栏，水源地视频监控系统、设立标识牌和界标等	水源地保护工程 1 项	500
		Ⅲ-3	下游平原土壤盐渍化治理区	新建、改善排水渠，整合排水渠入河口，建设排水容泄区	排水渠改造及容泄区生态建设工程 1 项	32 000
		Ⅲ-4	下游平原人工绿洲区	对灌区干支渠（排渠）进行防渗、清淤改造；灌区节水改造工程，建设高标准农田；对重要乡镇周边渠道及重要灌区植树绿化	1. 骨干输水改造工程 1 项；2. 高效节水改造工程 2 项；3. 防护林工程 1 项；4. 景城一体建设工程 1 项	144 573
		小计				296 007
Ⅳ	湖泊尾闾区	Ⅳ-1	湖泊尾闾生物多样性保护区	在布伦托海距引额济海投入口以西 34 km、以南 10 km，通建设隧洞、明渠等水利设施，布置 31.60 km 引水线路与额河连通；以富蕴县城北水库为工程起点，乌伦古河温都哈拉渠首下游为末端，布设长 66.38 km 线路，通过隧洞、倒虹吸等建筑物实施水源置换工程	乌伦古湖生态改善工程 1 项、乌伦古河中下游生态供水工程 1 项（城北水库至温都哈拉引水工程）	250 000 180 000
		Ⅳ-2	入湖三角洲生物多样性保护区	乌伦古河入湖三角洲湿地公园保护系统工程	目前工程正在建设中	—
		Ⅳ-3	湖泊尾闾水土保持区	实施封禁和人工管护，采取自我修复模式，保护现有天然湖荡及湖滨湿地	乌伦古湖水源涵养与生态修复工程 1 项	270 758
		小计				700 758
合计						1 719 689

参考文献

[1] B. A. 奥勃鲁契夫 . 1963. 中亚细亚的荒漠 . 吕肖君等译 . 商务印书馆 .
[2] 陈洁 . 2017. 旱区湖泊水环境及其演化研究 . 西安：长安大学 .
[3] 程艳，李森，孟古别克·俄布拉依汗，等 . 2016. 乌伦古湖水盐特征变化及其成因分析 . 新疆环境保护，38(1): 1–7.
[4] 迪丽努尔·阿吉，艾克巴尔 . 2010. 新疆主要湖泊水域面积动态变化研究 . 水文，30(5): 91–95.
[5] 段维东，赵波 . 2017. 新疆水环境现状·存在问题·保护措施 . 安徽农业科学，45(4): 72–74, 131.
[6] 黄智华，周怀东，薛滨，等 . 2011. 人类活动对乌伦古湖环境演化的影响 . 人民黄河，33(5): 60–62.
[7] 惠丹 . 2016. 内陆河尾闾湖生态重建实证对比研究 . 兰州：兰州大学 .
[8] 吉芬芬，沈建忠，马徐发，等 . 2018. 乌伦古湖水质变化及成因分析 . 水生态学杂志，39(03): 61–66.
[9] 李慧菁，贾尔恒·阿哈提，等 . 2015. 乌伦古湖流域污染负荷估算 . 环境工程技术学报，5(2): 121–128.
[10] 梁犁丽，王芳，汪党献，等 . 2011. 乌伦古湖最低生态水位及生态缺水量 . 水科学进展，22(4): 470–478.
[11] 刘宇 . 2009. 新疆乌伦古湖浮游植物群落结构的时空变化规律 . 武汉：华中农业大学 .
[12] 龙伦明，柴夏，蒋伟 . 2013. 矿化度对清水型水生态系统结构的影响 . 环境科学导刊，32(3): 6–10.
[13] 马龙，吴敬禄 . 2009. 新疆湖泊沉积记录的气候水文变化及其环境效应 . 干旱区研究，26(6): 786–792.
[14] 毛德华 . 1981. 第四纪时期乌伦古湖的地貌演变 . 新疆地理 (2): 15–22.
[15] 潘明明，蔡玉婧，蒋世辉 . 2014. 区域经济、旅游、生态环境系统耦合协调发展研究——以新疆为例 . 新疆农垦经济 (1): 21–27.
[16] 吴敬禄，曾海鳌，马龙，等 . 2012. 新疆主要湖泊水资源及近期变化分析 . 第四纪研究，32(1): 142–150.
[17] 张建平 . 2010. 博斯腾湖流域生态环境现状及治理对策浅析 . 环境科技，23(S2): 76–79.
[18] 张同泽 . 2007. 石羊河流域水资源合理配置与危机应对策略 . 咸阳：西北农林科技大学 .
[19] 赵冲，李国强，诸葛亦斯，等 . 2019. 乌伦古湖咸水倒灌原因及缓解条件分析 . 中国农村水利水电 (12): 65–68, 74.
[20] 赵永晶 . 2010. 新疆乌伦古湖底栖动物群落结构的研究 . 武汉：华中农业大学 .

第9章

阿勒泰地区山水林田湖草系统保护修复工程与成效

按照财政部、自然资源部、生态环境部联合印发的《关于组织申报第三批山水林田湖草生态保护修复工程试点的通知》的要求，依据额尔齐斯河流域主要生态环境问题和生态保护修复的总体思路、目标和主要任务，坚持问题导向，充分考虑项目的合理性、可行性、重要性、效益性，提出山地生态涵养功能保护修复、草地生态修复与持续利用、绿洲生态功能提升与人居环境改善、“两河一湖”生态保护与修复、生物多样性保护与荒漠化防治、生命共同体治理能力提升、“两山”转化与资源枯竭型矿山转型示范工程 7 类重点工程。

9.1　阿勒泰地区山水林田湖草系统保护修复工程

9.1.1　山地生态涵养功能保护修复工程

9.1.1.1　建设范围

该类工程建设地点主要分布在北部阿尔泰山生态屏障，在中部片区也有部分分布，主要工程地点包括青河“两河”源头自然保护区、富蕴喀拉额尔齐斯河沿线以及福海县、阿勒泰市、哈巴河县、吉木乃县、布尔津县等山区废弃采矿点，以及额尔齐斯河、乌伦古河源头区等。

9.1.1.2　建设内容

重点针对采矿遗留生态破坏问题、人为工程受损地质环境修复以及森林植被退化等问题，主要内容包括采矿遗留生态问题治理修复、工程受损地质环境恢复治理、森林抚育保育、防护林建设源头区项目等内容。具体包括阿尔泰山两河源头区受损地质环境治理、两河中下游区受损地质环境恢复治理、阿尔泰山两河源头区重点防护林建设、哈巴河流域老旧废弃矿山生态治理项目、两河源头区森林抚育、两河源头区中央财政森林生态效益补偿补助 6 项重点工程。建设内容包括对阿尔泰山矿区的废弃矿区遗址和堆场、尾矿库、污染场地等进行回填平整、生态修复，治理水土流失，恢复本区自然生态环境；对额尔齐斯河中下游受损地质环境进行修复，包括回填平整、植被修复等。对额尔齐斯河源头区（一级支流头）的阿勒泰市、布尔津县、哈巴河县、吉木乃县开展防护林建设，加强对喀纳斯、阿勒泰市、布尔津县、哈巴河县、富蕴县等的天然林抚育，种植抚育中幼龄林、封山育林、低效林人工更新等，并实施森林生态效益补偿补助，见图 9-1。

图 9-1　矿区生态修复喷洒泥浆以利种子生长着床图

（资料来源：《新疆额尔齐斯河流域山水林田湖草生态保护修复工程实施方案》）

9.1.1.3　预期成效

工程实施期限为 2018—2021 年。通过对矿区生态环境的治理，20.12 hm^2 废弃矿区恢复原有地貌，30 hm^2 污染土壤得以消除，消除安全隐患，恢复土地功能，矿区生态环境大大改善；完成造林 1.89 万亩、森林抚育 19.5 万亩、森林补偿 1 970.6 万亩。通过矿山修复和森林植被的修复，提升区域森林覆盖率和森林蓄积量，完善阿尔泰山生态廊道，扩大动植物栖息地，提升阿尔泰山区涵养功能，见表 9-1、图 9-2。

表 9-1　山地生态涵养功能保护修复示范工程项目表

序号	项目名称	建设地点、范围	项目及建设内容
1	阿尔泰山“两河”源头区受损地质环境治理项目	阿勒泰市、阿尔泰山“两河”源头自然保护区、布尔津县、吉木乃县、富蕴县	①阿勒泰市城市及乡镇周边地质环境恢复治理项目； ②阿尔泰山“两河”源头自然保护区矿业权地质环境恢复与生态修复治理项目； ③布尔津县窝依莫克镇喀拉加勒村砂石料矿地质环境治理项目； ④布尔津县城东地质环境治理项目； ⑤吉木乃县木乎尔台区域废弃砂石矿采坑矿山地质环境治理恢复； ⑥吉木乃县托斯特乡废弃砂石矿采坑矿山地质环境治理恢复； ⑦富蕴县额尔齐斯河和喀拉额尔齐斯河两岸河道治理及生态恢复项目

续表

序号	项目名称	建设地点、范围	项目及建设内容
2	"两河"中下游区受损地质环境恢复治理项目	福海县	①福海县西岔河—红山嘴区域受损地质环境治理项目； ②对福海县阿尔泰山喀拉额尔齐斯河沿岸受损区域地质环境进行治理； ③对福海县额尔齐斯河喀拉朔克滥采滥挖区地质环境进行治理； ④对福海县额尔齐斯河 635 水库西侧受损地质环境进行治理
3	哈巴河流域老旧废弃矿山生态治理项目	哈巴河县	①哈巴河县老旧废弃矿山生态治理工程； ②哈巴河县多拉纳萨依矿区生态修复治理工程
4	阿尔泰山"两河"源头区重点防护林建设项目	阿勒泰市、布尔津县、哈巴河县、吉木乃县	①阿勒泰市重点防护林工程； ②布尔津县重点防护林工程； ③哈巴河县重点防护林工程； ④吉木乃县重点防护林项目
5	"两河"源头区森林抚育项目	布尔津县、哈巴河县山区	①布尔津县森林抚育项目； ②哈巴河县森林抚育项目
6	"两河"源头区中央财政森林生态效益补偿补助项目	阿勒泰市、布尔津县、哈巴河县、喀纳斯景区内	①阿勒泰市中央财政森林生态效益补偿补助； ②布尔津县中央财政森林生态效益补偿补助； ③哈巴河县中央财政森林生态效益补偿补助； ④喀纳斯中央财政森林生态效益补偿补助； ⑤喀纳斯天然林资源保护工程二期； ⑥哈巴河县中央财政森林资源培育项目

9.1.2 草地生态修复与持续利用工程

9.1.2.1 建设范围

该类工程主要分布于北部阿尔泰山生态屏障区、南部干旱荒漠区，在中部区域也有部分分布，包括阿勒泰市区阿勒泰市、哈巴河县、布尔津县、富蕴县、青河县、福海县、吉木乃县及喀纳斯保护区等天然草地分布区。

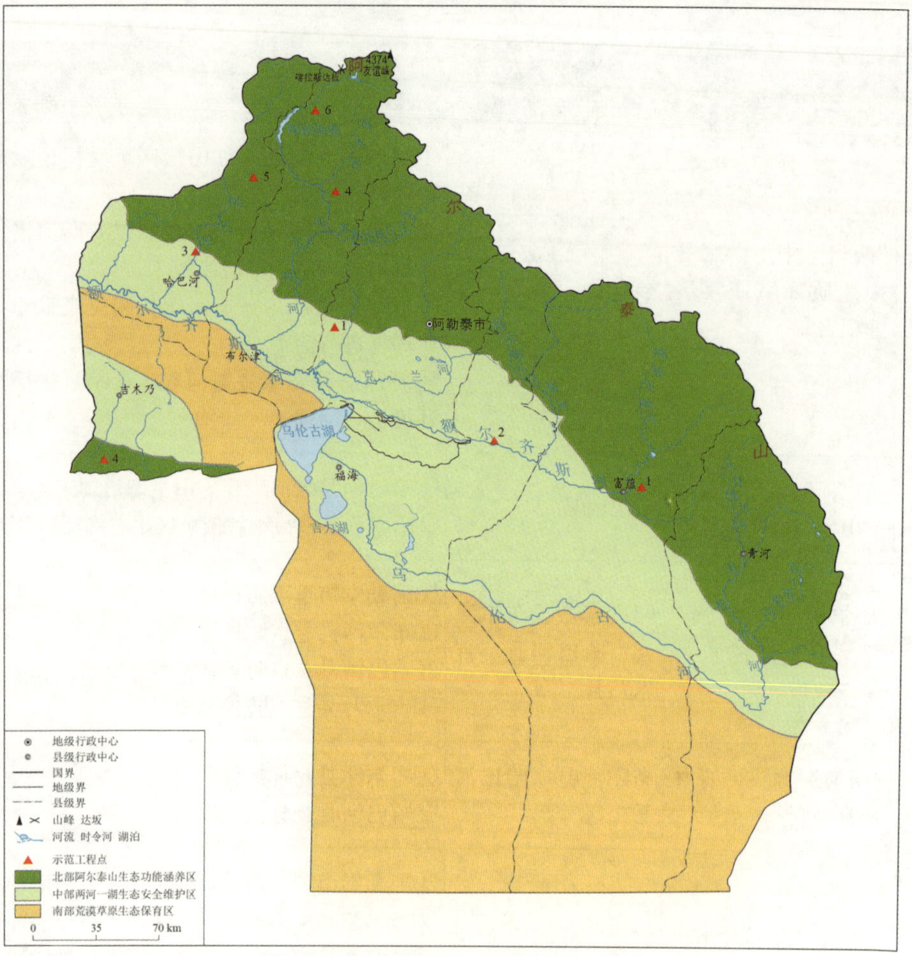

图 9-2 山地生态涵养功能保护修复示范工程布置图

注：1. 阿尔泰山“两河”源头区受损地质环境治理项目；2.“两河”中下游区受损地质环境恢复治理项目；3. 哈巴河流域老旧废弃矿山生态治理项目；4. 阿尔泰山“两河”源头区重点防护林建设项目；5.“两河”源头区森林抚育项目；6.“两河”源头区中央财政森林生态效益补偿补助项目。

9.1.2.2 建设内容

包括天然草原生态保护补助奖励、天然草原退牧还草、游牧民定居和草原生态保护等建设内容，具体建设内容包括阿尔泰山“两河”源头区天然草原生态保护补助奖励、南部荒漠区天然草原生态保护补助奖励、阿尔泰山“两河”源头区天然草原退牧还草、农牧交错带草原修复治理、山区草地游牧民定居与生态修复 5 个重点工程。

具体措施包括对阿勒泰地区天然草原进行生态保护补助奖励，确保到 2020 年北部山区天然草原基本达到草畜平衡，各县（市）南部荒漠草原全面实施禁牧政策；对阿尔泰山“两河”源头区天然草原进行退牧还草，采取牧民定居、退化草原补播、毒草治理、休牧围栏、退化草原改良、天然草地生态移民等措施，推进退化天然草地的自我修复；对农牧交错带和山地草原进行人工修复治理，促进转变畜牧业发展方式，使得草原综合植被盖度到 2020 年达到 42.2%（图 9-3）。

图 9-3　围栏封育后的泥炭沼泽湿地图

（资料来源：《新疆额尔齐斯河流域山水林田湖草生态保护修复工程实施方案》）

9.1.2.3　预期成效

工程实施期限为 2018—2020 年。预期天然草原生态保护补助奖励 10 560 万亩，天然草原退牧还草 300 万亩，实施围栏建设 69.5 万亩，毒害草治理 35 万亩，休牧、轮牧 81 万亩，退化草原补播 81.7 万亩，草地改良 33 万亩，建设饲草料地 25 万亩，棚圈建设 1 200 座。通过推进退化天然草地修复，降低草原的载畜量，恢复草原植被的生产力和调蓄能力，见表 9-2、图 9-4。

表 9-2　草地生态修复与生态系统服务提升工程项目一览表

序号	项目名称	建设地点、范围	建设内容及规模
1	阿尔泰山“两河”源头区天然草原生态保护补助奖励项目	阿勒泰地区6县1市北部山区、喀纳斯保护区	对阿勒泰市、布尔津县、哈巴河县、吉木乃县、富蕴县、青河县、喀纳斯保护区、福海县内阿尔泰山山地草原和天然草原实施生态补助奖励，到 2020 年北部山区天然草原基本达到草畜平衡，水源涵养区实施禁牧

续表

序号	项目名称	建设地点、范围	建设内容及规模
2	南部荒漠区天然草原生态保护补助奖励项目	阿勒泰地区6县1市南部荒漠区	对阿勒泰市、布尔津县、哈巴河县、吉木乃县、富蕴县、青河县、喀纳斯保护区、福海县内南部荒漠区天然草原实施生态补助奖励，到2020年各县市南部荒漠草原全面实施禁牧政策，促进转变畜牧业发展方式，草原综合植被盖度进一步提高
3	阿尔泰山“两河”源头区天然草原退牧还草工程项目	阿勒泰地区6县1市北部山区	①阿勒泰市天然草原退牧还草工程：实施退化草原补播22万亩（其中2018年补播12万亩、2019—2020年补播各5万亩），毒草治理6万亩（每年毒草治理2万亩），从根本上遏制草地退化问题。②布尔津县天然草原退牧还草工程：2018年实施休牧20万亩，退化草原改良2万亩，毒害草治理1万亩；2019年改良退化草原2万亩，毒害草治理1万亩；2020年改良退化草原2万亩，毒害草治理1万亩。③哈巴河县天然草原退牧还草工程：建设休牧围栏20万亩，退化草原改良2万亩，毒害草治理4万亩，分2年实施。④吉木乃县天然草原退牧还草工程：划区轮牧30万亩，毒害草治理9万亩，退化草原补播改良14万亩，棚圈建设300座，每年划区轮牧10万亩；毒害草治理2018年3万亩、2019年3万亩、2020年3万亩；草原改良2018年4万亩、2019年6万亩、2020年4万亩；棚圈建设2018年300座；围栏建设2020年10万亩。⑤福海县天然草原退牧还草工程：2018年实施围栏划区轮牧10万亩，退化草原改良4万亩，人工饲草地建设5万亩，毒害草治理5万亩，棚圈建设100座；2019—2020年实施生态围栏20万亩，其中划区轮牧20万亩；退化草原改良4万亩；毒害草治理2万亩，分2年实施。⑥富蕴县天然草原退牧还草工程：2018年退化草原改良3万亩，毒害草治理1万亩；2019年人工饲草地建设2万亩，毒害草治理1万亩；2020年人工饲草地建设3万亩，毒害草治理2万亩；⑦青河县天然草原退牧还草工程：2018年建设5万亩饲草地，草原补播5万亩，毒害草治理2万亩，青贮窖300座；2019—2020年建设10万亩饲草地，草原补播6万亩，毒害草治理4万亩，棚圈或青贮窖1 200座
4	农牧交错带草原修复治理项目	阿勒泰市农牧交错带	围栏建设9.5万亩，苜蓿补播2.8万亩，河谷草地混播无芒雀麦、披碱草和扁穗冰草6.7万亩，购置农家肥700 t
5	山区草地游牧民定居与生态修复项目	吉木乃县石城草原	引水管网19 km及净水设施设备、电力线路25.5 km，道路11 km、生态恢复迁出牧民13户，涉及草原9 952亩，通过该项目的实施，可将在项目区的原13户牧民迁出，可休牧草原9 952亩，加快破坏草原的恢复

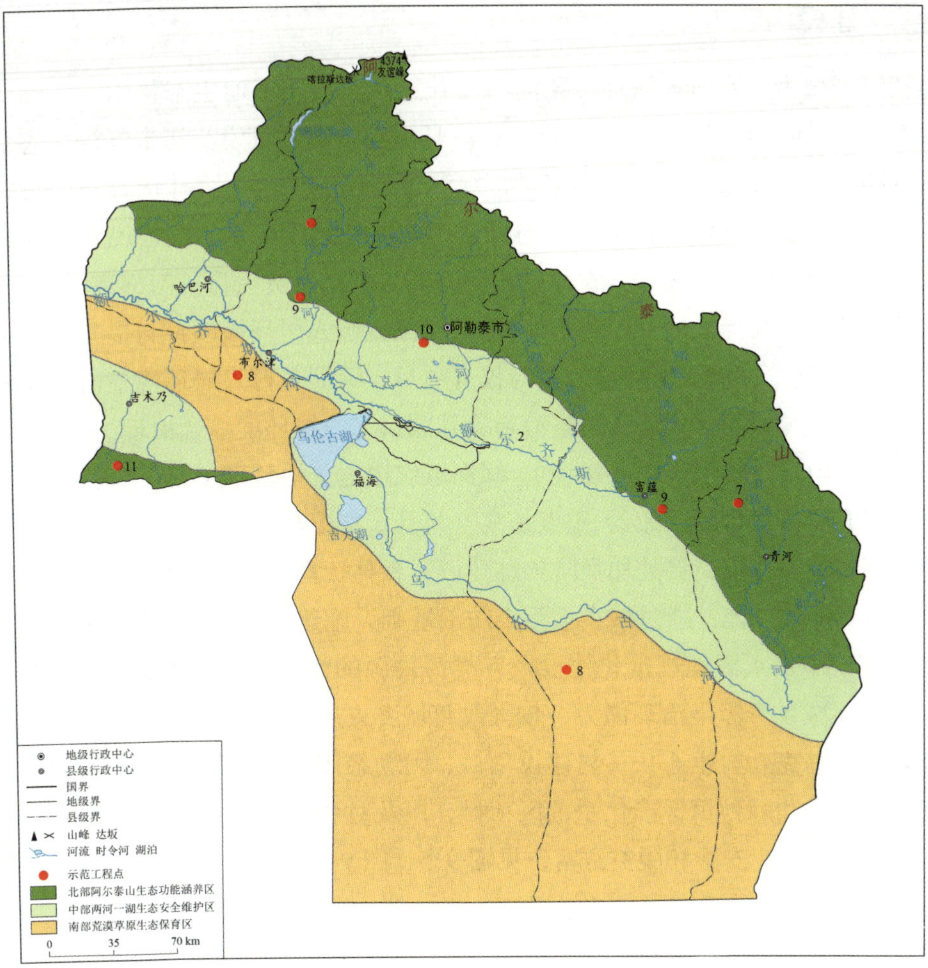

图 9-4　草地生态修复与持续利用示范工程布置图

注：7. 阿尔泰山"两河"源头区天然草原生态保护补助奖励项目；8. 南部荒漠区天然草原生态保护补助奖励项目；9. 阿尔泰山"两河"源头区天然草原退牧还草工程项目；10. 农牧交错带草原修复治理项目；11. 山区草地游牧民定居与生态修复项目。

9.1.3 绿洲生态功能提升与人居环境改善工程

9.1.3.1 建设范围

该工程主要分布在中部"两河一湖"生态安全维护区的绿洲区，包括城市建成区和农村、绿洲农牧业区，阿勒泰市、青河县、富蕴县、福海县、布尔津县、哈巴河县、吉木乃县等各县（市）均有分布，部分工程分布在喀纳斯景区内。

9.1.3.2 建设内容

包括绿洲城镇、乡村人居环境整治与提升、绿洲农用土地生态整治、绿洲生态扶贫等方面的建设内容，共计13个重点工程。具体包括绿洲荒漠交错带绿洲生态屏障建设（重点防护林）项目、绿洲荒漠交错带绿洲生态屏障建设（森林抚育与中央财政森林补偿培育）项目、绿洲区退耕还林与城镇生态屏障建设项目、农牧民转业安置与生态扶贫项目（“两河”中部区）、农牧民转业安置与生态扶贫项目（南部荒漠区）、绿洲城镇人居环境改善与提升项目（污水处理）、绿洲城镇人居环境改善与提升项目（垃圾处理工程）、喀纳斯区域人居环境改善与提升项目、绿洲乡村人居环境整治与提升项目（污染源治理）、绿洲乡村人居环境整治与提升项目（农村环境综合治理）、绿洲人居环境改善与提升项目（饮用水水源建设）、绿洲区农用地土地整理项目、绿洲城镇人居环境改善与提升项目（厕所革命）。重点是在青河县、富蕴县、福海县、吉木乃县、哈巴河县等南部城乡与荒漠交接处加强防护林建设、森林抚育及森林资源培育和退耕还林，强化绿洲生态屏障功能；通过城乡水污染防治基础设施建设、生活垃圾处理设施建设、城镇集中式饮用水水源地规范化建设及各类污染源的治理控制、大力开展厕所改造，极大提升绿洲城乡、污染治理能力，较大改善城乡人居环境；通过开展福海县阔克阿尕什乡阿克乌提克勒村生态扶贫村建设项目、阿勒泰市阿苇滩镇库布东村生态扶贫项目、青河县大果沙棘种植标准化示范区项目，以及对各县（市）受损农用土地整理治理，实现农牧民转业安置和脱贫致富，见图9-5、图9-6。

图9-5 农村土地整治图

（资料来源：《新疆额尔齐斯河流域山水林田湖草生态保护修复工程实施方案》）

图 9-6　农牧区人居环境整治图

（资料来源：《新疆额尔齐斯河流域山水林田湖草生态保护修复工程实施方案》）

9.1.3.3　预期成效

工程实施期限为 2018—2021 年。预期建设人工造林 2.15 万亩，森林抚育 6.3 万亩，封山育林 11.2 万亩，防护林建设和退耕还林 15.9 万亩，农田整治面积 6 940 hm^2；完成污水处理厂提标改造 4 个，新建污水处理厂 3 座，建设污水管网 108 km，中水回用工程 3 座，利用达到 380 万 m^3，所有城镇生活污水全部实现一级 A 排放，惠及人口 10.5 万人；新建垃圾填埋场 5 个，日处理垃圾量达到 150 t，改善约 15 万人居住环境；建设 2 个生态农业示范基地，20 个村级农业废弃物回收点，工业污染得到有效治理，农业面源治理面积 86 万亩，农业面源污染明显降低，新建畜禽养殖污染处理池 1 000 m^3，完成农村人居环境整治村庄 190 个；实施 3 个农牧民生态扶贫项目，实现 2.6 万人口脱贫，人均增收约 2 000 元。通过实施上述工程，将增强城市和乡村的生态防护和调节能力，改善农牧民的生产生活环境，提高农牧民和城镇居民的获得感和幸福感，见表 9-3、图 9-7。

表 9-3　绿洲生态功能提升与人居环境改善工程实施项目一览表

序号	项目名称	建设地点、范围	建设内容及规模
1	绿洲荒漠交错带绿洲生态屏障建设项目（重点防护林）	青河县、福海县、富蕴县南部绿洲荒漠交错区	①青河县重点防护林工程（南部）； ②福海县重点防护林工程（南部）； ③富蕴县重点防护林工程（南部）
2	绿洲荒漠交错带绿洲生态屏障建设项目（森林抚育与中央财政森林补偿培育）	青河县、福海县、富蕴县南部绿洲荒漠交错区	①富蕴县中央财政森林资源培育项目（南部）； ②福海县中央财政森林生态效益补偿补助（南部）； ③富蕴县中央财政森林生态效益补偿补助（南部）； ④福海县森林抚育项目（南部）； ⑤青河县森林抚育项目（南部）
3	绿洲区退耕还林与城镇生态屏障建设项目	吉木乃县、哈巴河县、福海县、布尔津县、吉木乃县绿洲区	①布尔津县新一轮退耕还林还草工程； ②哈巴河县新一轮退耕还林还草工程； ③福海县城南绿色屏障工程建设； ④吉木乃、布尔津、哈巴河三县生态屏障水源工程（吉木乃县喀拉苏水源工程）
4	农牧民转业安置与生态扶贫项目（“两河”中部区）	①福海县阔克阿尕什乡阿克乌提克勒村；②阿勒泰市阿苇滩镇库布东村	①福海县阔克阿尕什乡阿克乌提克勒村生态扶贫村建设项目； ②阿勒泰市阿苇滩镇库布东村生态扶贫项目
5	农牧民转业安置与生态扶贫项目（南部荒漠区）	青河县大果沙棘种植标准化示范区	青河县大果沙棘种植标准化示范区项目（南部）
6	绿洲城镇人居环境改善与提升项目（污水处理）	①青河县阿热勒托别镇；②青河县阿热勒托别镇；③富蕴县城；④富蕴县可可托海镇；⑤福海县城；⑥福海县城；⑦布尔津县城；⑧布尔津县冲乎尔镇；⑨布尔津县窝依莫克镇；⑩布尔津县城；⑪吉木乃县城；⑫哈巴河县城	①阿勒泰市污水提标改造工程； ②青河县阿热勒托别镇污水处理工程建设项目； ③富蕴县中水利用生态恢复项目； ④富蕴县可可托海镇污水治理和综合利用项目； ⑤福海县污水管网工程； ⑥福海县污水处理厂提标改造工程

续表

序号	项目名称	建设地点、范围	建设内容及规模
6	绿洲城镇人居环境改善与提升项目（污水处理）		⑦布尔津县污水处理厂一级 A 提标改造项目； ⑧布尔津县冲乎尔镇污水处理厂一级 A 提标改造工程； ⑨布尔津县窝依莫克镇排水工程； ⑩布尔津县污水处理厂中水库项目； ⑪ 吉木乃县污水处理厂提标改造项目； ⑫ 哈巴河县污水厂提标改造项目
7	绿洲城镇人居环境改善与提升项目（垃圾处理）	①阿勒泰市；②青河县阿热勒托别镇；③青河县城；④福海县乌伦古湖周边；⑤窝依莫克镇；⑥布尔津县城	①阿勒泰城市生活垃圾分类处理工程：建设阿勒泰市生活垃圾收集、清运、转运、分拣系统，医疗垃圾分拣处理系统，城市生活垃圾卫生填埋场 1 个及相应附属设施。改善城市的市容市貌，提高阿勒泰市的环卫基础设施水平，改善投资环境，改善人居生活质量。②青河县阿热勒托别镇生活垃圾处理工程：新建生活垃圾卫生填埋场 1 座，有效库容 10.03 万 m^3，使用年限 10 年，拟建生活垃圾卫生填埋场占地面积 2.97 万 m^2，近期（2028 年）生活垃圾处理规模为 22.0 t/d；远期（2038 年）生活垃圾处理规模为 27.0 t/d，购置生活垃圾收集、清运设备（有效解决阿热勒托别镇近期 1.35 万人口的生活垃圾，改善人居环境）。③青河县生活垃圾处理二期工程：新建生活垃圾卫生填埋场 1 座，库容 74.15 万 m^3，使用年限 10 年，设计规模为近二期（2022 年）生活垃圾处理规模为 70 t/d，远期（2032 年）生活垃圾处理规模为 90 t/d。④福海县乌伦古湖周边乡村垃圾处理工程：设置垃圾收集桶 600 个、吸污车 2 辆、垃圾转运车 13 辆、垃圾船 70 艘，建设环保厕所 3 个、垃圾收集点 8 个。建设阿尔达固体废物处理场，日处理量 20 t。⑤窝依莫克镇垃圾处理工程：配备 2 辆容积为 13 m^3 的后装式垃圾压缩车，洒水车 2 辆、清扫车 2 辆、扫雪车 2 辆，3.35 m^3 钢制垃圾箱 117 个，果皮箱 486 个。生活垃圾清运处理量：27.89 t/d，填埋场设计库容：12.69 万 m^3。改善全镇 0.55 万人口居住环境。⑥布尔津县垃圾填埋场二期：主要建设内容包括渗滤液处理中心、生活垃圾填埋场二期，8 t 垃圾压缩车 2 辆，3 辆小型拉臂勾车，洗扫车 1 辆，渗沥液处理规模为 30 m^3/d。改善全县 3 万人口居住环境

续表

序号	项目名称	建设地点、范围	建设内容及规模
8	喀纳斯区域人居环境改善与提升项目	喀纳斯国家自然保护区	①喀纳斯国家自然保护区供排水一体化提标改造工程：喀纳斯自然保护区实现污水处理达到地表Ⅳ类标准，处理后回用。对贾登峪供水系统改造，日供水能力 5 000 m^3；贾登峪污水处理厂扩建（3 500 m^3/d）及管网改造；新建生态水库 1 座（库容 3.6 万 m^3）。对喀纳斯下湖口污水处理厂提标改造，新建生态水库 1 座（库容 2 万 m^3）。对禾木景区供水系统提标改造，管网、生产用房等；禾木景区排水系统改造，污水厂扩建规模 1 500～3 500 m^3/d；新建 1 座生态水库（库容 2.4 万 m^3）。对白哈巴供水系统提标改造，管网改造、增设业务用房及控制系统；白哈巴景区排水系统提标改造，扩建污水厂，规模为 700 m^3/d，新建 1 座生态水库（库容 1 万 m^3）。对铁热克提景区供水提标改造，规模为 500 m^3/d，污水处理厂提标改造，完善自动化控制系统和在线监测系统，配设总水池 1 座（库容 6 000 m^3）。②喀纳斯国家自然保护区海流滩垃圾填埋场扩建工程：扩建垃圾填埋场 1 座（库容 10 万 m^3）及配套的防渗、滤液收集、围栏、垃圾收集填埋设备等
9	绿洲乡村人居环境整治与提升项目（污染源治理）	①哈巴河县各乡镇；②布尔津县；③福海县城东区；④福海县各乡镇；⑤阿勒泰市北屯造纸厂；⑥阿勒泰市各乡镇；⑦布尔津县各乡镇	①哈巴河县农业面源污染治理建设项目：开展哈巴河县 60 万亩面源污染治理，主要建设内容为机械回收、机械补贴等，秸秆还田 50 万亩；②布尔津县生态循环农业示范基地建设项目：建设 8 000 亩消纳基地，新建年生产能力达 1 万 t 的有机肥加工厂，新建粪污处理基础设施及设备，新建年加工能力 2 万 t 的饲料加工厂，开展养分管理、循环利用减少资源浪费；③福海县城东区畜禽养殖污染综合防治工程：建设东城区畜禽养殖基地，将分散在乌伦古湖河谷区域的畜禽养殖户迁移到基地中进行集中养殖，并配套建设集中污染防治设施，其中，新建防渗粪便堆场 2 000 m^2、无害化处理池 1 000 m^3，配套畜禽粪便处理设施（包括集粪池、调节调浆池、厌氧发酵罐埋藏池、储气罐埋藏池、沉淀池储蓄罐埋藏池等）；④福海县现代化“四良一规范”养殖污染防治项目：选取 5 个养殖合作社，规范养殖场建设布局，分别新建标准化圈舍、污水处理池、消毒池、兽医室、堆粪场、青贮窖；⑤阿勒泰市北屯造纸厂污泥综合治理工程（一期）：完成 20 亩淤泥填埋工作，可有效消除区域环境风险源；⑥阿勒泰市地膜回收与综合利用农业清洁生产示范项目：新建造粒车间、库房

续表

序号	项目名称	建设地点、范围	建设内容及规模
9	绿洲乡村人居环境整治与提升项目（污染源治理）	①哈巴河县各乡镇；②布尔津县；③福海县城东区；④福海县各乡镇；⑤阿勒泰市北屯造纸厂；⑥阿勒泰市各乡镇；⑦布尔津县各乡镇	约 6 200 m^3，堆料场地 2 万 m^3；购置安装地膜回收、造粒、烘干等机械设备 44 台（套），建吹膜生产线 6 条；⑦布尔津县农业面源污染治理项目：2019 年回收面积 26 万亩，购置残膜回收机 10 台，新建农业废弃物集中回收点 6 个；2020 年回收面积 24 万亩，购置残膜回收机 10 台，新建 15 个村级农业废弃物集中回收点；2021 年回收面积 22 万亩，购置残膜回收机 10 台，新建 20 个村级农业废弃物集中回收点
10	绿洲乡村人居环境整治与提升项目（农村环境综合治理）	①吉木乃县各乡镇；②阿勒泰市各乡镇；③哈巴河县各乡镇；④福海县阔克阿尕什乡农村	①吉木乃县农村生态环境改善项目：在全县 6 个乡“镇”进行农田林网化，提升农田产出效益，助力脱贫攻坚，改善面积 2 200 亩。②阿勒泰市农村环境整治项目：红墩镇、阿苇滩镇、切木尔切克镇、切尔克齐乡 12 个村购买垃圾车、垃圾船，建设垃圾临时堆放点。阿拉哈克镇、切尔克齐乡农村环境整治项目。③哈巴河县农村人居环境整治建设项目：购置乡镇 10 台吸污车，垃圾转运车（5 t）25 辆，垃圾箱 200 个（91 个村），污水管网（85 个村）村污水一体处理化设备日处理能力 20 m^3，乡镇污水处理管网 15 km/ 乡，共计 90 km，乡镇污水处理一体化设备日处理能力 50 m^3。美丽乡村建设，每年县财政投入 1 500 万元，提升 1 乡（镇）5 村村容村貌基础设施建设，91 个村访惠聚项目，兴边富民项目。④福海县阔克阿尕什乡农村人居环境综合整治项目：新建围墙 4 km，绿化管网 6 km 及相关配套建设。新建道路 2.5 km，安装路灯 50 盏及相关配套建设
11	绿洲人居环境改善与提升项目（饮用水水源建设）	①阿勒泰市；②哈巴河县	①阿勒泰市 8 个饮用水水源地保护工程：对阿勒泰市 8 个乡“镇”饮用水水源地开展保护区建设和水源保护，提高人民健康水平，促进城市经济发展；②阿勒泰市城市自来水水源地改造及保护工程：新建净水厂，供水能力达 2.5 万 m^3/d，远期达到 5 万 m^3/d，新建取水口及水源保护区、储水调节池 2 个，输配水管网 38 439 m，对水源地的环境进行修复，修建围栏，减少来自面源的污染；③哈巴河县饮用水水源地保护建设项目：对山口、吉勒布拉克等饮用水水源地进行保护，主要建设内容为对围栏的维修维护、水质监测

续表

序号	项目名称	建设地点、范围	建设内容及规模
12	绿洲区农用地土地整理项目	①清河县各乡镇；②福海县各乡镇；③富蕴县各乡镇；④阿勒泰市各乡镇；⑤布尔津县各乡镇；⑥哈巴河县各乡镇；⑦吉木乃县各乡镇	①青河县土地整理项目：土地平整、灌溉与排水、田间道路、农田防护与生态环境保持（塔克什肯镇、阿热勒托别镇）建设规模 577 hm^2。整理后耕地等级平均提高1个等级，拓宽了农牧民增收渠道，整治区农牧民人均年收入可增加 260 元左右。②福海县土地整理项目：土地平整、灌溉与排水、田间道路、农田防护与生态环境保持（福海监狱、喀拉玛盖镇、一农场、解特阿热勒镇），建设规模 1 875 hm^2。整理后耕地等级平均提高 1 个等级，拓宽了农牧民增收渠道，整治区农牧民人均年收入可增加 800 元左右。③富蕴县土地整理项目：土地平整、灌溉与排水、田间道路、农田防护与生态环境保持（恰克图镇），建设规模 240 hm^2。整理后耕地等级平均提高 1 个等级，拓宽了农牧民增收渠道，整治区农牧民人均年收入可增加 2 600 元左右。④阿勒泰市土地整理项目：土地平整、灌溉与排水、田间道路、农田防护与生态环境保持（阿苇滩镇、巴里巴盖乡、切木尔切克镇、切尔克齐乡），建设规模 1 200 hm^2。整理后耕地等级平均提高 1 个等级，拓宽了农牧民增收渠道，整治区农牧民人均年收入可增加 2 500 元左右。⑤布尔津县土地整理项目：土地平整、灌溉与排水、田间道路、农田防护与生态环境保持（杜来提乡），建设规模 1 400 hm^2。整理后耕地等级平均提高 1 个等级，拓宽了农牧民增收渠道，整治区农牧民人均年收入可增加 800 元左右。⑥哈巴河县土地整理项目：土地平整、灌溉与排水、田间道路、农田防护与生态环境保持（库勒拜乡），建设规模 1 076 hm^2。整理后耕地等级平均提高 1 个等级，拓宽了农牧民增收渠道，整治区农牧民人均年收入可增加 2 240 元左右。⑦吉木乃县土地整理项目：土地平整、灌溉与排水、田间道路、农田防护与生态环境保持（托斯特乡），建设规模 570 hm^2。整理后耕地等级平均提高 1 个等级，拓宽了农牧民增收渠道，整治区农牧民人均年收入可增加 1 400 元左右

续表

序号	项目名称	建设地点、范围	建设内容及规模
13	绿洲城镇人居环境改善与提升项目（厕所革命）	①青河县各乡镇；②福海县各乡镇；③富蕴县各乡镇；④阿勒泰市各乡镇；⑤布尔津县各乡镇；⑥哈巴河县各乡镇；⑦吉木乃县各乡镇；⑧喀纳斯景区	①阿勒泰市厕所革命：新建农村示范厕所137座，改造农村厕所1.6万座。②布尔津县厕所革命：新建、改建卫生厕所8 890座，包括村委会1座、乡镇政府5座、城区7座、旅游景区景点14座、公路沿线2座、餐饮场所281座、户厕8 580座。其中，2018年4 368座（村委会1座、乡镇政府5座、城区7座、旅游14座、公路沿线2座、餐饮场所281座、户厕4 058座）。③哈巴河县厕所革命：2018年新建示范厕所38座（农村28座、城区厕所10座），共计3 242万元；2018年旅游公厕5座（新建2座、改造3座），道路沿线3座，户用厕所新建2 612座、维修3 081座、改造1 741座，共计1 725万元；2019—2020年实施户用厕所5 000座，2019年对县城原有18个厕所改造，共计2 510万元。④阿勒泰吉木乃县厕所革命：新建农村示范厕所24座，改造农村厕所500座。⑤福海县厕所革命：新建农村示范厕所67座，改造农村厕所1万座。⑥富蕴县厕所革命：县城新建15座，改造2座公厕，乡镇新建64座公厕。⑦青河县厕所革命：新建农村示范厕所50座，改造农村厕所2 500座，新建农村厕所200个，交通厕所2个。⑧喀管委厕所革命：新建示范厕所8座，每座60～100 m^2

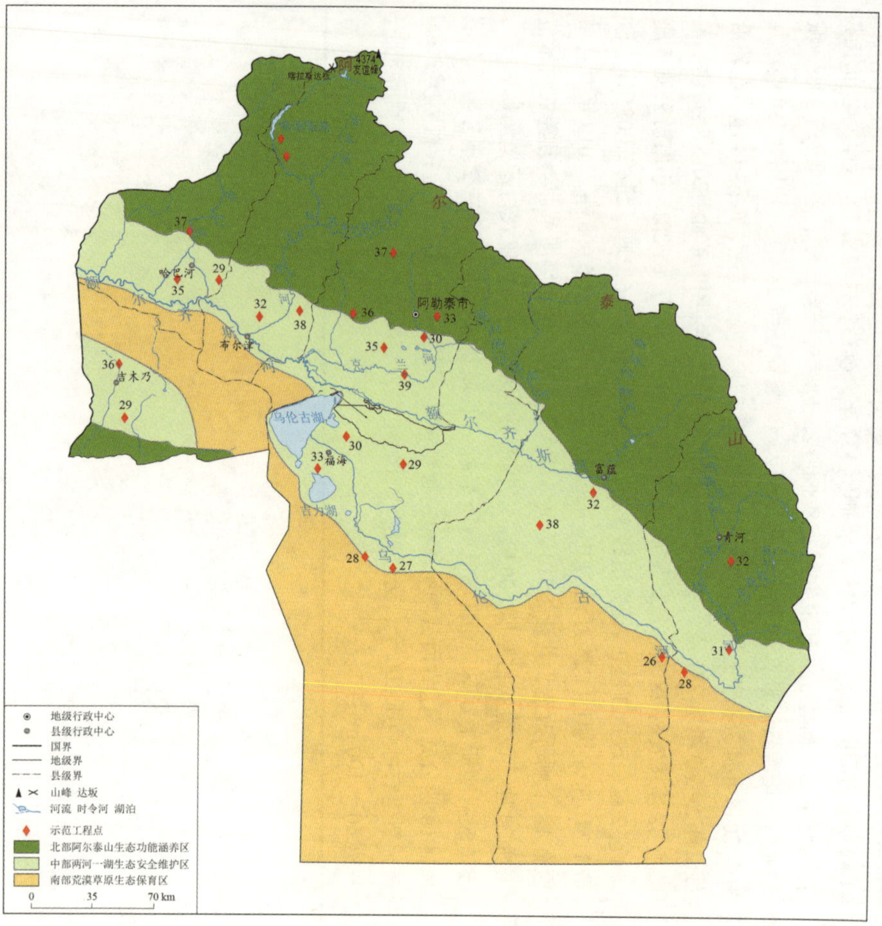

图 9-7 绿洲生态功能提升与人居环境改善示范工程布置图

注：27. 绿洲荒漠交错带绿洲生态屏障建设项目（重点防护林）；28. 绿洲荒漠交错带绿洲生态屏障建设项目（森林抚育与中央财政森林补偿培育）；29. 绿洲区退耕还林与城镇生态屏障建设项目；30. 农牧民转业安置与生态扶贫项目（“两河”中部区）；31. 农牧民转业安置与生态扶贫项目（南部荒漠区）；32. 绿洲城镇人居环境改善与提升项目（污水处理）；33. 绿洲城镇人居环境改善与提升项目（垃圾处理）；34. 喀纳斯区域人居环境改善与提升项目；35. 绿洲乡村人居环境整治与提升项目（污染源治理）；36. 绿洲乡村人居环境整治与提升项目（农村环境综合治理）；37. 绿洲人居环境改善与提升项目（饮用水水源建设）；38. 绿洲区农用地土地整理项目；39. 绿洲城镇人居环境改善与提升项目（厕所革命）。

9.1.4 “两河一湖”生态保护与修复工程

9.1.4.1 建设范围

该类工程主要分布在中部“两河一湖”生态安全维护片区，包括城市建成区和农区，阿勒泰、青河、富蕴、福海、布尔津、哈巴河、吉木乃等各县（市）均有分布，主要围绕额尔齐斯河、乌伦古河及其支流、乌伦古湖、阿齐克湿地、依雷木湖等开展。

9.1.4.2　建设内容

"两河一湖"生态保护与修复工程包括河湖湿地生态治理与修复、河流湿地生态治理与修复、小流域生态治理项目、国家湿地公园修复与保护等 10 项工程，具体包括退耕（退牧）还湿、"两河"源头区湖泊湿地生态治理与修复、中部绿洲区湖泊湿地生态治理与修复、阿尔泰山"两河"源头区河流湿地生态治理与修复、"两河"中下游区河流湿地生态治理与修复、河湖湿地水系连通、阿尔泰山"两河"源头区小流域生态治理、乌伦古河河湖生态治理、富蕴县可可托海国家湿地公园保护与建设、福海县乌伦古湖国家湿地公园保护与建设工程。具体措施包括开展重要湿地生态移民，实现退耕还湿、退牧还湿，通过湿地补水和水系系统连通和调控等促进自然修复，辅以适当的人工治理和加强管护，实现湖泊湿地的修复和维持；对"两河"流域的中小河流湿地进行生态治理和修复，建设生态防洪堤、修建柔性护岸、山洪沟谷坊、滚水坝等，保护和修复河谷林草湿地，提升河流湿地的产汇流及污染隔离功能；强化乌伦古湖国家湿地公园、可可托海国家湿地公园周边的生态条件，增强湿地功能。

9.1.4.3　预期成效

工程实施期限为 2018—2021 年。预期实现退耕还湿 7 700 亩，湿地保护围栏 156.6 km，迁出湿地牧民 400 户，生态治理和修复河道 66 km，湿地保护面积达到 1 174.54 万 hm^2，确保"两河一湖"湿地生态水量得到有效保障，水安全保障水平与水资源战略储备区要求相适应（图 9-8、图 9-9、图 9-10、表 9-4）。

图 9-8　生态淹灌图

（资料来源：《新疆额尔齐斯河流域山水林田湖草生态保护修复工程实施方案》）

图 9-9 过鱼通道与提鱼机图

（资料来源：《新疆额尔齐斯河流域山水林田湖草生态保护修复工程实施方案》）

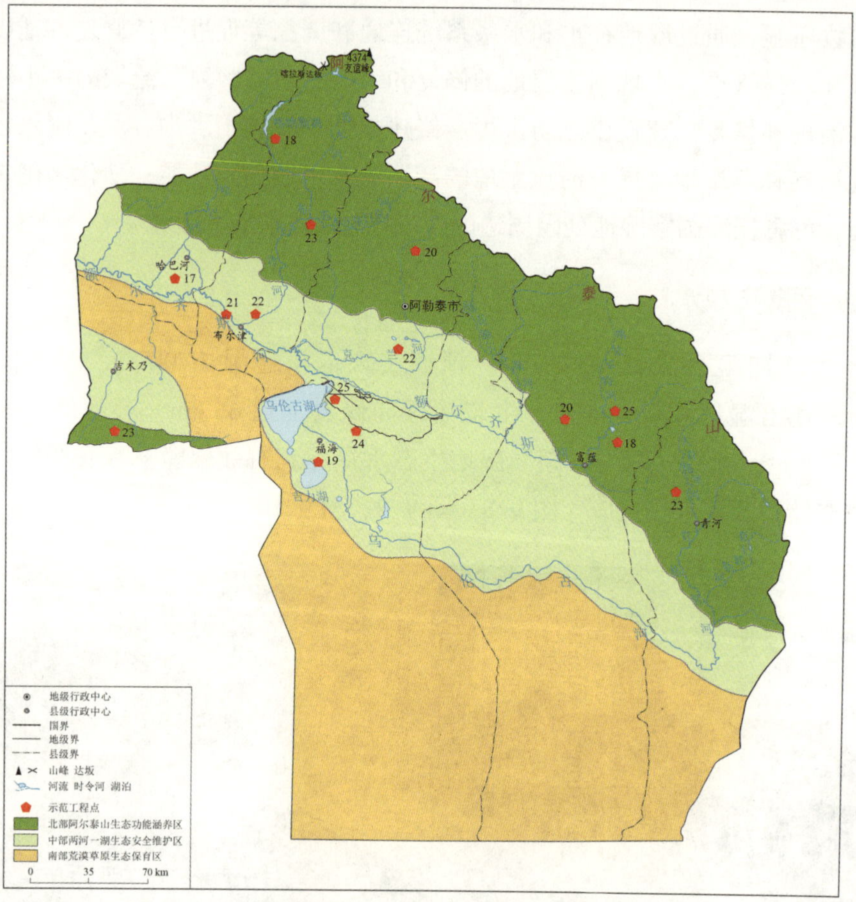

图 9-10 “两河一湖”生态保护与修复示范工程布置图

注：17. 退耕（退牧）还湿项目；18. “两河”源头区湖泊湿地生态治理与修复项目；19. 中部绿洲区湖泊湿地生态治理与修复项目；20. 阿尔泰山“两河”源头区河流湿地生态治理与修复项目；21. “两河”中下游区河流湿地生态治理与修复项目；22. 河湖湿地水系连通项目；23. 阿尔泰山“两河”源头区小流域生态治理项目；24. 乌伦古河河湖生态治理项目；25. 国家湿地公园保护与建设项目（富蕴县可可托海国家湿地公园）；26. 国家湿地公园保护与建设项目（福海县乌伦古湖国家湿地公园）。

表 9-4 “两河一湖”生态保护与修复示范工程实施项目一览表

序号	项目名称	建设地点、范围	建设内容及规模
1	退耕（退牧）还湿项目	哈巴河县	对哈巴河县重点湿地周边进行退耕还湿、退牧还湿，同时进行补水、恢复植被、科研监测等，退耕还湿 5 000 亩
2	“两河”源头区湖泊湿地生态治理与修复项目	①哈巴河阿克齐湿地； ②额尔齐斯河流域； ③富蕴县伊雷木湖湿地； ④布尔津县托库木特湿地； ⑤喀纳斯国家级自然保护区湿地	①哈巴河阿克齐湿地补水修复工程：建设 4 km 生态补水渠道，将哈巴河灌溉期多余水量输送至湿地，补充湿地地下水，缓解湿地生态环境问题，有效维护生态系统的结构和功能；②额尔齐斯河流域生态移民（阿勒泰市科克苏湿地保护区核心区生态移民）：每户 20 万元，安排 6 000 万元，同时享受游牧民定居项目；③富蕴县伊雷木湖生态体系综合治理工程：在伊雷木湖沿湖建立 150 m 缓冲带，在海子口村、都孜拜村、铁买克新村、铁买克村 4 个行政村新建水厂 2 座、污水集中处理设施 6 座、配水管网 60.6 km、污水管网 32 km，湖区周边村庄环境整体整治，建集牲畜粪便转运场 4 座；④布尔津县托库木特湿地保护与修复工程：保护与修复布尔津县托库木特湿地 1 174.54 hm^2，4 km 引水渠，人工修复芦苇（沙丘上补种芦苇等），建设观鸟台和鸟类等生物展厅，进行科普宣传教育，增强环保意识；⑤喀纳斯国家级自然保护区湿地保护与恢复项目：喀纳斯下湖口区域生态恢复 2 万 m^2，管护桥维修 1 座，科研监测设备及运行，湿地治理面积 0.5 km^2；⑥哈巴河县科克托海湿地补水修复项目：建设 4 km 生态补水渠道，工程建成后，利用工程措施将哈巴河和别列则克河灌溉期多余水量输送至湿地，到 2020 年将给湿地补水 2 287 万 m^3，补充湿地地下水
3	中部绿洲区湖泊湿地生态治理与修复项目	福海县乌伦古湖（吉力湖）	实施福海县乌伦古湖（吉力湖）生态补水（额河二期水源置换工程），对中线干渠、南干渠现状渠道全部进行改扩建，渠道总长度为 82.9 km，额河水源置换乌伦古河补充生态用水，保护乌伦古河下游生态和吉力湖的生态环境
4	阿尔泰山“两河”源头区河流湿地生态治理与修复项目	①阿勒泰市克兰河谷； ②富蕴县吐尔洪河两岸； ③喀纳斯国家自然保护区禾木河	①阿勒泰市克兰河谷生态修复工程：每年投入 5 000 万元，建设规模 1 万亩，苗木种植 836 500 株，新建输水管道 6 880 m，扬水泵房 2 座，清水池 1 000 m^3，道路 22.42 km；②富蕴县吐尔洪河两岸生态缓冲绿地建设项目：富蕴县吐尔洪河末端 3 km 至县城周边实施 1.3 万亩人工造林，植草及配套灌溉系统；③喀纳斯国家自然保护区禾木河河道生态治理项目工程：新建堤防 2 km，生态植被恢复 1 000 亩，巡护步道 5 km

续表

序号	项目名称	建设地点、范围	建设内容及规模
5	“两河”中下游区河流湿地生态治理与修复项目	额尔齐斯河布尔津段	实施额尔齐斯河流域（布尔津段）生态移民，河谷迁出200户牧民，主要建设住房200套及配套基础设施。治理后坡度与周边原始自然坡度一致，消除地质灾害隐患，做到治理后的地形地貌整齐美观，达到治理效果。使保护区生态环境得以修复，让移民“迁得出、稳得下、富得起来”
6	河湖湿地水系连通项目	①塘巴湖、姜清湖、阿苇滩水库、加尔塔斯湖； ②乌拉斯特水库与克兰河及科克苏湿地； ③布尔津县布尔津河与额尔齐斯河	①塘巴湖、姜清湖、阿苇滩水库、加尔塔斯湖4湖连通工程；②乌拉斯特水库与克兰河及科克苏湿地连通工程；通过工程改善水质，保证周围灌木林草用水，给科克苏湿地进行补水及额河补水；③布尔津县布尔津河与额尔齐斯河水系连通工程：构建水系连通渠首、上下游连接段、排水渠、桥、机电设备及配套设施，布尔津河水系与额河水系生态连通，将实现布尔津河对额尔齐斯河水的补充，满足额尔齐斯河布尔津段生态环境逐步改善对水的需要，促进额尔齐斯河生态可持续发展
7	阿尔泰山“两河”源头区小流域生态治理项目	①布尔津县也拉曼河阔帕段； ②布尔津县库须根沟； ③吉木乃县乌拉斯特河； ④哈巴河县别列则克河下游； ⑤青河县大青河阿克朗克村段； ⑥富蕴县可可托海独立工矿区库依尔特河源头； ⑦富蕴县可可托海镇额尔齐斯河两岸； ⑧富蕴县苏普特中小河流	①布尔津县也拉曼河阔帕段生态治理工程：修建格宾石笼生态护岸3.5 km，把防洪标准提高到20年一遇，保护人口1 000人，保护耕地1 000亩，保护草场2 000亩，保障阔帕阿根河在设计防洪标准内洪水条件下不淘刷，不淹没灌区和草场，最大限度地减少洪灾损失；②布尔津县库须根沟生态治理工程：修建谷坊、排洪渠4.5 km，引水闸1座，溢流堰1座，交通桥6座，渡槽1座等配套建筑物，将防洪标准提高到10年一遇，保护人口2 000人，保护耕地1.6万亩；③吉木乃县乌拉斯特河道生态治理工程（小流域生态综合治理）：在乌拉斯特河道内沿沟修建生态护岸8.48 km，拦砂坝3座，综合绿化面积517.56 hm^2，其中水土保持林49.31 hm^2，撒播种草468.25 hm^2，实施封育管护5 482.44 hm^2，围栏长度156.61 km；④哈巴河县别列则克河下游生态治理项目：建设干渠15.8 km及配套建筑物；⑤青河县大青河阿克朗克村段河道治理工程：对青河县大青河阿克朗克段进行河道疏浚，对沿岸进行宾格网护岸12 km，提高防洪标准，保护河道沿岸农牧民的生命财产安全，改善生态环境；⑥富蕴县可可托海独立工矿区库依尔特河源头防护与生态治理项目：

续表

序号	项目名称	建设地点、范围	建设内容及规模
7	阿尔泰山“两河”源头区小流域生态治理项目	①布尔津县也拉曼河阔帕段； ②布尔津县库须根沟； ③吉木乃县乌拉斯特河； ④哈巴河县别列则克河下游； ⑤青河县大青河阿克朗克村段； ⑥富蕴县可可托海独立工矿区库依尔特河源头； ⑦富蕴县可可托海镇额尔齐斯河两岸； ⑧富蕴县苏普特中小河流	对库依尔特河（可可托海镇区自来水厂取水口处向上游以河道中心桩号计 5 km）左右两岸河道 3.5 km 护岸进行防护治理，水冲河段格认宾石笼加固；对塔拉特村金沟山洪沟 4 km 生态恢复，新建谷坊 1 座，水土流失治理覆土 5 万 m^3，植保恢复植树（桦树）100 亩；新建自来水泵房 1 座，安装自动化变频柜，安装管网 5 km，自来水入户 80 户；对塔拉特村污水集中收储处理，新建排水管网 2 km、集中排水池 8 座、吸污车 2 辆、垃圾收储车 3 辆、智能化垃圾房 5 座、果皮箱 50 个；建设绿化灌溉泵房 1 座，4 km 绿化管网及其配套设施，牲畜粪便转运场 1 座；⑦富蕴县可可托海镇额尔齐斯河两岸环境及河道治理生态恢复综合项目：对可可托海镇额河南北两岸进行生态恢复、河岸打造、沿北山 3 km 河道生态治理，实施三道桥村 300 亩河滩地退耕还林，200 户治理区房屋拆迁及异地搬迁安置，三道桥村 200 亩滩涂地植被恢复，对新桥至都孜拜村农田 3 km 灌溉防洪渠防渗及周边环境整治，以及铝厂尾矿坝下游萨布拉克至三道桥 4 km 山洪沟治理，新建谷坊、沉沙池，并对两岸进行环境整治、生态恢复，8 766 选场尾矿库及机械厂周边生态环境修复，换填土 30 万 m^3，植被恢复 100 亩；⑧富蕴县苏普特中小河流生态治理工程：主要建设内容为生态护堤建设，河道生态治理长度 11.03 km；⑨富蕴县大湖斯特河治理建设项目：主要建设内容为生态护堤建设，河道生态治理长度 10 km
8	乌伦古河河湖生态治理项目	福海县解特阿热勒乡、喀拉玛盖镇、齐干吉迭乡、县城段上游	喀拉玛盖镇、解特阿勒热镇、齐干吉迭乡、县城段上游生态治理长度 6 km，下游生态治理长度 4 km，通过河道治理使水土保持和生态环境得以改善，减少洪水对河段带来的危害，完善防洪体系，提高河道行洪能力，增加城市水域，改善城市环境，营造生态绿地

续表

序号	项目名称	建设地点、范围	建设内容及规模
9	国家湿地公园保护与建设项目（富蕴县可可托海国家湿地公园）	额尔齐斯河上游的伊雷木特湖、可可苏里湖和两条出湖河流及其交汇水库	①保护规划（界碑 6 个，界桩 80 个，围栏 60 km，河通道梳理 5 km，鸟类环志设备、鸟类救助站 1 个）。②恢复重建（封滩育草 25 hm^2，人工辅助植被恢复 30 hm^2，栖息地恢复 5 hm^2，植被恢复 60 hm^2，退草还湿 160 hm^2）。③人工种植 500 亩。④宣教中心 200 m^2，湿地保育车 2 辆，野外宣教点、宣传牌等。⑤生态用水控制面积 500 亩，年用水量 40 万 m^3，调蓄水池 2 000 m^3 一座，主管道 30 km，管径 Φ350 mm。⑥防御灾害（防火设备等）。⑦供电线路及配电设施，给排水工程等。⑧恢复重建（封滩育草 25 hm^2，人工辅助植被恢复 30 hm^2，栖息地恢复 5 hm^2，植被恢复 60 hm^2，生态用水控制面积 500 亩，年用水量 40 万 m^3，调蓄水池 2 000 m^3 一座，主管道 30 km，管径 Φ350 mm）
10	国家湿地公园保护与建设项目（福海县乌伦古湖国家湿地公园）	87° 26′ 48.5″ E、47° 05′ 54.4″ N	①在乌伦古湖国家湿地公园范围内，包括界碑、界桩、标牌、宣传牌、围栏修建。②监测和保护站点相关设施维护，巡护道路维护，小型监测监控、防火及巡护设备购置和运行维护，资源监测，聘用巡护人员管护支出，乌伦古湖湿地生物多样性宣教基地等。③水鸟栖息地恢复、植被恢复、芦苇复壮、动植物本底调查、科普宣教和宣传材料等。通过项目的实施可以有效地保护湿地，丰富湿地生物多样性，使乌伦古湖湿地生态环境保护得到有效改善。④河湖周边绿化工程

9.1.5 生物多样性保护与荒漠化防治工程

9.1.5.1 建设范围

该类工程在北部阿尔泰山生态功能涵养区、中部“两河一湖”生态安全维护区、南部荒漠草原生态保育区都有分布，主要是乌伦古湖（吉力湖）、喀纳斯自然保护区、卡拉麦里山保护区、金塔斯自然保护区生物多样性保护，吉木乃和布尔津县沙化土地封禁和治理，以及青河县南部受损地质环境治理。

9.1.5.2 建设内容

生物多样性保护与荒漠化防治工程，包括生物栖息地保护修复与重要生物物种保护、沙化土地治理、荒漠区受损地质环境治理等 7 项工程，具体包括青河县南部荒漠区受损地质环境治理、沙化土地封禁保护、卡拉麦里山有蹄类自然保护区生态修复、福海县金塔斯自然保护区牧民生态搬迁、喀纳斯国家级自然保护区生物多样性保护与恢复建设、福海县乌伦古湖（吉力湖）土著鱼繁育场建设与污水处理、福海县乌伦古湖国家湿地公园生物多样性宣传教育等重点工程。生物多样性保护措施包括设置保护站、增殖放流、建设繁育环道和厂房；通过消除对保护区内人为干扰的影响，人工保护重要物种和加强生物多样性教育，实现自然保护区生境的良好维持和生物多样性的保护。荒漠化治理措施包括对沙化土地进行封育保护和治理，采用封山（沙）育林、人工抚育、人工建设沙棘林、合理灌溉等综合措施，以及加强大范围受损地质环境的合理恢复，加强荒漠生态系统的修复与保育。

9.1.5.3 预期成效

工程实施期限为 2018—2021 年。通过 3～4 年的综合治理，在吉木乃县金斯克沙化区、布尔津县沙化区、福海县三口泉沙化区封禁保护沙化土地 21 744 hm^2，治理青河县沙铁矿遗留地质受损区域共计 37.87 km^2，防止沙化土地向绿洲区发展。完成卡拉麦里山有蹄类野生动物保护区的野生动物保护中心建设，建立野生动物救助体系、生态系统检测体系，搬迁福海县金塔斯自然保护区内的牧民，建立喀纳斯国家级自然保护区珍稀物种繁育基地和福海县乌伦古湖国家湿地公园生物多样性宣传教育基地，促进 4 个自然保护区生物生境的修复和生物多样性的恢复；进一步开展福海县乌伦古湖（吉力湖）土著鱼繁育场建设，使得乌伦古湖吉力湖贝加尔雅罗鱼等土著鱼类种群得到扩大（图 9-11、表 9-5、图 9-12）。

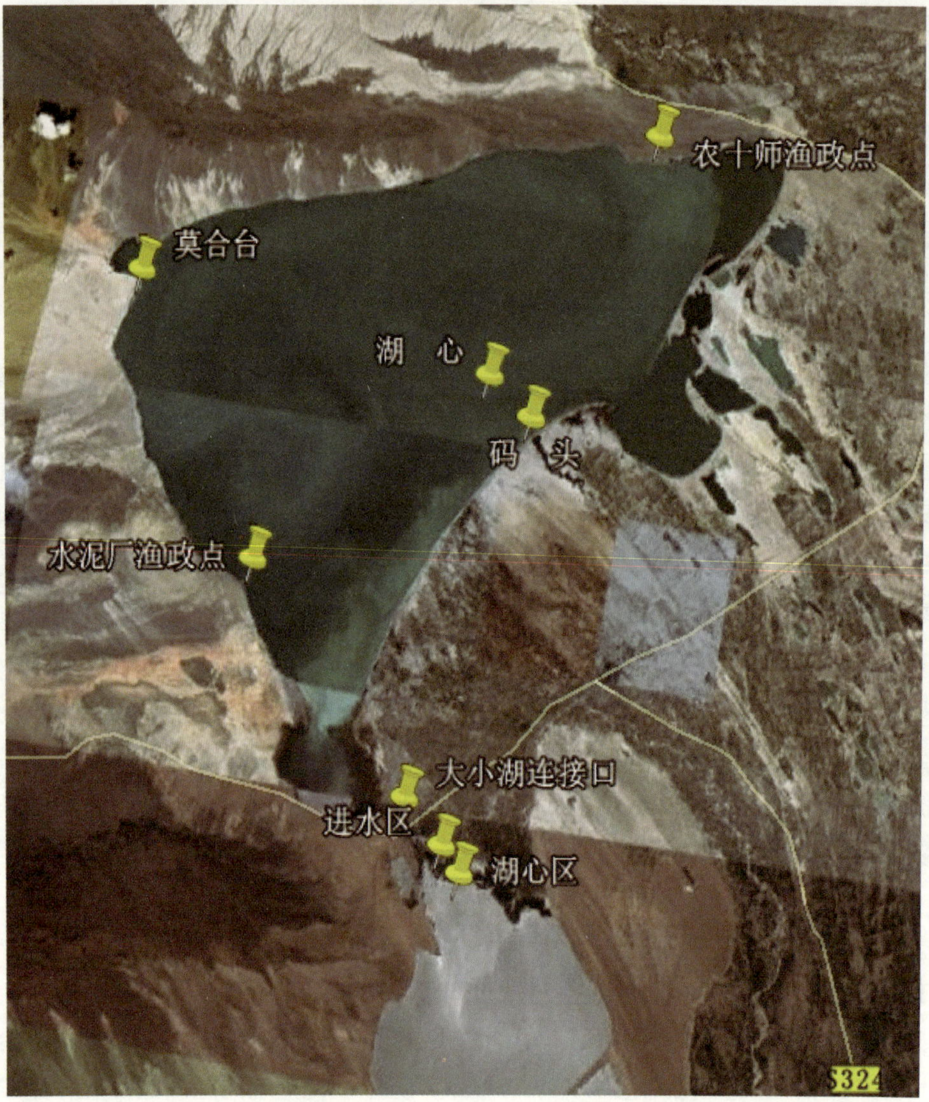

图 9-11 乌伦古湖监测断面图

（资料来源：《新疆额尔齐斯河流域山水林田湖草生态保护修复工程实施方案》）

表 9-5　生物多样性保护与荒漠化防治示范工程项目一览表

序号	项目名称	建设地点、范围	建设内容及规模
1	青河县南部荒漠区受损地质环境治理项目	①青河县阿苇灌渠渠首片区；②青河县乌伦古河北岸东区地；③青河县	①青河县采砂坑治理—阿苇灌渠渠首片区地质环境治理（三期）项目：对采砂矿开采时期挖掘所遗留 5 处采砂坑以及 3 处排土场（弃土堆）（总面积 11.47 km^2），15 处采坑（占地面积 4.87 km^2）、27 处排土场（占地面积 4.73 km^2）进行治理，治理后与周边自然景观相协调，消除地质灾害隐患，改善生态环境。②青河县采砂区治理—乌伦古河北岸东区地质环境治理项目：对采砂区开采时期随意挖掘所遗留的 4 处采砂坑以及 9 处排土场（弃土堆）进行治理，治理区总面积 14 km^2。对采砂矿坑四片区地质破坏面积 2.8 km^2 进行治理，治理后与周边自然景观相协调，消除地质灾害隐患，改善生态环境。③青河县地质环境警示教育基地：对破坏区进行综合整治，设置教育警示基地（占地约 1 800 m^2）及基地水电设施
2	沙化土地封禁保护项目	①布尔津县沙化区；②吉木乃县金斯克沙化区；③福海县三口泉沙化区；	①布尔津县沙化土地封禁保护区项目（二期）：封禁保护沙化土地 16.9245 万亩，围栏建设，以及沙化封禁区的管护，沙化封禁保护的宣传教育，巡护设备的采购等。②吉木乃县金斯克沙化土地封禁保护区项目：对吉木乃县金斯克沙化土地压沙 82 hm^2，沙漠管护、防沙治沙站。该项目的建设，能有效控制北沙漠沙化扩大速度，减缓科克齐木片区耕地沙漠化。③福海县三口泉沙化土地封禁保护区项目（南部）：沙化土地封禁保护区总建设面积 10 379 hm^2，其中，围栏 45.1 km，管护站 1 座，面积 280 m^2，辅助工程及配套档案管理设备；界碑 4 块，大型宣传牌 1 座，钢构宣传牌 2 个，单字宣传牌 1 组，普通标识牌 12 个；瞭望塔 1 座，巡护道路维修 15.56 km，配套办公生活设施，巡护设备，小型调查仪器，档案管理设备
3	卡拉麦里山有蹄类自然保护区生态修复项目	卡拉麦里山保护区	保护区恢复、信息化建设、野生动物栖息地改善等
4	福海县金塔斯自然保护区牧民生态搬迁项目	福海县金塔斯自然保护区	将居住于保护区内的 73 户牧民迁移出保护区外居住，配套其生产、生活资料及设施，有效保护自然保护区内的生态环境。牧民住房 73 套 ×40 m^2×2 500 元 =730 万元；圈舍 73 套 528 万元；饲草料基地配套 10 000 亩 ×1 500 元 =1 500 万元

续表

序号	项目名称	建设地点、范围	建设内容及规模
5	喀纳斯国家级自然保护区生物多样性保护与恢复建设项目	贾登峪	①喀纳斯国家级自然保护区生物多样性保护与恢复建设项目：喀纳斯保护区内共有植物83科298属种，为保护生物多样性，新建生物多样性保护培育温室8座，生物多样性及生态文明宣传展示温室2座，新建保护研究用房2座，围栏、供电、供排水系统等。②喀纳斯国家级自然保护区植被退化恢复建设项目：7个村庄及1个重点区域，退化生态区域恢复面积3 000亩
6	福海县乌伦古湖（吉力湖）土著鱼繁育场建设与污水处理项目	乌伦古湖国家湿地公园范围内	建设繁育模拟环道，饵料培育与繁育养殖车间，配套电力设施，3 km道路硬化，400亩防风林，7 km围栏，仪器设备等。养殖车间污水进行净化处理，实现循环利用。新建4 000 m^3/d的小型一体化养殖污水处理装置1套，建设污水管网500 m，泵站1座
7	福海县乌伦古湖国家湿地公园生物多样性宣传教育项目	乌伦古湖国家湿地公园范围内	在乌伦古湖国家湿地公园范围内，实施湿地生态效益补助；建立乌伦古湖湿地生物多样性宣教基地，建立湿地宣教展示馆、信息化监测平台、湿地观鸟屋、木栈道、鸟类监测塔、鸟类鱼类野生动物识别图等；强化近河口区域的湿地净化功能，进行必要的人工管护和保护，设置湿地公园生物多样性的展示，为野生动物创造良好的栖息环境，更使乌伦古湖国家湿地公园生物多样性得到有效保护

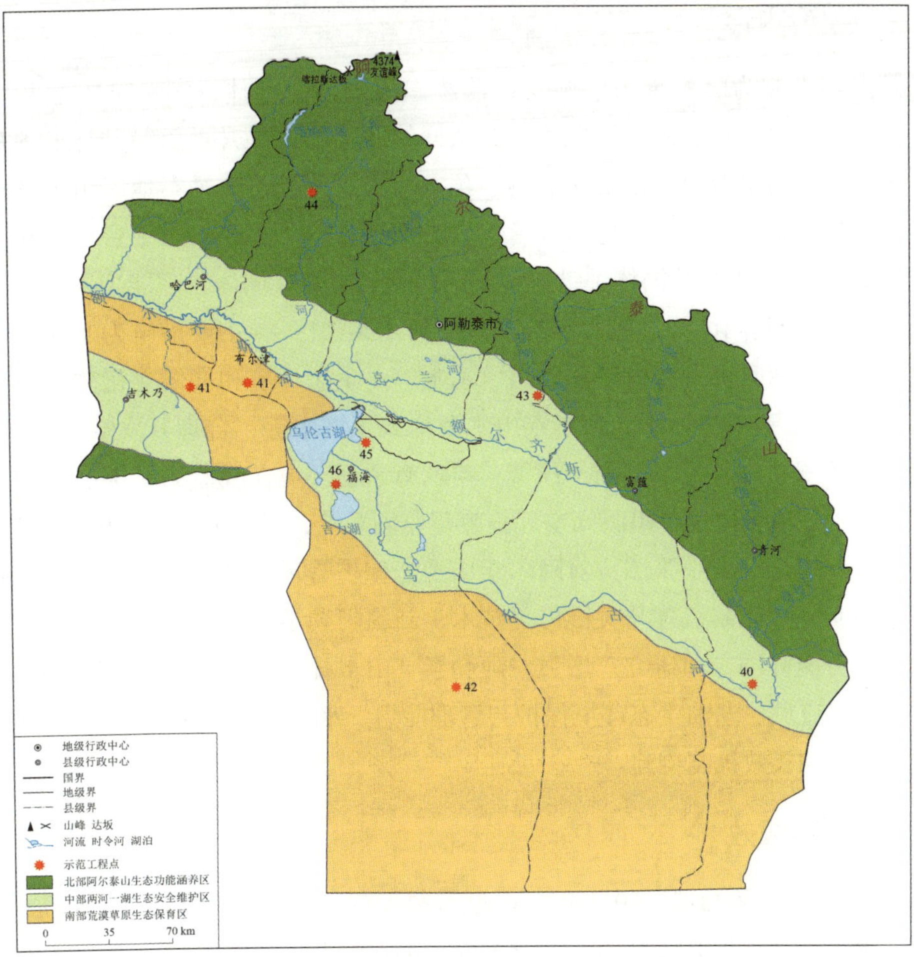

图 9-12　生物多样性保护与荒漠化防治示范工程布置图

注：40. 青河县南部荒漠区受损地质环境治理项目；41. 沙化土地封禁保护项目；42. 卡拉麦里山有蹄类自然保护区生态修复项目；43. 福海县金塔斯自然保护区牧民生态搬迁项目；44. 喀纳斯国家级自然保护区生物多样性保护与恢复建设项目；45. 福海县乌伦古湖（吉力湖）土著鱼繁育场建设与污水处理项目；46. 福海县乌伦古湖国家湿地公园生物多样性宣传教育项目。

9.1.6　生命共同体治理能力提升工程

9.1.6.1　建设范围

该类工程主要分布在北部阿尔泰山生态屏障区、中部“两河一湖”生态安全维护区两个片区的绿洲区，包括城市建成区和农区，阿勒泰市、青河县、富蕴县、福海县、布尔津县、哈巴河县、吉木乃县等各县（市）均有分布。

9.1.6.2 建设内容

建设内容主要为阿尔泰山气候变化监测、预警，山水林田湖草系统监测平台构建，生命共同体关键科学问题研究，生命共同体管理能力提升项目等共计 6 项重点工程，具体包括：阿尔泰山气候变化监测、预警与人工调控，阿勒泰地区山水林田湖草方案效益评估，新疆生态云（生态环境）大数据平台——阿勒泰子平台（山水林田湖草系统监测平台），生命共同体关键科学问题研究，生命共同体管理能力提升项目（中部绿洲区），生命共同体管理能力提升项目（阿尔泰山区）。主要措施为实施雪都工程及重点区域（富蕴县可可托海、贾登峪、禾木等）生态环境和气候变化监测预警，开展“两河（源）”无人机增水、阿尔泰山水源地人工增水等，合理开发空中云水资源，并开展气象监测预警、生态监测与预警；与现有新疆环境在线监测系统进行联网，在重点区域、重点项目建设千里眼高空远程瞭望监测系统，搭建大数据一体化服务平台，全面监测，形成全区域一张图；对阿尔泰山生态保护管理规划、阿尔泰山“山水林田湖草”生命共同体机制机理与关键修复技术、新疆阿勒泰福海县乌伦古河流域生态保护与修复等方面开展专项研究，增强对阿勒泰“山水林田湖草”生命共同体的科技支撑能力；增强流域、湖泊生态环境保护与管理能力、水环境应急能力和环境监测能力，加强宣传教育和长效机制构建。

9.1.6.3 预期成效

工程实施期限为 2018—2021 年。通过雪都工程，增加涵养水源地、增加淡水储备，阿勒泰水源地得到有效补给，维持中国雪都阿勒泰国家气候标志品牌对水资源的基本需要，促进阿勒泰地区支柱产业旅游事业的健康发展，保障大美阿勒泰旅游产业、北疆水塔对水资源的刚性需求；环境数据一体化服务平台的建立将极大提升对生命共同体项目的科学调度与管理；山水林田湖草科技支撑、监测应急能力得到明显提升，气候变化应对能力、生态环境治理能力明显提升，见表 9-6、图 9-13。

表 9-6　生命共同体治理能力提升示范工程实施项目一览表

序号	项目名称	建设地点、范围	建设内容及规模
1	阿尔泰山气候变化监测、预警与人工调控项目	①富蕴县可可托海；②阿尔泰山水源地；③喀纳斯贾登峪、禾木、白哈巴	①富蕴县可可托海生态环境和气候变化监测站建设：项目建成1个国家一般气象站，开展气象监测预警、生态监测与预警，为地方人民政府提供可靠的气象生态数据，为区域内森林和草原气象生态保护、为气象生态监测预警评估提供科技支撑，建设内容包括仪器购置、土建建设、草原补偿等。②阿勒泰水源地暨生态建设人工增水工程（雪都工程）：以阿尔泰山水源地为主要作业区域，水源地山体斜面配置布设阶梯状衔接的105台碘化银烟炉装备，1架无人增水飞机，1部人影雷达设备（富蕴县），6要素区域无人气象站33套，固态降水仪15套，低空火箭探测设备，大气冰核观测设备等。③阿尔泰山生态环境和气候变化监测预警与服务保障能力建设项目：2019年建设12个多要素区域气象监测预警生态站；2020年实施建设喀纳斯贾登峪生态监测人工站建设，开展深层地温、近地层气象数据、大气成分、颗粒物等生态专项数据观测；2019年建设喀纳斯禾木冰雪研究与服务基地建设项目，开展阿尔泰山积雪面物质与能量交换、冰冻圈监测、积雪遥感、积雪水文及积雪生态观测项目；2020年建设喀纳斯白哈巴生态保护增水基地，开展碘化银烟炉和地面火箭增水实验
2	阿勒泰地区山水林田湖草方案效益评估项目	全区域	对阿勒泰地区山水林田湖草方案的实施效果进行评估，聘请第三方进行中期和项目实施验收后评价
3	新疆生态云（生态环境）大数据平台——阿勒泰子平台项目（山水林田湖草系统监测平台）	全区域	与现有环境在线监测系统进行联网，在重点区域、重点项目建设千里眼高空远程瞭望监测系统，搭建大数据一体化服务平台，全面监测，形成全区域一张图

续表

序号	项目名称	建设地点、范围	建设内容及规模
4	生命共同体关键科学问题研究项目	全区域	①阿尔泰山生态保护管理规划：全面分析生态系统面临的威胁与问题，从景观层面设计系统性的保护与修复，实现可持续的保护与利用；②阿尔泰山山水林田湖草生命共同体机制机理与关键修复技术研究：对阿勒泰山水林田湖草生命共同体形成机理、机制，以及各要素相互作用机理进行研究，对阿尔泰山山水林田湖草生命共同体中矿山生态修复、生态水系连通、农业面源治理、生物多样性保护、尾矿利用与修复、荒漠化防治、生命共同体共治等问题开展适用的修复技术研究；③新疆阿勒泰福海县乌伦古河流域生态保护与修复工程专项研究：在《阿勒泰地区水利现代化规划》研究基础上，针对乌伦古河丰枯比大于10，具有连续枯水年、连续丰水年的水文特征，结合萨尔托海水库的建成，研究乌伦古河与乌伦古湖的生态调度与建设工程项目，实现乌伦古河全流域的生态保护与修复及乌伦古湖的水质提升
5	生命共同体管理能力提升项目（中部绿洲区）	①额尔齐斯河下游； ②福海县； ③哈巴河县； ④哈巴河县； ⑤乌伦古河流域； ⑥青河县	①新疆阿勒泰额尔齐斯河环境风险预警观测野外台站：在额尔齐斯河出境断面附近建设额尔齐斯河（跨国界河流）水环境风险调查与预警分析野外台站，建设基础实验室，补充水文、水质、底质、水生态及流域生态调查所需的监测、检测、分析仪器设备；②福海县环境应急能力建设工程：设立乌伦古河流域2个国控断面，福海县环境监测站增补监测车1辆，小型采样艇1艘，建设配套船坞1座；增补大气在线监测设备及相关配套设施和应急物资；③哈巴河县环境监测能力建设项目：对哈巴河县环境监测站配套水、土、大气等环境监测、分析设备；④哈巴河县突发环境事件应急处置能力建设项目：为哈巴河县建设应急物资库房，采购应急物资，增强额尔齐斯河流域的应急能力处置；⑤新疆阿勒泰乌伦古河流域森林火灾高风险治理区综合治理建设项目：新建专业扑火营房2 000 m^2，防火物资储备库340 m^2，配套进行训练场地等附属设施建设，购置必要的扑火机具和装备；⑥青河县陨石地质博物馆建设项目：陨石博物馆建设、银牛沟陨石坠落地地域开发及山体保护，保护面积约1万亩
6	生命共同体管理能力提升项目（阿尔泰山区）	全区域	①新疆阿勒泰山水林田湖草试点项目航空护林建设项目管理制度与办法：前往第一、二批试点省观摩学习；结合阿勒泰实际形成并完善《额河流域生态保护修复试点项目管理暂行办法》；成立专门工作机构，建立培训学习、绩效考核、监督管理长效机制；②喀纳斯国家级自然保护区一道湾水质自动监测站：购建业务用房60 m^2，采样器、5参数、高锰酸盐指数、氨氮和质量控制等仪器设备1套，做到实时监测水质数据；③新疆阿勒泰地区航空护林建设项目：新建跑道800 m，综合航空楼300 m^2，综合业务楼1 070 m^2，动力站200 m^2

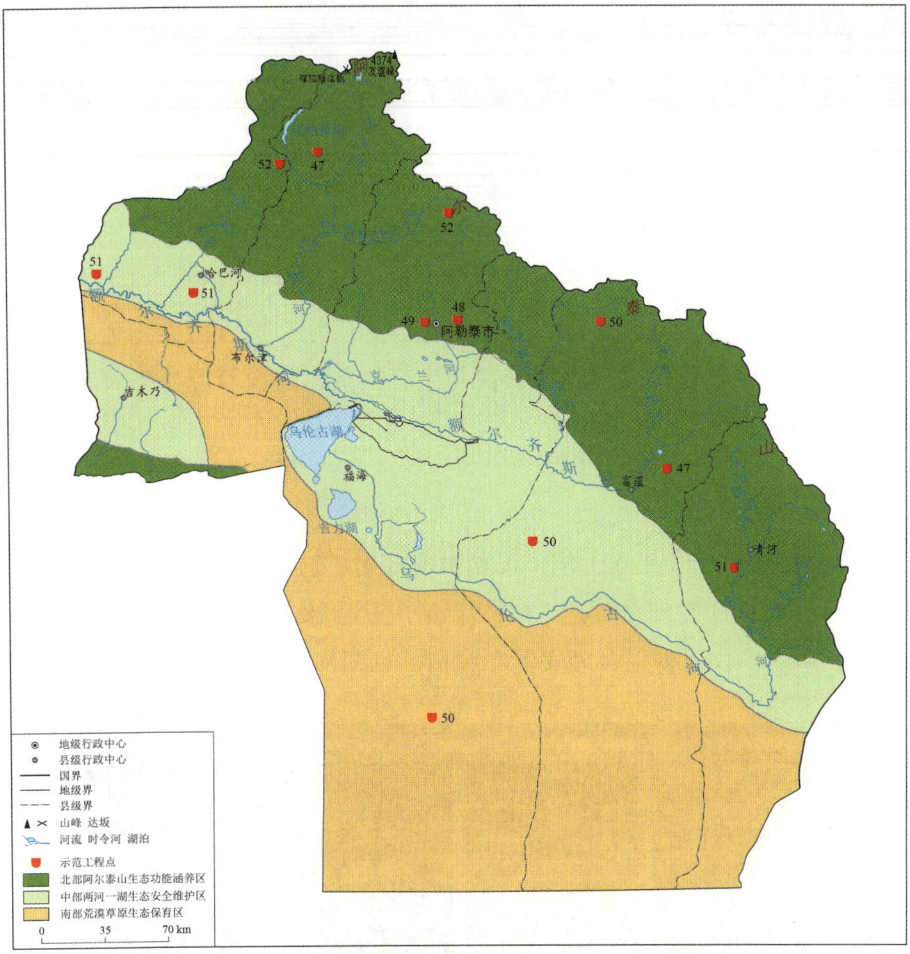

图 9-13　生命共同体治理能力提升示范工程位置区图

注：47. 阿尔泰山气候变化监测、预警与人工调控项目；48. 阿勒泰地区山水林田湖草方案效益评估项目；49. 新疆生态云（生态环境）大数据平台——阿勒泰子平台项目（山水林田湖草系统监测平台）；50. 生命共同体关键科学问题研究项目；51. 生命共同体管理能力提升项目（中部绿洲区）；52. 生命共同体管理能力提升项目（阿尔泰山区）。

9.1.7 "两山"转化与资源枯竭型矿山转型示范工程

9.1.7.1　建设范围

该类工程主要分布在北部阿尔泰山生态屏障区富蕴县可可托海矿区，中部"两河一湖"生态安全维护和南部干旱荒漠区也有分布，包括富蕴县可可托海镇、布尔津县、哈巴河县、阿勒泰市等区域。

9.1.7.2 建设内容

建设内容主要为可可托海镇资源枯竭型矿区的治理，以及矿区农牧民转业安置与生态扶贫等5项重点工程，具体包括可可托海镇额尔齐斯河上游原工矿区矿渣废渣处置、富蕴县可可托海一矿三号脉（地质圣坑）周边生态综合治理、富蕴县可可托海陈列馆提升改造建设、农牧民转业安置与生态扶贫、新疆阿勒泰草原生态基地育种等工程。主要措施为对可可托海一矿三号脉周边受损的区域进行修复，对工业固体废物进行清运，并对低品位矿石进行封存，关停碳化硅老厂区，进行污染物无害化处理、厂区生态恢复，对矿区农牧民进行转业安置与生态扶贫，建设草原生态育种基地，为矿区生态修复提供依据。

9.1.7.3 预期成效

工程实施期限为2017—2021年。预期可实现对矿区5 000亩土地进行生态环境治理，工业固体废物累计处理量可达12.85万m^3，三号脉达到自然生长植被的功能和抑尘降尘效果，矿区农牧民得以合理安置和脱贫，见图9-14、表9-7、图9-15。

图9-14 中科羊草系列产品哈巴河项目示范田规划图

（资料来源：《新疆额尔齐斯河流域山水林田湖草生态保护修复工程实施方案》）

表 9-7 “两山”转化与资源枯竭型矿山转型示范工程实施项目一览表

序号	项目名称	建设地点、范围	建设内容及规模
1	可可托海镇额尔齐斯河上游原工矿区矿渣废渣处置项目	富蕴县可可托海镇	①一矿三号脉周边 5 000 亩生态环境治理，建立管网 150 km，生态恢复造林面积 5 000 亩：其中，苗木 84 株 / 亩共计 42 万株；②关停碳化硅老厂区污染物无害化处理、厂区生态恢复、老厂房改造；③隧道口 1 000 亩环境整治，管网 30 km，苗木 8.4 万株；④扬水泵房 1 座、自压调节泵房 5 座及其配套设备采购
2	富蕴县可可托海一矿三号脉（地质圣坑）周边生态综合治理项目	富蕴县可可托海镇	①工业固体废物清运处理量：其中清运量 35.54 t/d、工业固体废物累计处理量 12.85 万 m^3，建设内容相应的填埋场、渗沥池、监测井、管理房等；②对 17# 尾矿排土场低品位矿石进行封存；对上述区域进行污染土壤修复与治理。按照《可可托海工矿区生态环境治理规划》，对三号矿脉露天采矿场实施分阶梯式堆放，对废石尾矿堆边坡进行修整，达到自然生长植被的功能和抑尘降尘效果
3	富蕴县可可托海陈列馆提升改造建设项目	富蕴县可可托海镇	现代化改造 1 500 m^2 陈列馆的装修、雕塑、布展等
4	农牧民转业安置与生态扶贫项目	①哈巴河县； ②布尔津县	①哈巴河县新疆蓿之花草业紫花苜蓿种植及加工项目（千里花海）：3 年种植高产紫花苜蓿种植面积 10 万亩，建设优质苜蓿烘干加工和饲草料储运中心，建筑面积 2 万 m^2，占地 100 亩（其中 1 个中心基地，2 个辅助基地），标准化示范养殖小区 1 座。同时解决当地劳动力 200 余人的就业问题，增加村民收入，且蓿之花草业紫花苜蓿种植实现土地流转 1.6 万亩。②布尔津县 2017 年易地扶贫搬迁工程：解决布尔津县建档立卡户内的 83 户贫困户 288 人上学难、就医难等突出问题，迁出区生态环境恶化趋势得到恢复
5	新疆阿勒泰草原生态基地育种项目	阿勒泰市	现代化改造 1 502 m^2 陈列馆的装修、雕塑、布展等

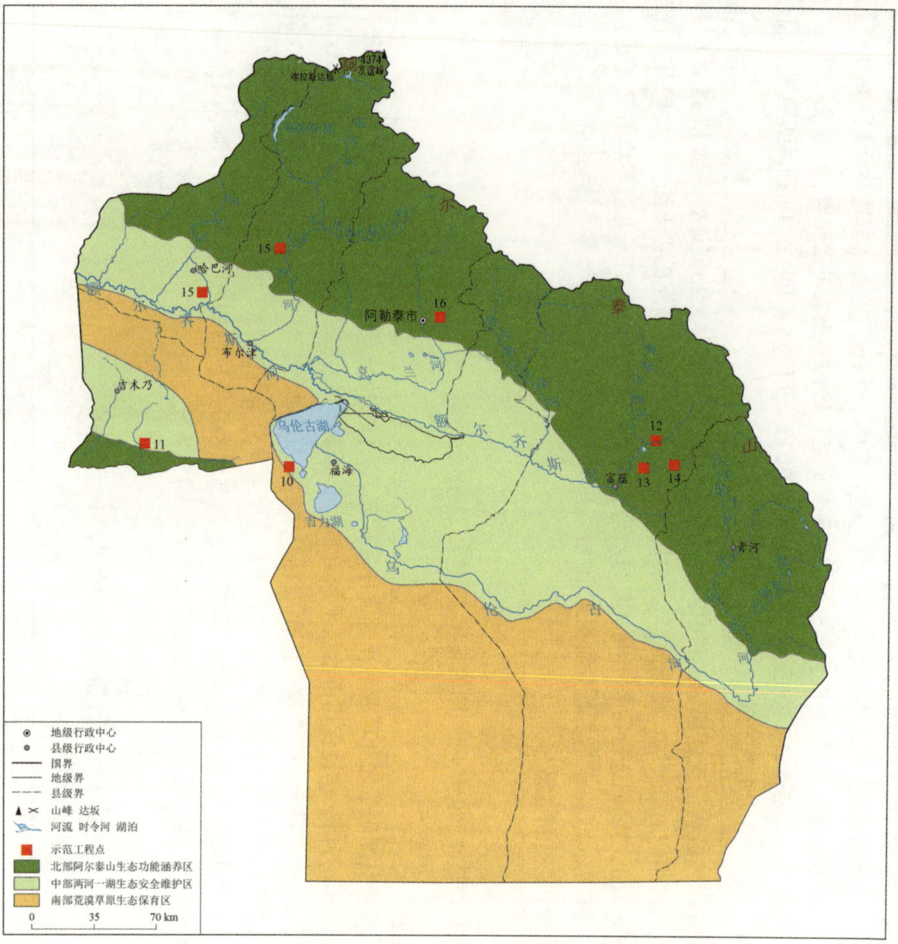

图 9-15 生命共同体治理能力提升示范工程位置区图

注：12. 可可托海镇额尔齐斯河上游原工矿区矿渣废渣处置项目；13. 富蕴县可可托海一矿三号脉（地质圣坑）周边生态综合治理项目；14. 富蕴县可可托海陈列馆提升改造建设项目；15. 农牧民转业安置与生态扶贫项目；16. 新疆阿勒泰草原生态基地育种项目。

9.2 阿勒泰地区县域生态修复工程成效

9.2.1 阿勒泰市万亩苗圃基地建设打造“以林养库”新模式

基本情况：阿勒泰市中水库始建于 2009 年 4 月，2012 年 9 月 20 日建成通水，管网总长度 22 km，总库容为 519 万 m^3，总投资 9 770 万元。中水库的运行主要用于冬季蓄水、夏季灌溉等。中水可再生利用，成本低，有助于改善生态环境，实现水生态的良性循环。根据生态循环发展的要求，按照地委、行署打造“千里绿廊，千里花海”的安排部署，阿勒泰市委、市政府高度重视，大力发展苗圃，引进各种苗木进行培育驯化，同时培育乡土珍稀树种。

保护修复实施情况：2019 年阿勒泰市申请山水林田湖草项目治理资金 920 万元，再扩大绿化面积 1 500 亩，主要建设内容为灌溉管网 1.253 km，改造 10 kV 供电线路 4.55 km，种植乔木 16 种 5.7 万株，种植灌木 4 种 20 万株。该项目已于 2019 年 9 月开工建设，计划 2020 年 6 月完工。截至目前，除一些零星工程未完成外，其他均已完成，已完成投资 902 万元，占工程总投资的 98%。该项目完成后，中水库的绿化面积将达到 14 500 亩。

取得成效：现在绿化总面积已达 13 000 亩，其中成林地 8 500 亩，苗圃 4 500 亩。树种 36 种，320 余万株。荒滩绿化树种以俄罗斯杨为主，分为育苗区、定植区、扦插区、播种区，为全地区绿化美化提供了大量优质苗木，丰富了绿化内容，提高了绿化层次。既形成了“以林养库”的良性循环模式，又减轻了政府财政压力，同时为 20 名南疆务工人员提供了务工机会，增加了收入。

9.2.2 布尔津县城东生态屏障保障工程

基本情况：布尔津县位于额尔齐斯河谷风区核心地带，额尔齐斯河和布尔津河在布尔津县城以西交汇，县城以东地质主要以沙丘、戈壁、湿地为主。受常年大风影响，县城以东沙丘沙垄不断扩大，逐步侵蚀湿地和县城，不仅严重影响了生态环境，还影响了广大居民的生活环境。随着旅游人数的逐年增加，县城生态承载能力需要不断增强。20 世纪 60 年代，从布尔津河引水发电，尾水用于县城绿化和灌溉，由于原有渠道常年失修、淤积严重，渠道过水流量仅有 1～2 m^3/s。

保护修复实施情况：布尔津县城东生态屏障保障工程（布尔津县布尔津河与额尔齐斯河水系连通工程），按照“生态、水文化功能相融合，游人亲水活动、湿地荒漠化治理及城区补水需求齐满足”的设计理念建设。项目计划总投资 7 473.64 万元，申请治理资金 6 590.64 万元，目前已完成投资 5 530 万元。

取得成效：①生态效益。此项目引水渠道过水流量预计可达到 15 m^3/s，能为城区水系引水 12 m^3/s，郊区菜地供水 0.5 m^3/s，城东湿地补水 2.5 m^3/s，可改善布尔津县城东一道弯片区约 2 万亩生态林退化现象，防止因水土流失造成土地荒漠化。可改善城南约 0.4 万亩植被再生及荒漠化蔓延状况，通过河道连通可带动两侧的绿化带建设，形成一条绿色的防护屏障，通过种植水生、湿生植物等措施，形成天然湿地效应，提高水体自净能力，减轻河道水质污染，改善河道水环境，补充城区地下水资源涵养量，将城区死水变活水、清水，为布尔津县实施最严格的水资源管理打下坚实基础。

②社会效益。项目的实施可为广大游客和当地居民提供休闲娱乐场所，能有效解决城东片区 0.8 万亩草场及 1.2 万亩林地的用水需求；保障郊区 1 000 余亩菜地及 4 000 余亩草地的用水量，提高片区内水资源利用效率，使群众耕地增产量约 15 kg/ 亩，增加群众年收入。

③经济效益。项目的实施将进一步完善布尔津县旅游基础设施建设，对布尔津县提升旅游强县的发展规划起到重要作用，结合目前打造的七彩河旅游度假区，该项目无疑给城市旅游带来了新的生机和活力，成为打造旅游经济的新着力点，还可带动周边旅游产业和项目发展，形成旅游经济环形经济圈，为周边居民创造发展机会。未来周边商业开发将不可估量，能有效带动城市经济快速发展，将实现额尔齐斯河、布尔津河的地表水及地下水源联合调度，构筑起互联互通、相互调节、相互补充的水网工程体系，充分发挥水资源在促进经济发展、提高生活质量、保护生态环境等方面的多种功能，从而加快形成“河河连通惠民生，两河统筹促发展”的现代水利发展新格局，实现“河畅、水清、岸绿、景美”的水生态体系。

9.2.3 富蕴县中水利用生态恢复灌溉工程

基本情况：针对富蕴县污水处理厂的排水现状，富蕴县将《富蕴县中水利用生态恢复灌溉工程》申报纳入全国第三批山水林田湖草试点项目中，该项目总投资 6 551.2 万元，建设年限为 2019—2021 年。

保护修复实施情况：新建 100 万 m^3 的中水库工程，对富蕴县城北荒山绿化中水灌溉泵站及主管线、对额河流域村落（萨尔巴斯村）污水排放情况进行治理改造、对中水库周边 1 400 亩山体进行绿化并配套中水灌溉系统。100 万 m^3 中水库建成后刚好适合冬储夏灌的要求，主要收集县城污水处理厂达标排放的中水，通过处理将中水水质达到一级 A 标准，利用达到一级 A 标准的水进行绿化灌溉，可有效地保障城北绿化全覆盖以及污水厂中水充分利用；解决全县污水排放问题、居民正常生活排水问题；并达到降低夏季风沙，增加空气含水率，改善居民生活环境的目的。

取得成效：项目建设后，将进一步改善富蕴县的生态环境质量，推进富蕴县生态环境建设，继而促进富蕴县生态旅游业的可持续发展。重点实现一是政治效益。实施富蕴县中水利用生态修复灌溉工程，是对习近平总书记提出的“山水林田湖草是一个生命共同体”理论的有力践行，将会为富蕴县今后的生态文明建设进程和美丽富蕴建设打下坚实的基础。并且项目的实施对加快全县生态环境修复，实现格局优化、系统稳定、功能提升有着很大帮助。二是生态效益。项目的建成可以防止由于现状中水库库容不足引起的环境污染，新建中水库后可以有效利用现状污水处理厂排放的中水进行周边区域荒山绿化灌溉，这样既节约了水资源又可以进行荒山植树造林，改善当地生态环境，促进富蕴县生态文明建设。三是经济效益。本工程并无显著的直接投资效益，但是，其投资的间接经济效益较为重要，主要是通过减少水环境的污染对社会造成的经济损失而表现出来。通过建设中水库，使污水冬储夏灌，充分体现了污水资源化，将污水“变废为宝”，同时又一定程度上节省了大量的水资源；水污染可能造成粮食作物、畜产品、水产品的产量下降，造成经济损失，项目的实施可有效减少此类问题的发生。四是社会效益。实现了区域水资源的合理开发利用，节约了水资源，减轻了水污染，为城市的可持续发展创造了条件。在枯水季节确保了荒山绿化的稳定供水，为 4 万多城市居民生活提供了一个良好的环境；同时项目建设期间为县城的务工居民提供了充足的就业机会和保障。

9.2.4 哈巴河县人居环境整治建设项目

基本情况：面对水资源缺乏状况，针对污水处理与回用不足的问题，哈巴河县把污水资源化作为缓解缺水问题的主要途径，谋划实施中水回用工程。哈巴河县污水厂周边绿化主要以仿生态林为主，植物结构主要是乔木和灌木，其中乔木种植面积为 3 000 亩，灌木种植面积为 7 000 亩。乔木灌溉定额为 450 m^3/ 亩，年灌水次数 15 次；灌木灌溉定额 320 m^3/ 亩，年灌水次数 14 次。受天气影响，污水处理厂周边的荒漠绿化河现有植被仅在灌溉期（每年 5—10 月）需要进行绿化灌溉，再生水回用于绿化灌溉时，仅在夏季使用，非灌溉期不需要绿化灌溉时，若将再生水外排，将浪费水资源。因而考虑在非灌溉期将再生水存蓄起来，待来年春季用于周边绿地的绿化灌溉。水库负责承接哈巴河县污水处理厂非灌溉期的再生水，并在次年 5 月起向水库供水范围的防护林进行供水。

项目实施情况：根据哈巴河县排水系统专项规划，对应于县城污水处理厂预测 2025 年可承接污水量 438 万 m^3，其中非灌溉期出厂再生水量 150 万 m^3，非灌溉期中水库可引水量为 150 万 m^3，即污水处理厂向中水库的可供水量为 150 万 m^3。在污水处理厂经过深度处理后的出水将回用于附近生态林的绿化灌溉。

取得成效：该项目建成后，既可以有效地利用和节约有限的、宝贵的淡水资源，又可以减少污水废水的排放量，减少对水环境的污染，还可以缓解城市下水道的超负荷现象。随着中水回用技术的日益成熟，中水回用量的不断增大，中水回用成本的进一步降低，经济效益将会越来越突出。目前采用“收集—处理—回用”的方式，通过中水库的统一储存，通过管线进行有针对性的使用，如春季针对荒沙进行整体补水，夏季进行荒沙绿化灌溉，并结合中水回用积极开展防风林及园林树木种植（展板计划发展种植区域），既对中水进行了有效的利用，又使其产生了生态效应和经济效应，从而增加县城的整体绿化覆盖率及绿地率，进一步提升了县城的整体空气质量，对保护有限的水资源、实现水资源的循环利用具有十分重大的意义，中水合理利用能维持生态平衡，对水资源紧缺状况起到了积极的缓解作用，具有长远的社会效益。

9.2.5 吉木乃县喀拉苏水源工程

基本情况：利用吉木乃扬水工程设计建设库容 545.92 万 m^3 的喀拉苏水源工程，打好生态先手牌，为生态修复和保护提供支撑，让生态效益转化为经济效益和社会效益，巩固脱贫攻坚战成果。

取得成效：喀拉苏水源工程可以切实改变扬水灌区的灌溉现状，对吉木乃县北部沙漠片区 11.5 万亩天然草场进行生态补水，使荒漠草场变为有机牧场，起到防风固沙的作用，恢复植被，从而实现山水林田湖草生态保护修复目的，使科克巴斯陶片区生态得到根本性恢复，形成绿色屏障，减缓沙漠化，阻挡三大沙漠合拢，恢复生态脆弱区植被，改善吉木乃县、布尔津县、哈巴河县荒漠区域农牧业生产条件，促进农牧业可持续发展，对土地沙漠化及水土流失起到积极作用，使原有荒漠化土地逐步变成绿洲，从而确保“青山不老、银水长流、草原昌盛、绿洲常在、边疆永固”。

9.2.6 福海县金塔斯自然保护区牧民生态搬迁工程项目

基本情况：该项目于 2019 年 6 月立项，总投资 1 500 万元，属于中央专项治理资金。为保护金塔斯自然保护区和乌伦古河谷地带的天然草场、提高骆驼养殖户的经济收入，满足骆驼产品加工企业不断增加的原材料需求量，提出了“南戈壁骆驼养殖小区建设”方案。项目以保护生态环境为前提，按照现代骆驼标准化高效养殖的生产方式，根据骆驼的生长发育特点，结合当地养殖条件，采用先进的骆驼繁育和饲养新技术，在福海县南戈壁建立结构合理、优化、高效的标准化骆驼养殖小区。采用生态养殖的理念，充分发挥工程技术、饲养技术和生物技术的综合效能，合理生产区布局，打造了一个具有利于防疫、改善场区气候、方便饲养管理、节约环保等优势的养殖小区。将驼粪人工清理、堆积发酵，供给农区种植户，实现粪污再利用的生态养殖模式。

取得成效：项目一期工程后，受损草场的 1.4 万多 m^2 的原生植被得到恢复。核心区草场将空出 3 万亩实施禁牧，核减福海县牲畜 2.1 万只标准羊单位。牧民的迁出保护了福海县金塔斯自然保护区的生物多样性和种质资源。同时发展骆驼养殖业，将退出保护区的牧民搬迁到骆驼养殖小区，让保护区天然草原更好地休养生息，使其得到自我生态恢复，可以明显改善草原生态环境。项目完成后，经济效益相当可观，对迁出的 40 户牧民的牲畜置换成骆驼搬迁至小区内养殖，通过托驼所和家庭牧场的形式，由 20 户牧民负责骆驼的管理与饲养。养殖小区骆驼饲养量将增加到 3 000 峰，其中奶驼饲养量 1 000 峰。通过集约化饲养，将极大提高骆驼的单产水平，预计每峰骆驼日产奶量平均为 3 kg 以上，年产驼奶约 1 100 t。市场每公斤驼奶价格平均按 22 元计算，毛收入约 2 400 万元。减去生产成本（60%），年收入约 960 万元。每户平均净收入 48 万元。养殖小区的建立可以测算放牧场鲜草产量，制定出合理载畜量，不但可以防止草场退化，也可以为指导畜牧业生产提供科学依据。该项目通过改变搬迁牧民的生产、生活方式，转畜养殖，成功地把生态效益转成了经济效益，达到了脱贫致富的目的，实现了“绿水青山就是金山银山”的发展理念，加快了福海县畜牧业产业结构优化升级，对带动当地国民经济可持续发展具有积极的意义。同时项目实施的社会意义重大，仅发展骆驼养殖家庭牧场和托驼所就 20 个，其中 6～10 个为托驼所，3 000 峰骆驼以家庭牧场和托驼所的形式进行集约化、标准化养殖，有利于 5～20 峰骆驼养殖户劳动力得以解放，从事其他劳动从而增加收入。

9.2.7　青河县山水林田湖草生态保护修复试点项目

基本情况：青河县实施山水林田湖草生态保护修复试点项目共 14 项，总投资 5.04 亿元（其中，治理资金 2.41 亿元、非治理资金 2.63 亿元），建设工期为 2018—2021 年。截至目前已累计完成投资 4.03 亿元，其中，治理资金项目 7 项，完成投资 1.69 亿元；非治理资金项目 8 项（已完工 4 项），完成投资 2 亿元。

项目实施情况：一是加快县域内自然保护区的矿权退出工作。通过对县境内的地质环境破坏情况进行全面摸排，初步实现探、采区摸排调查全覆盖，确定了全县矿山地质环境保护与治理工作的目标、任务和方向。二是大力推进历史遗留砂铁矿坑治理。砂铁矿关停后，青河县砂铁矿遗留破坏面积达 40.79 km^2，2012 年至 2019 年年初，通过财政筹措资金和争取项目支持，累计投入资金 5 817.9 万元，完成治理面积 5.17 km^2。项目启动后，在原有勘测设计的基础上，经各方专家领导多次审定，对未治理的 35.62 km^2 破坏区进行了科学、完整、合理、可行的设计。

取得成效：耕作条件得到明显改善，通过土地整治，改善了项目区耕地环境，提高了农业综合生产能力，在增加耕地的同时实现了“田成方、林成网、路相通、渠相连、旱能浇、涝能排”的良好生态格局。森林质量显著提高，近年来青河县通过多项措施不断提升森林质量，全县森林生态效益和经济效益显著提高，共实施林业项目

8 项，总投资 2 905 万元。封育 1.5 万亩，退耕还林 6 950 亩，修建防火隔离带 16 km，森林抚育面积 2.2 万亩，湿地公园奖励资金完成河底清淤、瞭望塔、标识牌安装、宣传单册视频制作等，人工造林 3 380 亩。人居环境明显改善，一是通过绿洲生态功能提升与人居环境改善示范工程，有效治理水土流失，改善生态环境，减少入河泥沙等初见成效。提高了洪水设防标准，保护了山洪沟下游及河道沿岸居民的生命财产安全、耕地资源，促进了农牧民增产增收。二是开展人居环境基础设施建设，改善了青河县生态景观、强化了现代生态文明观导向，依托生态资源优势，做大做强绿色循环低碳产业。

9.3 阿勒泰地区草地生态修复技术与成效分析

生态修复工作在我国具有重大的理论和现实意义。我国改革开放 40 多年，经济社会快速发展，各类生态系统都承受了前所未有的压力，甚至遭到严重破坏，付出了巨大的环境代价，结果又对发展成果的可持续性形成巨大挑战。经过理性反思，我们越来越清醒地认识到，没有良好的生态，不可能维持可持续的发展；没有稳定的生态，就没有未来（焦居仁，2003）。所以，习近平总书记提出了“保护生态环境就是保护生产力，改善生态环境就是发展生产力”的理念。

生态修复是指为了加速已被破坏生态系统的恢复，辅助人工措施为生态系统健康运转服务，从而加快恢复的过程。生态恢复是指停止人为干扰，解除生态系统所承受的超负荷压力，依靠生态系统本身的自适应、自组织和自调控能力，按自身规律演替，通过休养生息的漫长过程，向自然状态演化。目标是完全依靠大自然本身的推进过程，恢复原有生态系统的功能和演变规律。生态重建则是对被破坏的生态系统进行规划、设计，通过生态工程建设等外界力量，使完全受损的生态系统恢复到原初状态，并通过生态系统管理，维护可持续发展的环境（王明玖等，2016）。额尔齐斯河流域气候舒适、环境宜人，可是也存在诸多生态治理问题，选择哪种治理方式，则应该结合矿山、林地和草地的属性和现实需求，因地制宜地选择治理方式。

据报道，我国退化草地占可利用草地的 1/3，且退化势头逐年增加。对于草地，我们不能不用，关键要一边利用，一边恢复，使其合理化。退化草地的恢复是一个复杂的问题，要贯彻综合治理的思想，采取多种措施并用，以达到恢复效果。值得重视的措施如下文所述。

9.3.1　近自然修复技术

9.3.1.1　草地封育措施

适用于各类退化草地。就是把草地暂时封闭一段时期，在此期间不进行放牧或割草，使草地植物有一个休养生息的机会，积累足够的贮藏营养物质，逐渐恢复草地生产力，并使牧草有进行结籽或营养繁殖的机会，促进草群自然更新。根据草地面积及草地退化程度分为多年或 1～3 年逐块轮换封育。封育可以显著降低毒杂草比例，提高草地生物量，增加草群功能群多样性，改善草群结构。封育时间可以根据利用目的、植被类型和草地退化情况而定，在北疆夏季牧场实行草地封育，当年即可见到效果；在春秋牧场或冬牧场实行草地封育，一般 3 年草群即可发生显著变化，例如，封育 3 年提高了沙质荒漠草地植物功能群多样性指数 Pa、D、H（杨静等，2018）。封育年限过长，枯草过多，也会阻碍草地群落更新，这一点在山地草甸草原和山地草甸中表现较为明显，例如，封育 3 年群落的多样性及丰富度显著高于其他群落，结合群落多样性与群落生物量认为，在封育 8 年后进行草地的合理利用，有利于保持群落多样性并收获较高生物量（成湘，2016）。封育一定年限，可以增加草地群落的物种，并使草群趋于稳定，不同退化程度的草地随草地类型的变化，封育后增加的物种，趋于稳定的年限也都均表现出不同的规律（石宗维等，2019）。

9.3.1.2　草地禁牧措施

对过度放牧利用的退化草地或打草场等特殊利用的草地，以年为单位，采取政策性、政令性及制度性等措施，实行 1 年以上禁止放牧利用。以草地初级生产力、植被盖度、当地草原的理论载畜量作为解除禁牧的主要参考指标。一般是在生态脆弱、水土流失严重（如山地荒漠）或具有特殊利用方式（如割草场）的草场进行禁牧。

9.3.1.3　草地休牧措施

也叫季节性封育或短期封育，对退化草地，在春季植物返青期或夏末秋初，通过设置围栏或其他方式管理家畜进入，以当地植物物候期确定开始和结束休牧的时间，休牧期一般不少于 45 天。

9.3.1.4　草地轮牧措施

对于轻、中度退化草地，根据天然草产量确定载畜量，规划放牧时间、轮牧周期、草场利用方式等，将放牧草地划为若干分区进行轮替放牧，亦可分季节轮流放牧。使整个草场达到既能恢复植被生态又能照顾其生产利用的目的。

9.3.2 人工促进修复技术

9.3.2.1 草地松土复壮措施

对于以根茎型禾草或根茎—疏丛型禾草为主的中度退化草甸或草甸草原，宜在春季进行松耙，耙深 6～8 cm，松耙后立即用镇压器镇压地面，同时配合禁牧措施。此方法采用机引圆盘耙、缺口重耙和松土补播机等，利用机械的方式改善土壤物理性状，可以疏松土壤，为植物生长创造良好条件，提高地上生物量。传统的翻、耙、压、播改良工艺，会严重破坏草原地表状况，导致地表的风蚀水蚀加重；土壤方面表现为土壤团粒结构被破坏，细土减少，小碎砾石增加，土壤中的有效营养成分不足；草群状况方面表现为草种单一，草群结构不合理，营养不全，利用价值下降，同时由于缺乏草种多样性，还极易发生病虫灾害。草地松土复壮措施，一是尽量少地耕翻草原土壤，最大限度地保持了地表的原状，使地表状况免予破坏；二是细窄的深松铲深插于草根底部，上层表土翻动量很小，但深层被草根紧密盘结的土壤却被疏松，同时盘结致密的草根也被撕开，这样就大大地增强了土壤的透气性和蓄水能力，增多了根繁草种的新生芽，在基本保持原土壤团粒结构的同时，大大改善了土壤的理化性状，提高了土壤的生产能力（吴占合等，2007）。

在植物根系密集的草地，用圆盘播种机切根，能提高改良土壤的蓄水能力，所以在禁牧地区用此方法改良草场能提高草场复壮程度，比一般禁牧措施提高 20%～30%；用免耕松土犁改良板结退化草场，在改变土壤理化性能、提高蓄水能力、改变植物的群落组合、增加牧草的高度等方面均有很好作用，其效果是一般禁牧改良的 2 倍，是未改良区的 4.5 倍（包爱国等，2004）。

9.3.2.2 草地补播改良措施

补播是在不破坏或少破坏原有植被的情况下，在草地上播种一些适应性强、饲用价值高的牧草，以增加草群种类成分、增加地面覆盖度、提高牧草产量与质量的一项有效措施。补播的植物种一般选择能够适应当地气候、土壤质地的乡土植物种，以避免因竞争而导致补播失败。补播是恢复退化草地的有效措施，其对不同类型退化草地都有比较明显的恢复效果（包宗武等，2008）。中国草学会秘书长、国家牧草产业技术体系首席科学家张英俊在 2019 年 7 月 17 日接受《呼伦贝尔日报》记者采访时说："补播是提升草原生产力的有效手段，草原改良犹如农作物栽培，是草原合理利用的前提条件，是草原生产力提升的科技支持。”不同类型草地由于其特殊性，需要选择不同的补播物种，针对不同的补播物种特性，应采取不同的补播方式和补播措施（李以康等，2017）。补播对草地生产力的影响与补播年限有关。补播当年，轻度退化的山地草甸草地质量从中等提高到优等，质量提高了 2 个等级；混合牧草粗蛋白质由 13.24% 提高到了 19.72%，提高了 6.48 个百分点；草地产草量由年产鲜草 10 860.55 kg/hm^2 增加到 12 150.60 kg/hm^2，产草量提高了 11.88%（侯钰荣等，2016）；山地草甸和山地草甸采用补播机补播豆科牧草，补播当年草群中豆科牧草比例分别提高 17.1% 和 14.0%。随着补播年限增加，豆科牧草比例呈上升趋势，但不同草地类型豆科牧草补播当年对草地总产量影响不大（王吉云等，2011）。补播对草地生产力的提高主要表现在第 2 年（陈子萱等，2011）；经过 2 年恢复，补播改善了群落组成，大大提高了群落生产力，固碳效果显著（李飞，2014）。人工补播是高寒地区中度退化草地修复的一种快速有效的措施，能够有效地提高可食牧草的比例，同时也有利于高寒地区草地植被恢复（杨增增等，2018）。补播是恢复退化草地的有效措施，其目的一是增加草地优良牧草产量，提高载畜量，降低草畜矛盾；二是改变草地植物群落组成，提高植物群落结构的稳定性，对草地生态系统的平衡与稳定起到十分重要的作用。而不同类型的草地由于其特殊性，补播时应采取不同的补播方式和补播措施，综合多年不同生态类型草地的研究结果，补播改良退化草地效果受到多种因素的影响，具体在操作过程中要结合实际，因地制宜地采取补播措施。

9.3.2.3　草地施肥改良措施

施肥是改良草地并获得高产的有效方式，是恢复退化草地植物群落多样性、提高草地生产力的主要途径之一（王堃，2001）。施肥对群落结构的影响主要表现在植物的盖度、高度、密度和群落多样性等方面。施肥可以使天然草地牧草种类增多，产草量增加，盖度增大，种群结构改善；同时，如果肥量充足和建群种适宜周围的生态环境，可增强其竞争力，并缩短群落的演替阶段，改变群落的结构（周学东等，2000）。施氮的草地植被高度和盖度均增加的原因可能是施氮增加了土壤可利用氮的含量，氮素不再成为牧草生长的限制作用因子；退化草地的特征之一是草地土壤的有机质含量低，施肥还可能通过促进土壤中微生物的活动、调节土壤酶的活力、以碳氮耦合等方式增加土壤有机质含量；施氮促进了牧草地上部分的生长，光合面积增大，光合产物合成旺盛使得其高度、盖度增加；施氮导致的毒杂草的数量和种类的减少解除了毒杂草对牧草的化感效应，减弱了种间竞争，促进牧草生长（沈景林等，2000）。微生物菌肥较化肥有对土壤的改良效果好、环保、利用率高等优点，可以疏松土壤，打破板结，有益微生物可能成为土壤环境中的优势菌，抑制病原菌和腐败菌的生长，避免土传病害的发生（卢建男等，2017）。

合理施肥可大大提高退化草地牧草生产力及牧草产量，明显提高草地生产力，并且增产效果可以延续几年。肥料以牛粪、羊粪等农家肥为主，根据改良草地的肥料用量，将有机牛、羊粪肥均匀地撒施于草地表面，以增加草地土壤肥力，达到增产增效的目的（谢文栋等，2019）。喷施叶面肥对割草地草群的盖度影响不大，但能够明显提高草群的高度和地上生物量，割草地施肥 2 年草群高度较对照草群平均增加了 7.32 cm，草群地上生物量增加了 39.42 kg/ 亩（殷国梅等，2019）。在轻度退化高寒草甸草地施尿素 174.9 kg/hm^2、磷酸二铵 108.7 kg/hm^2 时 2 年的净产值和产出投入比均最大，分别为 1 398.1 元 /hm^2 和 1.78%，为最佳的建议施肥量（孙金金等，2019）。施肥对退化草地的改良效果好于灌水和补播，目前，草地施肥在畜牧业发达的国家非常普遍，且对草地恢复、提高草地生态系统稳定性具有积极作用（孙金金等，2019）。

在退化草地施氮量方面已有多位学者进行过研究，适量的氮肥增施量对于提高草地生产力具有积极意义，但过量增施氮肥不仅增加生产成本，而且易造成杂草旺长、优势种变换的现象从而影响畜牧生产，还会导致土壤板结等土壤质量变差现象；最佳施氮量因地区而异，不同地区在退化草地管理中应结合生态和经济效益综合考虑，以达到增产增收的效果（陈亚明等，2004）。

9.3.2.4　人工生物结皮修复措施

人工生物结皮主要是对生物结皮中的优势物种蓝藻和苔藓，进行纯化和人工扩繁，然后转接到退化的地点，并结合围封禁牧措施，使退化的生态系统迅速恢复。在野外，将人工结皮与增黏剂、保水剂等固土化学品进行联合施用，可在 12 个月内快速形成蓝藻结皮（徐海量等，2020）。

9.3.2.5　微地形改造实现节水免灌措施

微地形改造是在地质修复的基础上，人为创造植物生长的有利条件，也就是通过人为措施增加降雨、融雪径流，进而收集和利用水的过程。此类技术有两个核心目标：一是控制径流的非目的性输出，二是高效利用汇聚的水资源。其技术路线是：通过增加受损区地表粗糙度，优化径流区域，缩短径流长度，减缓流速，增加水分在地表的滞留时间，促进水分垂直下渗，达到蓄水保湿、优化植物生长环境和增加生产力的目的（徐海量等，2020）。

9.3.2.6　土壤种子快速收集与野外激活技术

这一技术以促进土壤种子库中种子萌发、提高生长能力为目的，由天然种子收集、着生基质与种子调配、撒播、种子萌发促进，以及幼苗保护等系列操作构成。其中一个关键步骤是，在种子成熟期进行收集，播撒在受损区，用于补充其土壤种子库。水分是种子萌发的主要限制因素，我们在种子收集、激活和下种过程中，创造出局部水分、种子、土壤养分富集的条件。通过以科学方法保存种子活力、异地下种撒播、刺激萌发等过程，完成土壤种子从原生环境到受损区之间的顺利搬迁和传播，实现高效生态修复（徐海量等，2020）。

9.3.2.7　多项联合修复措施

也叫综合修复措施，指对退化草地采取两种或两种以上的修复方法进行修复。

案例分析（1）：工程修复

青河县砂铁矿多年无序的采挖对原有的地形地貌和自然植被造成了严重的破坏，形成了总面积达到 35.64 km^2 的“伤疤”。从卫星图中可以直观地看到地表形成了类似月球环形山的地貌，它们实际上是大小不等的采坑和排土场，最大直径超过 1 000 m，坑底与堆顶落差近 70 m。青河县 2018—2021 年申报山水林田湖草生态保护修复项目 14 项，总投资 2.03 亿元，完成总治理面积 35.64 km^2。2019 年完成治理总面积 4.88 km^2，其中，乌伦古河北岸东区地质环境治理面积达 2.02 km^2，阿苇灌渠渠首片区地质环境治理面积达 2.86 km^2；2020 年完成治理总面积 30.76 km^2，其中，乌伦古河北岸东区地质环境治理面积 13.27 km^2，阿苇灌渠渠首片区地质环境治理面积 17.49 km^2。通过地质环境治理及生态修复项目系统整体修复后，盘活了存量土地，提升了土地节约集约利用水平，仅阿苇灌渠渠首片区修复后就可盘活约 933.33 hm^2 土地，有效遏制治理区及周边村庄生态环境的恶化，减轻水土流失状况，减少风沙天气。砂铁矿地质环境治理及生态修复项目完成后可恢复治理总面积约 31.22 km^2，通过回填、削坡卸载、覆土绿化措施消除地质灾害对周边耕地的威胁，恢复后的土地有利于水土保持，遏制土地沙漠化，提高土壤肥力，释放约 3 333.33 hm^2 的天然牧草地，仅阿苇灌渠渠首片区就有 1 600 hm^2 天然牧草地。伴随草地面积逐年增加，与周围万亩良田相协调。近年来，开展多项措施不断提升森林质量，全县森林生态效益和经济效益显著提高，封育林地 1 000 hm^2，退耕还林 463 hm^2，修建防火隔离带 16 km，森林抚育面积 1 466.67 hm^2，人工造林 225.33 hm^2。

富蕴县山水林田湖草试点项目共计修复 13.64 km^2 废弃土地矿山，截至目前，部分修复区域植被已恢复到与周边相协调。

福海县金塔斯自然保护区项目，使得受损草场 1 万 m^2 的原生植被得到恢复。福海县矿山地质环境治理区位于福海县中东部的低山丘陵区和北部的阿尔泰山中高山区和福海县中部及中东部额尔齐斯河沿岸的低山丘陵区，在生态环境损毁的区域实施地质环境和生态修复后，可增加植被面积约 1 600 hm^2。

福海县乌伦古湖国家湿地公园项目典型案例：福海县乌伦古湖对于维系中国屏障生态安全格局具有重要作用。其地处我国准噶尔盆地古尔班通古特沙漠北缘，与阿尔泰山南麓的干旱平原区交界，是我国西北阿尔泰山绿洲与古尔班通古特沙漠之间的重要天然生态屏障，可以控制沙漠北侵、防止沙化、调节绿洲气候，是我国西北绿洲生态屏障极为重要的组成部分，在维护和支撑新疆北疆生态环境健康持续发展方面具有不可替代的生态地位。通过项目实施可有效保护湿地，丰富乌伦古湖湿地生物多样性，提高湿地涵养水源、调节气候、净化水质、防洪蓄水等功能，从而促进湿地生态系统功能恢复，保护濒危珍稀水鸟的栖息地、越冬地和繁殖地，最大限度地保护乌伦古湖国家湿地公园生态系统。通过试点实施芦苇复壮 1 705 亩、封滩育草 123 hm^2、打捞刚毛藻 6.67 hm^2，使周边植被更加茂密，为鸟类等动物提供了生境系统，打造了繁殖基地，丰富了生物多样性。

阿勒泰市生态修复工程中水库区绿化项目：实施阿勒泰市生态修复工程——中水库区绿化项目，主要建设内容为中水库绿化 100 hm^2、灌溉主管网 470 m、支管网 980 m，种植乔木 12 种 3.75 万株，种植灌木 7 种 21.96 万株。于 2019 年 9 月开工建设，截至目前，项目已完成 100 hm^2 绿化工作。至此，中水库的绿化面积将达到 966.67 hm^2。

吉木乃县喀拉苏水源工程的实施切实改变了扬水灌区的灌溉现状，对吉木乃县北部沙漠片区 7 666.67 hm^2 的天然草场进行生态补水，改良 1.67 万 hm^2 天然草场为有机牧场，荒漠草场通过 3 000 m^3/hm^2 补水，产草量由 750 kg/hm^2 提高到 2 250 kg/hm^2，使科克巴斯陶片区草地生态得到根本性恢复，形成绿色屏障，减缓沙漠化，阻挡三大沙漠合拢，改善吉木乃县、布尔津县、哈巴河县荒漠区域农牧业生产条件。吉木乃县通过禁牧、休牧、天然草场植被恢复等项目实现生态修复，为农牧民群众提供有机饲草料地等保障性生产资料。特别是喀拉苏工程的实施为吉木乃县现有水源的保护和替代水源建设提供了解决路径。

布尔津河与额尔齐斯河水系连通工程典型案例：通过河道连通可带动两侧的绿化带建设，结合内陆河两岸的生态绿地工程，大大提高了乔灌覆盖率，整合了绿地系统，恢复绿化用地面积约 20 hm^2，绿地率 67%。提高布尔津城市绿地率和绿化覆盖率，覆盖率达到 70%，植被种植乔木 15.7 万株、灌木 1.5 万株。绿化覆盖率达到 70%，大幅改善了整个县城区域的人居环境。

哈巴河县山水林田湖草生态保护修复——中水回用生态项目治理案例：污水处理厂周边绿化主要以仿生态林为主，植物结构主要是乔木和灌木，其中乔木种植面积为 200 hm^2，灌木种植面积为 466.67 hm^2。该工程项目中水库库容 150 万 m^3，荒沙修复 333.33 hm^2、生态林灌溉管线 20 km。通过项目实施做到以下几点：一是增加了绿量、提高了植被覆盖率；二是制约了沙化的蔓延，保护了有限的土地资源；三是保护了本地动植物生物链，使其能够健康发展。

案例分析（2）：实施草畜平衡缓解草地退化

由表 9-8 可知，春秋牧场 2016 年草群平均高度为 7.3 cm，平均盖度为 27.1%，平均鲜草产量 524 kg/hm^2，2018 年平均鲜草产量 699 kg/hm^2，2019 年平均鲜草产量 728.7 kg/hm^2，2020 年平均鲜草产量 418.7 kg/hm^2，2016—2019 年，草产量逐年上升，2020 年鲜草产量为近 5 年最低值。夏牧场，2016 年平均鲜草产量 2 308 kg/hm^2，2018 年平均鲜草产量 2 082 kg/hm^2，2019 年平均鲜草产量 2 137 kg/hm^2，2020 年平均鲜草产量 2 081 kg/hm^2，从 2016—2020 年数据来看，夏牧场鲜草产量水平相当。冬牧场 2016 年平均鲜草产量 387 kg/hm^2，2018 年平均鲜草产量 420 kg/hm^2，2019 年平均鲜草产量 420 kg/hm^2，2020 年平均鲜草产量 424.7 kg/hm^2。从 2016—2020 年数据来看，冬牧场鲜草产量 2016 年略偏低，其他年份基本相当。

表 9-8　青河县 2016—2020 年实施季节轮牧草地植被情况表

季节牧场	年份	高度 /cm	盖度 /%	鲜草产量 /（kg/hm^2）
春秋牧场	2016	7.3	27.1	524
	2017	—	—	—
	2018	7.4	26	699
	2019	8.7	27.4	728.7
	2020	8.3	26.8	418.7
夏牧场	2016	13.4	73	2 308
	2017	14	74	2 764
	2018	10.4	75	2 082
	2019	11.7	76	2 137
	2020	10	73.5	2 081
冬牧场	2016	11.2	24	387
	2017	—	—	—
	2018	10.3	22	420
	2019	10.3	22	420
	2020	11.1	23.7	424.7

由表 9-9 可知，春秋牧场 2016—2020 年鲜草产量平均 496 kg/hm^2，产量最低年份为 2018 年，最高年份为 2019 年。从群落高度来看，最低年份为 2020 年；2017 年牧草生长状况好于 2016 年同期，全县草原植被长势明显好于 2016 年同期；2018 年由

于降水少，冬季积雪少于往年，春季气候干燥，牧草生长状况比2017年同期差；2019年产草量比2018年增加33%；通过分析福海县2020年植被平均盖度、高度、鲜草量等数据，与2019年各项指标相比，均呈下降趋势。夏牧场2016年群落平均鲜草量为3 980 kg/hm²，2017年夏牧场产草量比2016降低9%。2019年降水多，鲜草产量比2018年提高0.87%。2020年植被生长发育比2019年同期下降，盖度下降4%、高度下降27%、产草量下降15%。冬牧场2017年植被平均总盖度为51%，草层平均总高度为38 cm，平均总鲜草量为531 kg/hm²。2019春，降水多，冬季积雪多于往年，春季气候湿润，2019年草地牧草产量比往年提高22%。2018年平均鲜草量为498 kg/hm²。2019年植被平均鲜草量为503 kg/hm²。2020年植被平均总盖度51%，草层平均高度为38 cm，平均总鲜草量为531 kg/hm²，整体上低于2019年。

表9-9 福海县2016—2020年实施季节轮牧草地植被情况表

季节牧场	年份	高度/cm	盖度/%	鲜草产量/（kg/hm²）
春秋牧场	2016	6.6	58	428
	2017	8.0	62	460
	2018	6.8	47	400
	2019	12	47	692
	2020	6	47	500
夏牧场	2016	13.7	87.5	3 980
	2017	12.8	87	3 612
	2018	14.6	79.8	3 541
	2019	18.6	88.3	4 056.5
	2020	13.5	85	3 430
冬牧场	2016	28	50	433
	2017	38	51	531
	2018	32	48	498
	2019	33	51	503
	2020	38	51	531

由表9-10可知，2016—2019年，春秋草场鲜草产量呈上升趋势，2020年在近5年内鲜草产量最低；夏草场和冬草场鲜草产量2020年也最低。通过表9-8和表9-10的分析结果可知，实施草畜平衡可以有效缓解草地退化，但对于2020年的干旱年份来说，降水量成为制约草地产量的主导因素。

表 9-10　哈巴河县 2016—2020 年季节草场监测统计表

季节牧场	年份	高度 /cm	盖度 /%	鲜草产量 / (kg/hm^2)
春秋牧场	2016	13	47	621
	2017	10.3	36	845
	2018	9	32	800
	2019	9	32	855
	2020	8.3	31.6	759
夏牧场	2016	13	84	3 962
	2017	15	83	4 294
	2018	12	85	4 105
	2019	16	85	4 359
	2020	12	79	3 647
冬牧场	2016	16	48	1 065
	2017	14.8	47	1 007
	2018	12.3	46	876
	2019	12	46	866
	2020	11	45	820

案例分析 (3)：利用封育措施恢复退化草地

由表 9-11 可知，封育后群落高度年度间呈缓慢增加趋势，覆盖度变化不大，草地产草量呈逐年增加趋势（2020 年干旱年份除外），说明封育后草地修复效果显著。

表 9-11　哈巴河县 2016—2020 年荒漠草原封育群落统计表

季节牧场	年份	高度 /cm	盖度 /%	鲜草产量 / (kg/hm^2)
封育区	2016	17	42	926
	2017	18	33	1 071
	2018	21	33	1 097
	2019	22	33	1 275
	2020	22	33	975

案例分析 (4)：退牧还草工程生态修复

哈巴河县 2019 年结合退牧还草工程，利用无芒雀麦、碱茅两种牧草混播，利用机械补播 + 人工撒播播种，生态修复治理 700 hm^2，毒害草退化草地治理 466.67 hm^2，退化草原补播改良面积为 1 133.33 hm^2，草原边境防火隔离带和维护地点 35 km，宽度 100 m，鼠害防治 5 333.33 hm^2，虫害防治 8 000 hm^2，采用无人机实施防治蝗虫工作，防治面积 2 233.33 hm^2，增加建设粉红椋鸟招引巢 400 m^3。

案例分析（5）：补播 + 灌溉生态修复

在青河县建设了两片生态修复示范区：一片位于阿苇灌区渠首（简称渠首示范区），建设面积 16.07 hm^2；另一片位于萨克托海乡乡政府南侧（简称萨克托海示范区），建设面积 15.33 hm^2。示范建设区采取人工补播 + 灌溉措施进行修复，植被覆盖度 20% 以上；先锋物种主要有刺沙蓬、虫实、雾冰藜、白滨藜等。补播区一绢蒿、驼绒藜、黄芪、高冰草等多年生植被为主，整个生态系统向良性发展。

9.3.3 修复成效

9.3.3.1 草地修复前后图片集

用草地修复前后图片集进行对比，来展示修复成效，见图 9-16～图 9-42。

图 9-16　青河县砂铁矿阿苇灌渠片区六标段，3# 采坑施工前图 *

* 图 9-16 ～ 9-42 图片来源：新疆额尔齐斯河流域山水林田湖草生态保护修复工程试点项目指挥部

图 9-17　青河县砂铁矿阿苇灌渠片区六标段，3# 采坑施工后图 *

图 9-18　青河县阿苇灌渠渠首片区二标段，生态修复前图 *

图 9-19　清河县阿苇灌渠渠首片区二标段，生态修复后图 *

图 9-20　青河县阿苇灌渠渠首片区二标段，植被恢复效果图 *

图 9-21　青河县阿苇灌渠渠首片区三标段，植被恢复效果图 *

图 9-22　阿勒泰市生态修复工程中水库区绿化项目实施前图 *

图 9-23　阿勒泰市生态修复工程中水库区绿化项目实施后图 *

图 9-24　阿勒泰市周边地质环境生态修复切木尔切克镇黑白花岗岩矿区治理项目实施前图 *

图 9-25　阿勒泰市周边地质环境生态修复切木尔切克镇黑白花岗岩矿区治理项目实施后图 *

图 9-26　富蕴县额尔齐斯河 161 km 处地质环境恢复与生态修复治理项目治理前图 *

图 9-27　富蕴县额尔齐斯河 161 km 处地质环境恢复与生态修复治理项目治理后图 *

图 9-28　富蕴县喀拉额尔齐斯河七道湾区域地质环境恢复与生态修复治理项目治理前图 *

图 9-29　富蕴县喀拉额尔齐斯河七道湾区域地质环境恢复与生态修复治理后图 *

图 9-30　富蕴县额尔齐斯河下游两岸地质环境恢复与生态修复治理项目治理前图 *

图 9-31　富蕴县额尔齐斯河下游两岸地质环境恢复与生态修复治理项目治理后图 *

图 9-32　富蕴县山水林田湖草试点项目植被修复效果（1）、（2）、（3）图 *

图 9-33　青河县二标段修复前图 *

图 9-34　青河县二标段修复效果图 *

图 9-35　青河县二标段 2-1-3 拍摄点（北→南）治理前图 *

图 9-36　青河县二标段 2-1-3 拍摄点（北→南）治理后图 *

图 9-37　青河县二标段 2-3-1 拍摄点 F15（北→南）治理前图 *

图 9-38　青青河县二标段 2-3-1 拍摄点 F15（北→南）治理后图 *

图 9-39　青河县二标段 2-4-2 拍摄点 F16（北→南）治理前图 *

图 9-40　青河县二标段 2-4-2 拍摄点 F16（北→南）治理后图 *

图 9-41　青河县二标段 2-15-3（50）拍摄点（北→南）治理前图 *

图 9-42　青河县二标段 2-15-3（50）拍摄点（北→南）治理后图 *

9.3.3.2　以青河县砂铁矿采区生态修复为例

（1）地理位置及主要生态问题

青河县地处准噶尔盆地东北边缘、阿尔泰山东段南麓，地形复杂，山脉走向多呈北西向，呈阶梯状展布，总体地形是北高南低，东高西低，地貌基本类型有山地、丘陵、戈壁和平原。青河县的砂铁矿采挖始于 2007 年，当地的砂铁矿开采工艺较为简单，露天开采后经过机器磁选，土壤中的铁粉被磁铁吸附后，剩余尾砂被露天堆放在选矿厂周边形成排土场，被采挖区域形成采矿坑。2007—2012 年，青河县共有数十家采矿企业开采砂铁矿，由于砂铁矿的无序开采，到目前为止，遗留大量露天采矿坑及排土场，形成的陡壁极易引发崩塌地质灾害，经分区，把青河县砂铁矿生态修复区分为 6 个治理区，包括阿苇灌渠渠首片区、阿苇灌渠渠西片区、阿苇灌渠山北片区、牧业六队片区、阿尕什敖包乡片区、查干郭勒乡片区，面积 22 367 693 m^2。青河县属温带大陆性气候，具有降水少、蒸发量大、干燥多风、日照时间长、温度变化剧烈、夏秋短暂、冬季寒冷而漫长等特点，5—9 月降水量较多，1—3 月降水量相对较少，降水量空间分布不均，北多南少，平均降水量为 165 mm，蒸发量能达到 1 945 mm，干燥多风，日照长，温度变化剧烈。植被类型和覆盖率随地貌而异。植被组成较为简单，类型单调，分布稀疏。建群植物由超旱生、旱生的小乔木、灌木、小半灌木以及旱生的 1 年生草本、多年生草本和中生的短命植物等荒漠植物组成。优势种类以藜科、蓼科中的旱生、沙生种类为主。砾质戈壁区植物稀少，以梭梭为主；山地灰漠土分布于丘陵洼地，土壤水分较好，绢蒿、铃铛刺、芨芨草等分布多；准噶尔盆地边缘的灰漠土受到沙漠气候影响，植物以琵琶柴、梭梭、柽柳为主。沙丘沙地多是半固定状态为风沙土，生长植物以梭梭为主，伴生沙蒿、锦鸡儿、柽柳等。

青河县经过多年的简单、粗暴的砂铁矿采挖后，呈现的主要生态问题是：原始地形被破坏严重，地表凹凸不平，形成了大面积的采矿坑及排土场，坡度最大近 90°，4—8 月融雪期和雨季，极易发生土质边坡滑坡，要是遇到洪水，轻则淤积河道，重则冲毁附近的牧民住宅，对人民的生命财产构成极大威胁；砂铁矿进行开采时，由于企业疏于管理，采矿剥离的废土及选矿形成的废料就近堆放于采矿坑边上，并未修建专门的废渣堆场用来堆放废料，闭矿后也未进行恢复治理，开展生态修复的区域遗留了大面积的采矿坑及排土场，与周边地物景观极不协调，制约了当地规划建设和发展；矿区开采区域排土场堆积松散，堆内含有大量粉砂土，给扬尘、浮尘天气提供了大量的物源，而本区域冬季、春季风力强劲，一旦遭遇大风天气，极易产生沙尘暴，严重影响周边空气质量；地表裸露，深层土壤裸露，植被基本不发育，生物多样性急剧减少，生态系统退化；区域生态功能受损，生态脆弱，甚至破坏野生动物的栖息地，阻断野生动物的迁徙路线等，同时，生态功能的提升与维护面临困难。

（2）摸清本底，确定生态保护和修复的目标

对采矿区以“消除采矿坑和排土场地质灾害隐患和对人畜的安全威胁为主，地质环境恢复和生态恢复并重”的总体生态保护和恢复思路。对需要开展生态修复的区域，根据采矿坑和排土场规模、位置，在节约治理成本的基础上因地制宜地选取治理方式，将其规划为重点修复区域和一般修复区域，采矿坑和排土场集中区域为重点修复区域，其他区域为一般修复区域，在保障地质修复治理效果的前提下，以最小的投入达到治理工作的目的。

重点治理区按照区域内挖填平衡的思路，将排土场土方运回采矿坑进行回填治理，基本恢复受损区土地至原始地形地貌；或利用区内土方自平衡的不完全回填治理和削高填低的坡地回填治理。恢复地形地貌，后期开展相应的生态修复或者进行其他土地

利用可规划性将更强，在一定程度上增加了土地利用价值，扩大了治理效益。对一些直立的采矿坑壁和排土场，完全削平工作量大且容易滑坡甚至崩塌，因此采取边坡修整降载，可减缓坡度，减小滑坡体体积和下滑力，可有效防止滑坡和崩塌。修坡坡度修整到不再发生滑坡、崩塌，且便于机械的正常施工，按后期生态修复植物种子能够顺利着床生长的适宜边坡角进行修整。

一般治理区域，多为乱采乱堆区，地表高低不平，部分区域还靠近村庄和农田，一般采取排土场土方回填部分采矿坑，降低地形高差，机械就近推平土料或就近拉运土方回填。对采矿区遗留的大量设备、建筑物和尾矿砂堆区域，其他靠近山区、人迹稀少的采区，可采取消除地灾隐患的方式，进行边坡修整和区内削高填低治理。设备、建筑物拆除后拉走。尾矿砂由矿石经磨碎水选后堆积于尾矿库区，以粉细砂为主，主要成分为石英、长石、云母等，含土量极少，加之堆积松散，导致尾矿区寸草不生，采取深埋覆土处理。地质修复完成后再开展生态修复工程。

生态修复在掌握其退化生态系统本底情况、了解其退化的主导因子后，采取自然解决途径（NbS），即充分利用自然，遵循生态系统自身规律，按照“整体生态功能恢复”和“近自然”生态系统恢复与重建典型群落类型配置模式，以“自然恢复为主、人工干预为辅”原则恢复受损区域，坚持植被恢复宜林则林、宜草则草、草灌优先，恢复后的植被覆盖率应不低于当地同类土地植被覆盖率，植被景观格局与周边自然环境相协调，恢复区域整体生态功能。开展生态修复要分轻重缓急，突出重点，分步实施，优先抓好生态破坏与环境污染严重的区域开展生态修复，按照生物生长的物候节律，合理配置自然恢复与人工修复、生物措施与工程治理，选择适宜的保护与恢复技术，科学设定不同工程措施实施的顺序和间隔，以点带面地统筹推进项目区全方位、全过程的生态修复。

（3）生态保护和修复方案

1）地质修复完成

在生态修复治理区阿苇渠渠首区域，为实现后期生态修复工程在不同地形条件下植被恢复效果，结合地质修复区域现实状态，重点治理区采取的治理形式分为恢复原始地形的完全回填治理、利用区内土方自平衡的不完全回填治理和削高填低的坡地回填治理。把原始地形坡度作为设计地形坡度，地质修复后地形与原始地面自然衔接。根据区域内采矿坑、排土场及其影响范围将排土场土方运回采坑进行回填治理，坡度大的按照尽量与周边的原始地形协调一致，不产生新的高陡边坡的修理边的方案，削至永久稳定边坡，以“尽量减少二次破坏，治理效益最大化，不引发新的地质灾害隐患”为原则，且坡度能够机械施工，开展生态修复植物种子也能够顺利着床生长为宜。

2）因地制宜，分区分步开展生态修复

根据与青河县建设发展规划，将其治理一区规划为农田。在渠首水库周边水源较为丰富的区域，遵循生态系统演替规律，且结合“近自然”植被群落配置，在水分条件较好的区域种植了大面积沙棘。其中一部分沙棘采取分子渗灌节水造林技术，利用地势高差，在东侧较高区域放置 20 m^3 的蓄水池，利用三通分别向左右两侧供水，每棵沙棘配置 2 个渗水滴头，水分可控的进行根部微渗。通过详细记录用水量、沙棘成活率、生长速度等各项指标，发现利用分子渗灌节水造林初期投入较大，但植株成活率高，大大节约了用水，是干旱区节水造林、植被恢复可选择的技术。

在青河县萨尔托海新盛矿业治理区、阿尔勒托别镇卫东修复区域，约 23.33 hm^2，土壤为沙土，年降水量为 100 mm 左右，年蒸发量达到 1 734 mm，距离水源地远，用水不方便，土壤为沙丘沙地，半固定状况，地表植被稀疏，原生植物以梭梭、柽柳、沙蒿等为主。依据治理区域地理环境现状、水源及原生植被情况，采取无灌溉造林技术，利用保墒剂进行无灌溉造林，10 月底，在第一场冬雪之前进行种植，一年生梭梭苗木根部蘸取蘸根剂，穴植，坑采取机械打坑机打坑，株行距 2 m × 4 m，深度约 50 cm，直径 80 cm，坑内加入保墒剂后，薄沙覆盖，放入梭梭小苗，覆土，坑不覆满，种植后浇封冻水，后续不采取任何灌溉措施。蘸根剂保水，且驱避剂能防止啮齿类动物啃食梭梭根部；穴植可收集冬季雨雪，具有明显的保水作用；保墒剂具有保肥、保水、保墒作用。第二年，计算梭梭无灌溉造林的成活率能够达到 75% 以上。可见利用保墒剂进行的无灌溉造林技术造林成活率高，成本较低、用水量小，适用于干旱荒漠区立地条件造林，适宜大面积地推广应用。

在萨尔托海乡进行无人机直播造林植被恢复技术。该区域与新盛矿业治理区地理环境、气候、植被状况相似。遵循生态系统自身规律，按照周边原始植被，以“近自然”生态系统恢复与重建典型群落类型配置模式，草灌结合开展无人机直播造林植被恢复。典型群落类型配置方法上选择先锋物种加优势种的科学配比，确定沙棘、梭梭、驼绒藜、木地肤、黄芪、盐生草、猪毛菜、绢蒿、刺沙蓬、沙蓬作为本区域植被恢复物种。将以上 10 个植物种种子进行清理，清理后的种子存在播种易被风吹走，需要覆土和填压等问题，直接撒播会浪费大量的种子、人力和机械。清理后的种子包裹入抗旱修复基质内，利用丸粒机丸粒化，丸粒化后较原种子质量提高 3～5 倍，且质地坚硬，能形成一定入土深度，不易被风吹走，解决了传统无人机播种后需人工填压和覆土问题，节约了大量成本和人工。同时丸粒化种子被抗旱基质包裹，播种后能提高种子的成活率和抗旱能力，且节约播种量。无人机播种均匀度高，还能兼顾地形复杂、坡度较大的区域，播种效率高，每日 8 小时，可播种 53.33 hm^2 左右，降低了成本、节约了种子量。播种后立即使用花洒带进行灌溉补水，后续则按需补水。先锋物种加优势种的科学配比，使得播种后先锋物种（如猪毛菜、刺沙蓬、盐生草等）迅速生长，长势较好，同时土壤种子库的狗尾草、早熟禾等物种也生长起来，后期多年生梭梭、驼绒藜、木地肤开始出现，整个生态系统向良性发展。利用无人机直播造林植被恢复技术不受生态修复地域限制，播种效率高，大量节约人工、种子量和机械力量，先锋物种的快速生长，枯萎后回补土壤，提高土壤的养分，促进多年生植物的生长，激活了植被与土壤之间的互动效益，丰富了物种多样性，促进了植被的演替，能在短时间内改善土壤结构，恢复植被盖度，并使土壤与植被逐步良性发展，促进退化的生态系统达到生态平衡和良性循环，适于开展大面积生态保护和修复的推广应用。

9.4　阿勒泰地区生态修复的成效评估

9.4.1　中期成效评估结果

阿勒泰地区山水林田湖草生态保护修复成效中期评估以2017年为评估基准期、2020年为评估期，以评估基准期与评估期指标数值的变化量或变化率定量赋值，分析生态环境质量、退化生态系统修复、制度与资金保障成效。

（1）生态环境质量

1）水环境质量

因2020年还没有全年水质监测数据，且阿勒泰地区重点流域额尔齐斯河和乌伦古河水质有明显的水期特征，非汛期水质明显优于汛期水质，2020年现有水质状况不能表征全年。因此，水环境质量评估选取2019年为评估年、选取COD为水质评估主要污染物类别。

根据阿勒泰地区监测中心提供的数据，阿勒泰地区共设有15个地表水监测国控断面（图9-43），其中福海断面为2020年新增断面，主要分布在额尔齐斯河干流及乌兰河、布尔津河、哈巴河、别列则克河等主要支流，乌伦古河干流以及喀纳斯河和乌伦古湖。

2017—2020年额尔齐斯河、乌伦古河及喀纳斯湖水质总体呈改善趋势，乌伦古湖水质保持稳定（图9-44）。额尔齐斯河布尔津大桥、山区林业局断面水质提升至Ⅰ类；乌伦古河上游顶山断面水质由Ⅱ类提升至Ⅰ类；喀纳斯湖南码头断面水质由Ⅱ类提升至Ⅰ类。

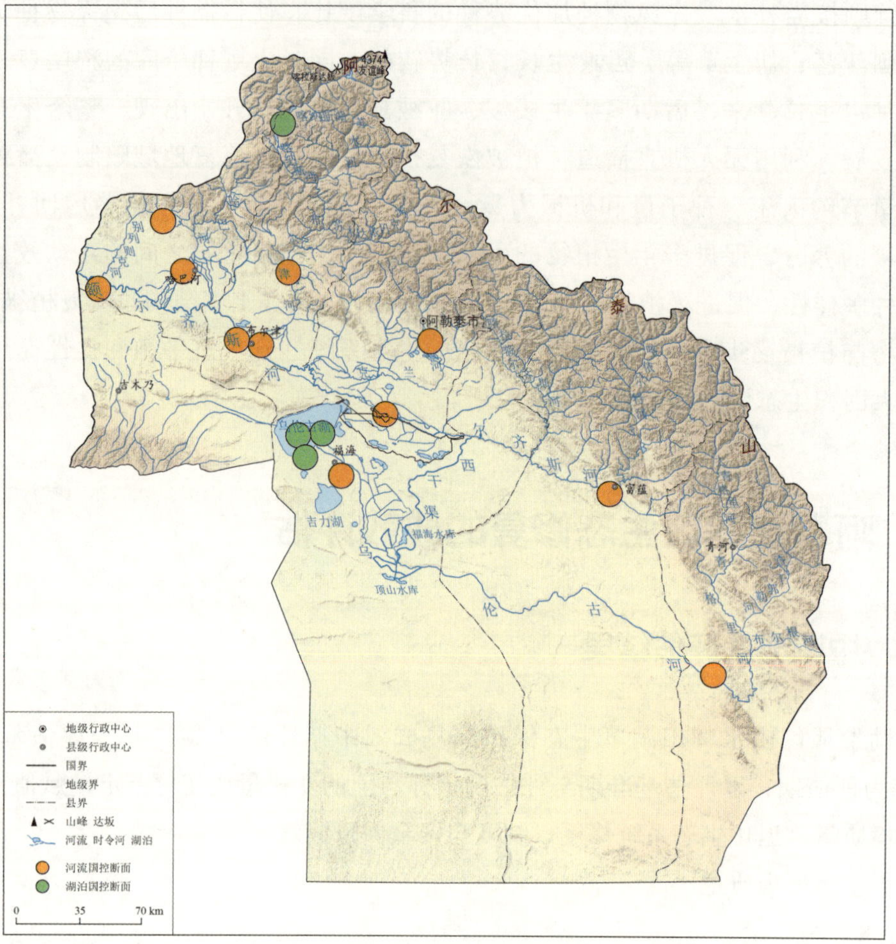

图 9-43 阿勒泰地区主要水系国控断面分布图

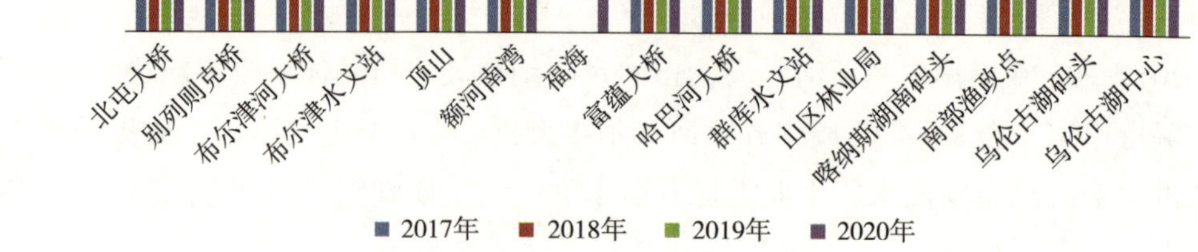

图 9-44 2017—2020 年 6 月阿勒泰地区国控断面水质变化图

阿勒泰地区水质监测 COD 年均浓度呈下降趋势。2017 年共开展 14 个断面 123 次水质监测，其中哈巴河大桥、群库水文站、喀纳斯湖南码头、乌伦古湖中心、乌伦古湖码头、南部渔政点监测部分月份水质，其余断面监测全年水质。2018 年共开展 14 个断面 79 次水质监测，主要河流断面监测 1—8 月水质，湖泊断面监测部分月份水质。2019 年共开展 14 个断面 117 次水质监测，主要河流断面监测全年水质，湖泊断面监测部分月份水质。截至 2020 年 6 月共开展 14 个断面 69 次水质监测，因无全年水质，故不做比对分析。根据水质监测数据，阿勒泰地区监测断面总体 COD 浓度呈下降趋势，由 2017 年的 13.33 mg/L 降低至 2019 年的 11.36 mg/L。其中，额尔齐斯河干流富蕴大桥、布尔津水文站、额河南湾断面 COD 年均浓度下降，主要支流除克兰河山区林业局断面 COD 年均浓度下降，布尔津河群库水文站断面、哈巴河大桥断面、别列则克桥断面 COD 年均浓度均较 2017 年增加；乌伦古河干流顶山断面 COD 年均浓度下降；喀纳斯湖南码头断面 COD 年均浓度升高；乌伦古湖乌伦古湖中心断面 2019 年仅一次监测数据，故不做分析，南部渔政点、乌伦古湖码头断面 COD 年均浓度均下降（图 9-45）。

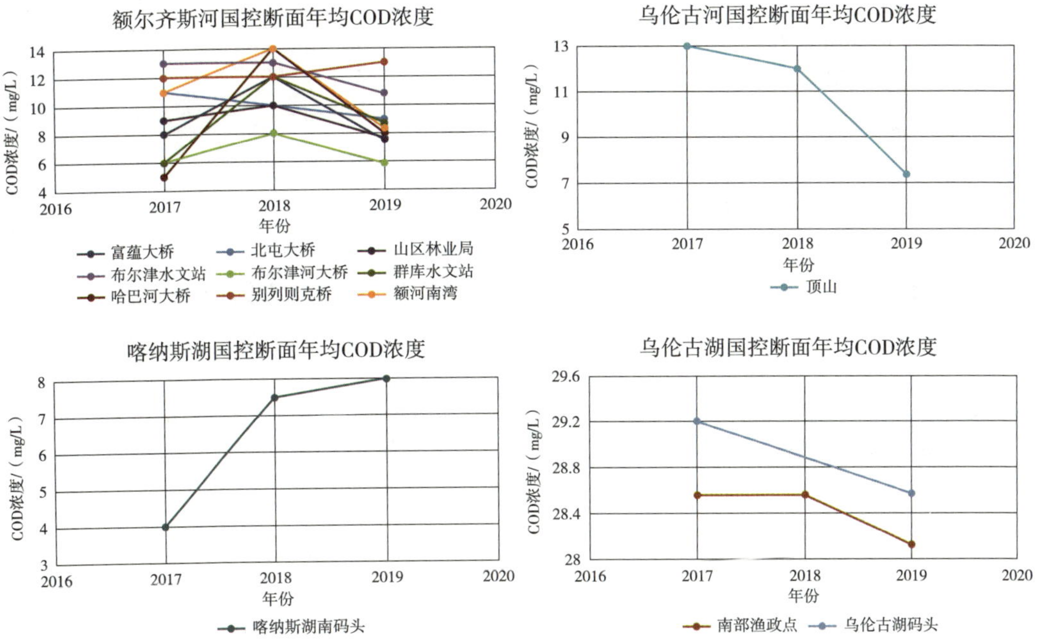

图 9-45　2017—2019 年阿勒泰地区重点河流湖库年均 COD 浓度变化情况图

2017 年国控断面 COD 年均浓度为 13.00 mg/L，2019 年 COD 平均浓度为 11.36 mg/L，水质变化指数为 12.61%，见表 9-12。

根据评估指标归一化赋值表，通过差值计算，确定水质变化指数归一化赋值为 0.92。

表 9-12 水环境质量指标计算统计表

指标名称	指标内容	评估基准期	评估期	变化率 /%
地表水水质变化指数	地表水主要污染物类别年均浓度	13.0 mg/L	11.36 mg/L	12.61

2）森林质量

根据阿勒泰地区统计年鉴，阿勒泰地区 2018 年森林覆盖率为 22.65%，截至 2020 年 6 月仍为 22.65%，森林覆盖率变化指数为 0（图 9-46）。

2017 年森林蓄积量为 1.16 亿 m^3，截至 2020 年 6 月为 1.169 亿 m^3，森林蓄积量变化指数为 5.62%（表 9-13）。

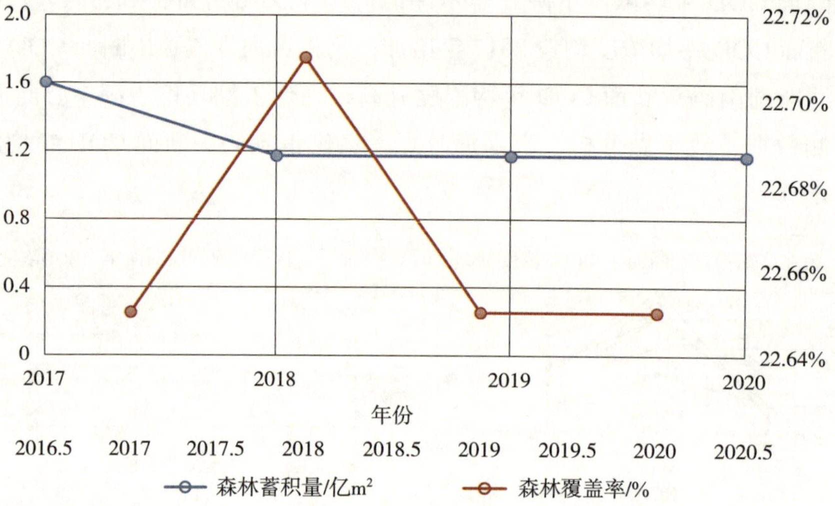

图 9-46 2017—2019 年阿勒泰地区森林覆盖率、森林蓄积量变化情况图

表 9-13 森林环境质量指标计算统计表

指标名称	指标内容	评估基准期	评估期	变化率 /%
森林覆盖率变化指数	森林覆盖率	22.65%		
森林蓄积量变化指数	森林蓄积量	1.16 亿 m^3	1.169 亿 m^3	5.62

根据评估指标归一化赋值表，差值计算，确定森林覆盖率变化指数归一化赋值为 0.50，森林蓄积量变化指数归一化赋值为 0.84。

3）草原质量

阿勒泰地区 2017 年草原综合植被盖度为 38.8%，截至 2020 年 6 月为 42.2%，草原综合植被盖度变化指数为 8.76%（图 9-47、表 9-14）。

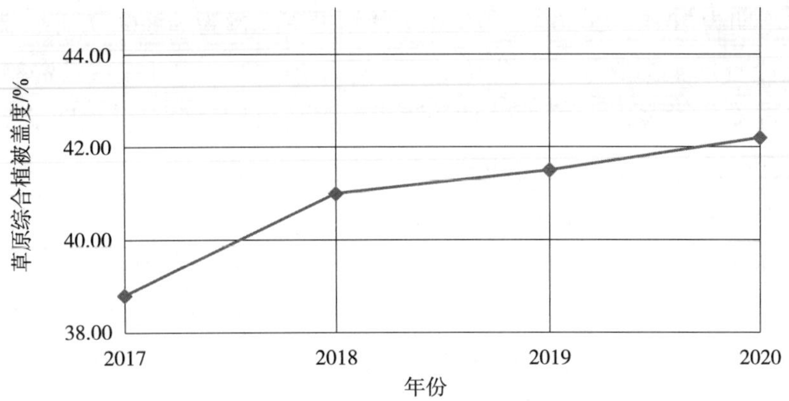

图 9-47　2017—2019 年阿勒泰地区草原综合植被盖度变化情况图

表 9-14　草原环境质量指标计算统计表　单位：%

指标名称	指标内容	评估基准期	评估期	变化率 /%
草原综合植被盖度变化指数	草原综合植被盖度	38.8	42.2	8.76

根据评估指标归一化赋值表，差值计算，确定草原综合植被盖度变化指数归一化赋值为 0.95。

4）综合指标分析

根据生态环境质量成效评估的分级标准，阿勒泰地区山水林田湖草生态保护修复生态环境质量总体明显改善。其中，水环境质量、草原质量显著改善，森林质量轻微改善。

（2）退化生态系统修复

1）退化土地修复

阿勒泰地区山水林田湖草生态保护修复工程中水土流失治理工程包括富蕴县额尔齐斯河出山口南岸水土保持和综合治理项目、喀纳斯禾木河河岸环境整治工程、喀纳斯景区公路生态综合治理工程、喀纳斯人居环境整治增绿工程 4 项工程，投资总金额 7 585.45 万元，工程实施期为 2019—2020 年。2020 年计划投资总额为 6 353.26 万元，截至 2020 年 10 月已完成投资额 6 148.55 万元，投资完成比例为 96.78%，累计完成投资额 7 380.05 万元，占总投资额的 97.29%。除富蕴县额尔齐斯河出山口南岸水土保持和综合治理项目预计 11 月底竣工，其余项目均已完工，平均完成工程量为 98.75%（表 9-15）。

阿勒泰地区山水林田湖草生态保护修复工程中沙化土地恢复工程包括布尔津县沙化土地封禁保护区项目（二期）、吉木乃县金斯克沙化土地封禁保护区项目、新疆福海县三口泉国家沙化土地封禁保护区建设项目 3 项工程，投资总金额 2 400.00 万元，工程实施期为2018—2020年。2020年计划投资总额为608.00万元，截至2020年10月已完成投资额483.00万元，投资完成比例为79.44%，累计完成投资额1 775.00万元，占总投资额的73.96%。布尔津县沙化土地封禁保护区项目（二期）仍在施工中，其余项目均已完工，平均完成工程量为81.67%（表9-15）。

阿勒泰地区山水林田湖草生态保护修复工程中土地整理工程包括阿勒泰市土地整理项目、布尔津县土地整理项目、哈巴河县土地整理项目等9项工程，投资总金额18 844.53万元，工程实施期为2019—2020年，2020年计划投资总额为4 014.62万元，截至2020年10月已完成投资额1 633.76万元，投资完成比例为40.70%，累计完成投资额15 664.30万元，占总投资额的83.12%。阿勒泰市克兰河谷生态修复工程、哈巴河县土地整理项目，富蕴县额尔齐斯河伊雷木湖、可可苏里湖近水区域生态搬迁和可可托海历史遗留废弃矿区土地整治工程未完成，其余项目均已完工，平均完成工程量为91%（表9-15）。

阿勒泰地区山水林田湖草生态保护修复工程中矿山环境修复工程包括阿尔泰山森林公园、地质公园、自然保护区受损区域地质环境恢复与生态修复治理项目、富蕴县可可托海一矿3号脉（地质圣坑）周边生态综合治理项目、富蕴县富可公路沿线废弃采矿坑地质环境治理等18个项目，投资总金额36 909.68万元，工程实施期为2018—2020年，2020年计划投资总额为23 173.39万元，截至2020年10月已完成投资额16 626.81万元，投资完成比例为71.75%，累计完成投资额31 352.10万元，占总投资额的84.94%。阿勒泰市周边地质环境生态修复治理项目、福海县萨尔布拉克—红山嘴区域受损地质环境治理及生态修复项目、福海县额尔齐斯河635至147受损地质环境治理及生态修复项目等12项工程未完工，2020年年底竣工验收，其余6项工程均已完工，平均完成工程量为97%（表9-15）。

表9-15　退化土地修复指标计算统计表

指标名称	工程量完成目标值/%	实际完成值/%	目标完成率/%
水土流失治理目标完成率	100	98.75	98.75
沙化土地恢复目标完成率	100	81.76	81.76
土地整理目标完成率	100	91	91
矿山环境修复目标完成率	100	97	97

阿勒泰地区山水林田湖草生态保护修复工程中退化土地修复共34个项目，投资总金额65 739.57万元，均为2018—2020年计划开工完工项目。截至2020年10月已完工17项，累计完成投资额55 171.46万元，完成投资总额的83.92%、平均完成工程量92.13%，退化土地修复目标完成率为92.13%。

2）退化植被修复

阿勒泰地区山水林田湖草生态保护修复工程中森林保护修复工程包括阿勒泰市克兰河谷生态修复工程、阿勒泰市城市自来水水源地生态修复工程、阿勒泰市重点防护林工程等 26 项工程，投资总金额 47 940.71 万元，工程实施期为 2018—2021 年。2020 年计划投资总金额为 16 823.83 万元，截至 2020 年 10 月已完成投资额 5 863.97 万元，投资完成比例为 34.86%，累计完成投资额 28 037.36 万元，占总投资额的 58.48%。阿勒泰市克兰河谷生态修复工程、阿勒泰市城市自来水水源地生态修复工程、阿勒泰市重点防护林工程等 13 个项目未完工，其余项目均已完工，平均完成工程量为 76.05%（表 9-16）。

阿勒泰地区山水林田湖草生态保护修复工程中退化草原保护修复工程包括阿勒泰市 2018 年农牧交错带已垦草原修复治理项目、阿勒泰市 2018—2020 年草原生态保护补助奖励、阿勒泰市天然草原退牧还草工程等 17 项工程，投资总金额 138 045.17 万元，工程实施期为 2018—2020 年。2020 年计划投资总额为 45 974.31 万元，截至 2020 年 10 月已完成投资额 44 159.97 万元，投资完成比例为 96.05%，累计完成投资额 134 574.56 万元，占总投资额的 97.49%。对于阿勒泰市天然草原退牧还草工程、布尔津县天然草原退牧还草工程、吉木乃县天然草原退牧还草工程，自治区于 2020 年 8 月下达建设任务，预计 2021 年 10 月竣工验收，布尔津县 2018—2020 年草原生态保护补助奖励 2020 年完成，吉木乃县草原石城生态修复及公共配套设施建设工程已停工，其余项目均已完工，平均完成工程量为 94.77%（表 9-16）。

阿勒泰地区山水林田湖草生态保护修复工程中退化植被修复共 43 个项目，投资总金额 185 985.88 万元，2018—2021 年计划开工并完工项目。截至 2020 年 10 月已完工 43 项，累计完成投资额 162 611.92 万元，完成投资总额的 87.43%、平均完成工程量 85.41%。

表 9-16　退化植被修复指标计算统计表

指标名称	工程量完成目标值 /%	实际完成值 /%	目标完成率 /%
森林保护修复目标完成率	100	76.05	76.05
退化草原保护修复目标完成率	100	94.77	94.77

3）退化河流修复

阿勒泰地区山水林田湖草生态保护修复工程中退化河流修复工程包括布尔津县城东生态屏障保障工程（布尔津县布尔津河与额尔齐斯河水系连通工程）、布尔津县也拉曼河阔帕段生态治理工程、布尔津县库须根河治理工程等 11 项工程，投资总金额 17 780.00 万元，工程实施期为 2018—2021 年。2020 年计划投资总额为 5 687.25 万元，截至2020年10月已完成投资额3 557.53万元，投资完成比例为62.55%，累计完成投资额15 654.57万元，占总投资额的88.05%。布尔津县库须根河治理工程、福海县乌伦古河河湖生态治理工程等5项工程2020年年底竣工，其余项目均已完工，平均完成工程量为93.45%（表9-17）。

阿勒泰地区山水林田湖草生态保护修复工程中退化河流修复目标完成率为93.45%。

表9-17 退化河流修复指标计算统计表

指标名称	工程量完成目标值/%	实际完成值/%	目标完成率/%
退化河流修复目标完成率	100	93.45	93.45

4）退化湿地修复

阿勒泰地区山水林田湖草生态保护修复工程中退化湿地修复工程包括哈巴河县阿克齐湿地生态补水工程、哈巴河县科克托海湿地生态移民项目、哈巴河县加那尕什骨干工程（科克托海湿地补水项目）等14项工程，投资总金额21 539.87万元，工程实施期为2018—2021年。2020年计划投资总额为11 659.81万元，截至2020年10月已完成投资额7 021.65万元，投资完成比例为60.22%，累计完成投资额14 434.81万元，占总投资额的67.01%。哈巴河县阿克齐湿地生态补水工程、富蕴县可可托海老矿区额河南岸生活区及水系恢复、环境综合整治项目2020年11月底竣工，哈巴河县加那尕什骨干工程（科克托海湿地补水项目）、福海县乌伦古湖国家湿地公园湿地保护与恢复工程预计2021年竣工，其余项目均已完工，平均完成工程量为85.00%（表9-18）。

阿勒泰地区山水林田湖草生态保护修复工程中退化湿地修复目标完成率为85.00%。

表9-18 退化湿地修复指标计算统计表

指标名称	工程量完成目标值/%	实际完成值/%	目标完成率/%
退化湿地修复目标完成率	100	85.00	85.00

5）综合指标分析

根据退化生态系统修复评估的分级标准，阿勒泰地区山水林田湖草生态保护修复退化生态系统修复评价为优秀。其中，退化土地修复、退化河流修复评估等级为优秀，退化植被修复、退化湿地修复评估等级为良好。

（3）制度与资金保障

1）组织保障

阿勒泰地区《关于成立额尔齐斯河流域山水林田湖草生态保护修复工程试点项目指挥部的通知》（阿地党办字〔2019〕67号文件）精神（以下简称项目指挥部），抽调专职人员集中办公，构建了系统的项目推进指挥体系。制定《新疆额尔齐斯河流域山水林田湖草生态保护修复工程试点项目实施管理办法（试行）》《新疆额尔齐斯河流域山水林田湖草生态保护修复工程试点项目督查通报制度（试行）》，有效建立了组织保障机制、协同配合机制、项目统筹协调定期会商制度、常态化督查机制、绩效考评机制等推进机制，组织保障制度建立指数为1。

①组织保障机制。新疆维吾尔自治区党委、人民政府成立"实施项目"工作指导组，统筹领导、指导协调自治区层面相关工作，地区成立新疆额河流域山水林田湖草生态保护修复工程实施项目指挥部（以下简称地区指挥部），各县（市、景区）成立分指挥部，通过三级联动，统一组织、协调、管理。地区指挥部下设项目执行办、财政绩效办、合规监察办、科技专家办及金融服务办，做到工作结合、资源整合、目标融合，确保项目安全、进度均衡、效能优胜。

②协同配合机制。项目指挥部整合了生态环境、自然资源、水利、住建、林业和草原、农业农村等多个部门的资源及力量，构建了系统的项目推进指挥体系。

③项目统筹协调定期会商制度。项目指挥部建立项目统筹协调定期会商机制，通过周例会、旬调度、月报告、季通报，对项目的施工进度、质量保证、资金使用等情况定期进行调度，及时协调项目实施过程中存在的困难和问题。同时，与各县（市、景区）分指挥部、项目建设单位、第三方审计机构形成例会机制，全程跟进解决问题，不断提升项目执行力。

④常态化督查机制。项目指挥部强化对相关职能部门审批服务和第三方审计机构的履职情况进行专项督查，深入细致开展项目建设程序规范自查自纠工作，针对项目检查出来的问题，逐级落实责任，对照检查，及时整改，反馈整改情况。建立重要节点落实通报制度，严格按照项目工程进度表督导落实，对未按要求落实的责任单位、责任人进行通报批评。

⑤绩效考评机制。项目指挥部强化绩效考评的结果应用，并引入第三方评价机制，通过考评，细化任务分解、强化责任落实、量化进度安排、精化过程管理、优化行政效能，实行严格的奖惩机制，强化绩效考评结果运用，将绩效考评结果与干部的评优评先、选拔任用、离任审计相挂钩，与实施单位的年度考核相结合，切实提高"实施项目"管理水平，确保全面系统、高质量完成"实施项目"22项绩效指标。

2）项目管理

阿勒泰地区制定出台了《新疆额尔齐斯河流域山水林田湖草生态保护修复工程试点项目实施管理办法（试行）》《新疆额尔齐斯河流域山水林田湖草生态保护修复工程试点项目实施管理细则（试行）》《新疆额尔齐斯河流域山水林田湖草生态保护修复工程试点项目管理评价考核办法》《新疆额尔齐斯河流域山水林田湖草生态保护修复工程试点项目督查通报制度（试行）》，有效建立了项目资金管理、资金绩效评价、项目质量与安全管理、项目督查监管、项目验收等制度，项目管理工作实施指数为1。

①项目资金管理制度。项目指挥部加强项目统筹管理，防范资金使用风险，专款专用，保证项目资金规范使用，资金安排公开透明。

②资金绩效评价制度。《新疆额尔齐斯河流域山水林田湖草生态保护修复工程试点项目管理评价考核评分表》中，针对资金保障情况对资金拨付及资金管理做出了专项评价。

③项目质量与安全管理制度。《新疆额尔齐斯河流域山水林田湖草生态保护修复工程试点项目实施管理办法（试行）》中，对工程管理及项目安全做出了专项规定，各县（市、景区）、地直各相关部门（单位）对工程建设负有主体责任，各级行业主管部门负有监管责任，从工程前期工作、实施过程、竣工验收等环节加强全过程监管服务，项目安全应贯穿项目实施始终，并严格落实项目安全责任制、高标准、严要求地落实项目各项安全措施。

④项目督查监管制度。项目指挥部制定《新疆额尔齐斯河流域山水林田湖草生态保护修复工程试点项目督查通报制度（试行）》，明确了组织机构到位情况、责任落实情况、制度建设情况、配套资金到位情况、项目实施情况、资金管理使用情况、项目整改落实情况及项目档案管理情况督查范围及内容。

⑤项目验收制度。项目指挥部制定《新疆额尔齐斯河流域山水林田湖草生态保护修复工程试点项目实施管理细则（试行）》，明确了项目建设完成后，应按照有关规定及时组织验收，确保验收合格的项目达到预期效果。

3）资金筹措及拨付使用

阿勒泰地区山水林田湖草生态保护修复试点项目共162个，总投资额58.27亿元，截至2020年10月，累计完成投资48.27亿元，累计完工项目90个。

2020年，阿勒泰地区计划完成投资额24.33亿元，计划支付资金20.98亿元，截至2020年10月，已完工项目44个，完成投资额16.86亿元，已支付资金11.85亿元，资金筹措到位率为56.48%，资金预算执行率为48.71%。

资金筹措及拨付使用目标完成率为52.60%，见表9-19～表9-21。

表 9-19　截至 2020 年 10 月投资完成率统计表

县（市、景区）	2020 年计划投资额 / 万元	已完成投资额 / 万元	目标完成率 /%
阿勒泰市	23 043.0	19 381.8	84.1
布尔津县	27 749.0	18 175.3	65.5
哈巴河县	53 213.8	20 468.7	38.5
吉木乃县	16 653.0	15 110.7	90.7
福海县	25 474.8	22 661.5	89.0
富蕴县	45 607.2	38 528.8	84.5
青河县	23 749.0	17 743.9	74.7
景区	21 137.9	14 014.9	66.3
地直	6 627.1	2 485.7	37.5

表 9-20　截至 2020 年 10 月资金支付率统计表

县（市、景区）	2020 年计划支付资金 / 万元	已支付资金 / 万元	目标完成率 /%
阿勒泰市	17 239.1	11 355.8	65.9
布尔津县	15 468.2	13 127.1	84.9
哈巴河县	51 523.0	14 733.0	28.0
吉木乃县	16 653.0	12 072.1	72.5
福海县	24 859.7	18 530.8	74.5
富蕴县	45 607.2	26 441.5	58.0
青河县	23 749.0	15 731.4	66.2
景区	8 324.1	4 947.3	59.4
地直	6 401.7	1 569.0	24.5

表 9-21　截至 2020 年 10 月资金筹措及拨付使用指标计算统计表

指标名称	评估期目标值 / 亿元	实际完成值 / 亿元	目标完成率 /%
资金筹措到位目标完成率	20.98	11.85	56.48
资金预算执行目标完成率	24.33	11.85	48.71

根据制度与资金保障成效评估的分级标准，阿勒泰地区山水林田湖草生态保护修复制度与资金使用评价为良好。其中，组织保障及项目管理制度健全、管理完善，评估等级为优秀，资金筹措使用完成率较低，评估分级仅为合格。

4）综合评估

根据中期成效评估结果，额河流域山水林田湖草生态保护修复工程中期成效显著，生态环境质量明显改善，退化生态系统修复工程按预计实施，制度与资金保障情况良好。但退化植被修复、退化湿地修复工程个别工作完成情况较为滞后，还需进一步加快相关工程的实施进展；资金筹措到位率及资金预算执行率较低，需进一步加大资金管理力度，提高资金筹措到位率及资金预算执行率。

9.4.2 流域生态保护与修复成效

近年来，阿勒泰地区高度重视山水林田湖草生态修复工程，持续推进生态系统的保护与修复，改善生态环境质量，发展绿色产业、助推绿色增收，发展生态旅游、推进乡村振兴，实现生态效益与社会效益双丰收。

（1）生态系统状况明显改善

随着山水林田湖草生态保护修复工程的持续开展，额河流域的生态状况有了明显改善。主要体现在以下几个方面：

1）森林覆盖率增至 22.65%

阿勒泰地区多措并举，构建防护林体系，提升森林覆盖率。全面加强农田林网建设，新植、补植农田防护林 2.3 万余株，人工造林 11.7 万亩，封育 13.9 万亩，退耕还林 12.74 万亩，退化林修复 1.49 万亩。阿勒泰市通过开展大规模植树造林完成荒山绿化 2.9 万亩，城市建成区绿化覆盖率达到 38.68%，森林蓄积量达 3.51 亿 m^3，森林覆盖率达由 2012 年的 12.65% 提升至 22.65%，预计到 2020 年将完成 6.8 万亩的荒山绿化工作。扎实推进“绿盾”整改，在“绿盾 2017”“绿盾 2018”专项行动中，自然保护区问题总台账共列出问题 813 个，已整改完成 783 个。开展“三线一单”编制工作，且在 2019 年度自治区考核中位居前列。

2）额河流域“绿色走廊”得到有效恢复

通过组织实施向额河下游生态输水工作，2020 年额河流域生态输水淹灌影响面积约 35.3 万亩，植被绿度增加，额河流域和布尔津河流域的天然植被生长季各时段的植被指数上升明显，自然植被长势好转。中、高植被覆盖度的面积呈现增加趋势，低植被覆盖度呈现出向中、高植被覆盖度转变的变化特征；天然植被退化趋势得到有效遏制。截至 2020 年 6 月，乌伦古湖生态补水量达 10.55 亿 m^3，布尔津县沿额尔齐斯河、布尔津河河谷生态林及草场总面积为 38.93 万亩，2020 年淹灌总面积占总面积的 95.2%，同时植物物种由 17 种增加到 46 种。

3）生态示范创建工作取得突破

全面落实《阿勒泰地区贯彻落实全区生态环境保护大会精神　创建自治区生态环境保护示范区实施方案》，积极开展生态文明示范创建。截至 2020 年底，布尔津县、哈巴河县成功创建为第三、第四批国家生态文明建设示范县，全地区有 2 个县被命名为自治区级生态县、3 个乡获得国家生态乡镇命名、20 个乡获得自治区生态乡镇命名；有 1 个村获得国家生态村命名，144 个村获得自治区生态村命名；有 30 个乡镇获得地区级生态乡镇命名，293 个村获得地区级生态村命名。

（2）矿山治理取得显著进展

阿勒泰地区多措并举，坚持源头防治、标本兼治、系统谋划、精准施策，扎实推进矿山生态环境保护和修复治理工作，加大矿山生态修复治理力度，减轻区域生态环境风险。

截至 2020 年，阿勒泰地区完成矿山治理数量 77 个，矿山环境综合治理面积达 41.57 km^2，完成率达 82.38%。全面推进非自然保护区 77 个已闭坑矿山和政策性关闭小煤矿、砂石黏土矿的恢复治理工作，恢复治理面积达 6.71 km^2，恢复治理面积达 100%，阿尔泰山山地森林草原国家重点生态功能区生态服务功能增强。

1）统筹部署，狠抓落实

在广泛调查、征求各方意见后编制《矿山地质环境恢复治理规划》《依法治理乱采滥挖工作方案》和《矿山恢复治理进度示意图》。各县（市）作为废弃矿山治理主体，按照片区划分、责任到人的原则，在各片区建立部门联动机制，监督已关闭矿山、政策性关闭矿山以及关闭砂石黏土矿开展地质环境恢复治理工作，对发现乱采滥挖违法等行为，立即启动部门联动机制，统一行动、防止关闭矿山死灰复燃。要求各县（市）扎实开展露天矿山（点）摸底排查工作，划定违法行为发生率"红线"，严厉打击无证开采、超层越界、超规模生产等乱象，发现一起、查处一起。加大对县（市）矿山监督检查力度，对露天矿山综合整治中不符合要求、进展滞后的，将适时进行通报，对责任不明确、措施不得力、工作不到位、弄虚作假的，将依法依规追责问责。

2）全面排查，建立台账

对全地区露天矿山的各类证照、开发利用、矿山地质环境及生态恢复治理、规范开采、费用缴纳、主体灭失等各方面详细情况，逐矿逐项进行了实地统计，建立摸底排查台账，并对各项数据进行了分类汇总。其中，持露天开采采矿许可证的矿山 129 个，已完成治理面积 5.069 6 km^2；持地下开采采矿许可证进行露天开采的矿山 3 个，已完成治理面积 0.006 0 km^2；责任主体已灭失露天矿山 38 个，已完成治理面积 2.276 2 km^2。

3）着力推进卡山自然保护区整改

坚决落实《关于进一步加强卡拉麦里山有蹄类野生动物自然保护区管理工作的决定》（新政发〔2016〕31 号）文件精神，全面退出侵占的 1 593.45 km^2 保护区面积，撤销喀木斯特工业园区，将退出区域重新划入保护区范围，卡山保护区阿勒泰辖区面积恢复至 1982 年设立之初的 13 011 km^2；及时叫停保护区内一切开发建设运营活动，依法注销过期废止探矿权 186 个、采矿权 8 个，永久性封闭退出油井 119 口；累计投入 5 192 万余元，依法拆除治理欧骆石业、崛发矿业等 9 家企业的采矿区、生活区设施，拆除建筑物 12.2 万 m^2，对 800 多个人类活动点位开展恢复治理，累计治理面积 11.44 km^2。

（3）荒漠化治理初见成效

阿勒泰地区持续践行绿色发展理念，严格履行“三不开”原则（不开荒、不开矿、不开水电），坚持基础治理与深度治理相结合，通过加大重点区域荒漠化治理等，加强草地生态修复治理，采取草原围栏、草原补播改良、人工种草修复治理、草种基地建设等治理措施，提升草地承载力和调节能力。使荒漠草原区草地植被盖度由围栏前的 5%～10% 提高至 15～20%，平均提高 10 个百分点；草层高度由 3～13 cm 提高到 8～18 cm。河谷平原区草地植被盖度由围栏前的 20%～30% 提高到 40%～50%，平均提高 20 个百分点；草层高度由 8～35 cm 提高到 13～60 cm，平均提高 15 cm。草原综合植被盖度达 42.2%，水土流失治理率达 15.2%。

1）促进防护林等林带的恢复和改造

2016—2019 年，阿勒泰地区完成人工造林 4.6 万亩，封山（沙）育林 18.4 万亩，村庄及牧民定居点绿化 94 个，阿勒泰市骆驼峰区域荒山绿化已造林 9 000 亩，富蕴县荒山绿化已造林 2 000 亩，已落实新一轮退耕还林面积 9.44 万亩。农田防护林浇灌面积 3.1 万亩。完成森林抚育任务 15.8 万亩。

2）推进沙化土地封禁保护区建设

阿勒泰地区在布尔津、福海、吉木乃 3 县 4 个沙化土地实施国家沙化土地封禁保护区项目，总建设面积 62.61 万亩，其中，布尔津县 2018 年萨热库木国家沙化土地封禁保护补助试点项目面积 16.9245 万亩、福海县 2018 年三口泉国家沙化土地封禁保护区建设项目面积 15.5685 万亩、吉木乃县 2016 年库木托拜沙化土地封禁保护补助试点项目和吉木乃县 2017 年金斯克国家沙化土地封禁保护区项目总建设面积 30.12 万亩。

3）积极推进草原生态保护修复建设

阿勒泰地区积极推进退牧还草、退耕还草、草原生态修复治理等，采取草原围栏、草原补播改良、人工种草修复治理、毒害草治理、草种基地建设等治理措施。积极推进退牧还草，其中，围栏建设 86 万亩、补播改良 78 万亩、人工种草 71 万亩、棚圈建设 6 664 座、毒害草治理 29.5 万亩。完成退耕还草面积 4.45 万亩，实施农牧交错带已垦草原治理项目，治理草原面积达 45.5 万亩。完成退化草原补播改良 2.8 万亩，累计草原改良修复面积达 71.81 万亩。

（4）“两河一湖”水质得到提升

阿勒泰地区以生态优先、绿色发展为导向，围绕水污染防治攻坚战，大力推进

“碧水工程”。为构建阿尔泰山中部“两河一湖”生态安全维护区，提升“两河一湖”水生态安全水平，阿勒泰地区加强河湖生态修复。自 2017 年 5 月，全地区全面推行河（湖）长制，设立地、县、乡、村四级河（湖）长，编制完成 272 条河流、14 个湖泊的“一河（湖）一策”方案，加大主要湖泊河流的生态管理；2018 年，阿勒泰地区全地区流域面积 9.72 万 km^2 的 272 条河流和 16 个湖泊全部被纳入监管范围，集中实施 15 项河道治理、3 项水土保持和生态保护、3 项特种水产资源保护等项目，累计巡河（湖）9 400 余次；保障流域生态用水，持续开展生态调度漓漫灌溉，实行“七库一干”联合淹灌，淹灌面积达 175 万亩，自然湿地保护率达 53%；开展集中式饮用水水源地环境保护专项行动，全力推进集中式饮用水水源地保护区“划、立、治”工作，整治问题 63 个。

2018 年以来，实施水污染防治项目 13 个，额河水质达到Ⅱ类，乌伦古河水质达到Ⅱ类，乌伦古湖水质劣Ⅴ类，自然湿地保护率为 53%，地区 7 个集中式饮用水水源水质达标率保持在 100%，10 条河流 20 个断面，水质均达到Ⅲ类以内标准（表 9-22）。出境断面水质年均达Ⅱ类，绿洲生产生活环境与新疆水安全保障水平大幅提升。

表 9-22 阿勒泰地区各断面水质情况表

断面名称	所在水体	2017 年	2018 年	2019 年	2020 年
北屯大桥	额尔齐斯河	Ⅱ	Ⅱ	Ⅱ	Ⅱ
别列则克桥	别列则克河	Ⅱ	Ⅱ	Ⅱ	Ⅱ
布尔津河大桥	布尔津河	Ⅰ	Ⅱ	Ⅰ	Ⅰ
布尔津水文站	额尔齐斯河	Ⅱ	Ⅱ	Ⅱ	Ⅱ
顶山	乌伦古河	Ⅱ	Ⅱ	Ⅱ	Ⅰ
额河南湾	额尔齐斯河	Ⅱ	Ⅱ	Ⅱ	Ⅱ
福海	乌伦古河				Ⅱ
富蕴大桥	额尔齐斯河	Ⅱ	Ⅱ	Ⅱ	Ⅱ
哈巴河大桥	哈巴河	Ⅱ	Ⅱ	Ⅱ	Ⅱ
群库水文站	布尔津河	Ⅱ	Ⅱ	Ⅱ	Ⅱ
山区林业局	克兰河	Ⅱ	Ⅱ	Ⅱ	Ⅰ
喀纳斯湖南码头	喀纳斯湖	Ⅱ	Ⅱ	Ⅱ	Ⅰ
南部渔政点	乌伦古湖	劣Ⅴ	劣Ⅴ	劣Ⅴ	劣Ⅴ
乌伦古湖码头	乌伦古湖	劣Ⅴ	劣Ⅴ	劣Ⅴ	劣Ⅴ
乌伦古湖中心	乌伦古湖	劣Ⅴ	劣Ⅴ	劣Ⅴ	劣Ⅴ

（5）人居环境得到有效改善

阿勒泰地区持续抓好城乡人居环境改善工作，把改善农村人居环境作为实施乡村振兴战略的重点任务来抓，着力开展农村环境综合整治和饮用水水源地保护专项行动，强化环保基础设施建设，有序开展生活垃圾和污水处理各项工作，加快改善城乡面貌。

1）开展饮用水水源地保护专项行动

为了确保饮用水水源地水质得到保持和改善，阿勒泰地区全力推进集中式饮用水水源地保护区“划、立、治”（划定饮用水水源保护区、设立保护区边界标志、整治保护区内环境违法问题）等工作，印发《阿勒泰地区集中式饮用水水源地环境保护专项行动实施方案》，强化饮用水水质的监测，监测点位覆盖了80%的乡镇辖区，集中式饮用水水源地水质达标率100%（表9-23）。

表9-23 阿勒泰地区饮用水水源地水质情况表

水源地名称	水源地类型	2017年	2018年	2019年	2020年
阿勒泰市克兰河水源地	地表水	Ⅲ	Ⅲ	Ⅱ	Ⅱ
布尔津县城水源地	河流型	Ⅱ	Ⅰ	Ⅱ	Ⅰ
福海县团结水库水源地	湖库型	Ⅲ	Ⅲ	Ⅲ	Ⅲ
富蕴县城水源地	河流型	Ⅱ	Ⅱ	Ⅱ	Ⅱ
哈巴河县山口水库水源地	地表水	Ⅱ	Ⅲ	Ⅱ	Ⅲ
吉木乃县红山大口井水源地	地下水型	Ⅱ	Ⅱ	Ⅱ	Ⅰ
青河县乌伦古河水源地	河流型	Ⅲ	Ⅲ	Ⅱ	Ⅱ

2）着力改善农村人居环境

阿勒泰地区积极争取山水林田湖草生态保护专项资金7.18亿元，用于农村人居环境整治。以建设美丽宜居村庄为导向，以农村垃圾、污水治理和村容村貌提升为主攻方向，大力推进“厕所革命”，持续开展农村人居环境整治行动，力争实现地区行政村环境整治全覆盖。截至目前，累计完成农村人居环境整治村庄个数316个，农村卫生户厕完成71 908座，完成率为91%。累计实施农村污水处理建设项目63个，涉及42个乡镇、67个村（分场），已完成32个村。目前已有38个村、3 962户接入城镇污水管网进行集中收集处理。与此同时，地区还为45个乡（镇）配备吸污车117辆、建设化粪池206个，协调乡（镇）环卫队，定时对卫生厕所进行统一清理，切实改善村容村貌，布尔津县被评为2019年度全国村庄清洁行动先进县。

3）加大面源污染治理

阿勒泰地区持续推进农药、化肥减量化，累计实施测土配方施肥748万亩，废旧地膜回收11 355 t，回收率达78%，地区化肥施用总量和单位面积平均化肥施用量实现双降，2020年全地区农药、化肥施用量较2016年分别减少7%、5%。完成畜禽养殖禁养区划定，划定禁养区125个、面积1.64万km^2，关闭搬迁禁养区内畜禽养殖场（小区）和养殖专业户13家，全地区现有规模化养殖场85个。

（6）生物多样性得到有效保护

生物多样性保护既是生态保护与修复的建设目标、任务指标，也是其分区策略和重点工作。阿勒泰地区通过湿地公园、自然保护建设等措施，有效地保护地区物种多样性。据不完全统计，全地区有高等野生植物1 378种，野生动物466种（兽类72种，鸟类355种，两栖爬行类15种，鱼类24种），其中国家一级保护动物20种，国家二级保护动物54种。

1）积极申报国家湿地公园项目

为了保护乌伦古河湿地，保护布尔根河狸种群及栖息地，满足生物多样性保护，阿勒泰地区林业局积极申报国家湿地公园建设项目。青河县投资7 000余万元实施新疆青河县乌伦古河国家湿地公园建设项目，在建设、管理、保护、恢复、监测、生态旅游等方面做了大量的工作。其中，湿地保育区面积8 842.09 hm^2，恢复重建区面积2 124.15 hm^2，宣教展示区面积1 166.32 hm^2，合理利用区面积1 136.12 hm^2，服务管理区面积321.62 hm^2。乌伦古河流域是国家一级保护野生动物——蒙新河狸唯一分布区，也是该物种种群数量最多的区域。公园内还分布有黑鹳、蓑羽鹤和大天鹅等中国重点保护水鸟及多种隼形目等迁徙性鸟类，是我国西部候鸟迁徙通道的重要组成部分，是新疆总体干旱环境中的绿洲，极具保护价值。2019年，青河县乌伦古河国家湿地公园、吉木乃高山冰缘区国家湿地公园成功通过国家林业和草原局试点验收，正式成为“国家湿地公园”。湿地公园通过试点验收，增加了阿勒泰地区天然湿地保护率，丰富了物种多样性，保护了湿地野生动植物资源。

2）积极推进自然保护区建设

截至目前，阿勒泰地区有7个自然保护区，分别为哈纳斯国家级自然保护区、卡拉麦里山有蹄类野生动物自然保护区、新疆布尔根河狸国家级自然保护区、阿勒泰科克苏湿地国家级自然保护区、阿尔泰山两河源自然保护区、福海金塔斯山地草原类型自然保护区、额尔齐斯河可可托海湿地自然保护区。卡拉麦里等保护区建设成效显著，卡拉麦里山周边实行封禁保护1 950.6万亩，植被生境恢复1.5万亩，建设生态廊道8.3 km，土著鱼类、河狸等重点珍稀濒危物种得到有效保护和恢复。

3）实施全面禁渔制度

每年4月1日至7月31日，阿勒泰地区所有天然水域实施全面禁渔，禁渔期内严禁一切捕捞作业。阿勒泰地区水产局紧紧围绕“做好天然水域禁渔管理工作就是打好地区生态保护第一仗”的要求，扎实开展禁渔工作，并取得了前所未有的成效，渔业生产秩序明显好转，天然水域渔业资源得到恢复，鱼类种群结构优化明显，有效保护了水域生态环境，促进了全地区水产业可持续健康发展。截至目前，阿勒泰地区拥有国家级水产种质资源保护区 6 个，全地区共有鱼类资源 35 种，其中土著经济鱼类

24 种，主要有哲罗鲑、北极鲰、白斑狗鱼、贝加尔雅罗鱼、江鳕、梭鲈、河鲈等，占自治区土著鱼类的 43%。

（7）“两山”转化与矿山转型示范模式初步形式

阿勒泰地区坚持贯彻“绿水青山就是金山银山”理念，采取有效措施，依托环境改善，积极促进实践转化，推进农旅融合，形成了以旅游 + 农牧产品为主的特色旅游产品，培育和策划了一批农牧业体验、乡村旅游、观光农业采摘、休闲娱乐项目，以休闲农业、特色村落、民宿、农家乐为代表的乡村旅游新业态进一步形成，从额尔齐斯河到阿尔泰山，从福海的乌伦古湖到富蕴的可可托海，从“童话边城”布尔津到“人间净土”喀纳斯，新疆阿勒泰地区围绕“绿”字做好大文章，擦亮生态旅游“金”字招牌，走出了一条经济发展和生态文明水平提高相辅相成的路子。

在示范村的辐射带动下，近年来，全地区相继发展民宿 850 家、床位 9 813 张；农（牧）家乐 1 083 家，星级农（牧）家乐 84 家。乡村旅游接待人数累计突破 500 万人次，乡村旅游总消费超过 15 亿元，旅游带动就业人员累计超过 5 万人次。“大线连小线、小线连千家万户”旅游带动农牧民致富的道路越走越宽阔。

1）积极推进乡村生态旅游产业发展

布尔津县禾木哈纳斯蒙古民族乡禾木村充分利用自身特色旅游资源，以淳厚的民族文化底蕴和丰富多彩的自然旅游资源招徕游客，合理地规避交通、生物物资自身短板。通过规范化管理各经营企业，变短板为优势，以旅游寻致富，积极打造以旅游为特色的禾木原始古村落。2018 年接待旅游人数 75.97 万人次，旅游综合收入 5.19 亿元；农牧民人均纯收入达到 1.9 万元，同比 2017 年增收 1 500 元，摘掉了自治区级贫困村的帽子，人均收入远高于平原地带人均收入，名列阿勒泰地区前列。同时，全乡以旅游业和畜牧业为主，全年社会生产总值 3 800 万元，乡村两级集体经济收入 139.3 万元，彻底摆脱了空壳村的状态。

2）矿山转型示范模式初步形成

富蕴县通过矿山转型发展，先后关闭 77 个大小矿坑，在保护的基础上建设了国家地质公园、绿色矿山、森林公园、湿地公园等特色主题基地，促进旅游业发展。青河县通过砂铁矿修复治理恢复土地近 5 km^2，其中 2 840 亩用于沙棘种植，亩产值超 3 000 元，直接产生效益 800 万元，带动当地就业，矿山转型示范效益初步显现。

3）充分利用沙漠资源创建国家沙漠公园

国家沙漠公园建设是在开展生态建设的同时，合理利用沙漠景观资源，为沙区人

民和喜爱沙漠的旅游者提供旅游休闲的理想场所。新疆布尔津县萨尔乌尊国家沙漠公园地处古尔班通古特沙漠北边缘，位于布尔津县城至喀纳斯湖沿线，距离布尔津县42.7 km，总面积11.67万亩，沙地面积10.54万亩，占沙漠公园总面积的90.34%，以沙漠生态文化为灵魂，以沙产业发展为重点，以休闲旅游为带动，促进生态环境保护和产业统一发展。

4）形成三产融合的现代渔业体系

阿勒泰地区共有养殖水面27万亩，在自治区“三河三湖”渔业重点发展大格局中占据“一河一湖”的重要地位。阿勒泰地区大力实施乡村振兴战略，将水产绿色健康养殖作为发展方向，深挖渔业资源潜力，走科技支撑、企业带动、品牌引领之路，着力构建集种苗繁育、有机养殖、品牌营销、精深加工、休闲渔旅“一二三产”融合发展的现代渔业体系，推动地区水产业可持续健康发展。对促进农业产业结构优化、增加农民收入、推动脱贫攻坚发挥了重要作用。2019年全地区水产品总产量1.51万t，渔业总产值3.8亿元，土著鱼苗产能突破3亿尾，渔民人均纯收入1.7万元。

9.4.3 主要做法及经验

（1）坚持基础治理与深度治理相结合，创新生态保护修复模式

1）系统化统筹工程布局，科学化规划实施方案

以突出的生态环境问题和重点生态功能为导向，针对突出问题，科学规划生态保护修复工程实施的空间布局方案。按照“一块区域、一个问题、一种技术、一项工程”的思路，对阿勒泰地区境内的生态环境进行整体勘测、诊断、识别、设计，形成了系统的修复保护实施方案。

2）因地制宜、突出重点，采取相应的工程措施

在项目推进过程中，因地制宜，突出项目实施区域生态环境问题的重点，提出相应的具体措施及方案。北部阿尔泰山生态功能涵养区生态保护修复的重点任务主要包括加大矿山生态修复治理力度、推进林草植被修复、加强尾矿修复与综合利用等，中部“两河一湖”生态安全维护区重点任务主要包括加强河湖生态修复、草地生态修复、绿洲的生态修复治理及整体保护力度等，南部荒漠草原生态保育区重点任务主要加大重点区域的荒漠化治理、矿山生态修复、农田绿洲的治理及治理能力提升等。

（2）坚持全过程共治共管，创新生态保护修复体制机制

一是成立专业技术指导委员会。为进一步强化新疆额尔齐斯河流域山水林田湖草生态保护修复工程提供专业技术指导，加大人才智力保障力度，提高生态环境修复科学化、精准化水平。阿勒泰地区成立了《新疆额尔齐斯河流域山水林田湖草生态保护

修复工程试点项目专业技术指导委员会》（额项指发〔2019〕14号文件），专业技术指导委员会由中国科学院、中国工程院院士和中国科学院、中国环境科学院研究院、水利部水电水利规划设计总院、中国水利水电科学研究院、生态环境部华南环境科学研究所、清华大学、首都师范大学、新疆环境保护科学研究院、新疆林业科学院、新疆畜牧科学院、阿尔泰山国有林管理局、阿勒泰地区生态环境局、地区水利局、地区自然资源局等国内、疆内自然资源、生态领域的专家组成团队，对阿勒泰地区境内的生态环境进行战略决策、整体勘测、诊断、项目设计、识别、技术咨询、考核评估、质量提升、环节把控等方面提出技术指导意见，为项目的顺利开展和考核验收奠定基础。

二是探索建立“地委行署决策担责、县市部门落实执行”的项目推进机制，成立了由地委、行署主要领导分别任指挥长、第一副指挥长的额河流域山水林田湖草生态保护修复工程试点项目指挥部，抽调专职人员集中办公，整合了生态环境、自然资源、水利、住建、林草、农业农村等多个部门资源及力量，构建了系统的项目推进指挥体系。

三是对项目建设实行目标管理，建立健全资金管理、项目管理、绩效评价等8项制度，坚持系统思维、创新思维，统筹各项制度措施，实行全过程、全流程监督，有效推动山水林田湖草修复工作。

四是搭建“1平台1站台”[新疆生态云（生态环境）大数据平台——阿勒泰子平台（山水林田湖草系统监测平台）和新疆阿勒泰额尔齐斯河环境风险预警观测野外台站]，在重点区域对重点项目建设千里眼高空远程瞭望监测系统，搭建了大数据一体化服务平台，形成全流程管理监督。

（3）坚持制度监督与跟踪审计相结合，确保项目进度

坚持系统思维、创新思维，统筹各项制度措施，实行全过程、全流程监督，有效推动山水林田湖草系统修复工作。建立资金管理、项目管理、绩效评价等8项制度，对项目建设实行目标管理。深入开展项目资金绩效评价，招标引入第三方机构参与项目全周期资金绩效评价，改变以往资金使用主管部门、使用单位开展自评，再由财政部门对自评质量进行评估的政府内部评价方式，完成年度绩效目标设定和监控。建立“双重审计”制度，招标选定20家审计第三方公司对“实施项目”进行全过程跟踪审计，将审计结果作为工程预算、资金支付的重要依据。截至目前，共提出审计建议1 334条，审减资金1.06亿元。

（4）坚持生态修复与惠及民生相结合，创新“生态+”发展模式

阿勒泰地区坚持原则性和灵活性相结合，将山水林田湖草生态保护修复工程试点项目与脱贫攻坚、乡村振兴战略和农村人居环境改善统筹结合、扎实推进。

1）生态 + 脱贫攻坚模式

阿勒泰地区利用生态移民项目，搬迁保护区核心区 308 户牧民，建设集圈舍、青贮窖、防疫室、草料棚等基础配套设施一体化的现代化牧业集中养殖区，配套污水处理厂，如骆驼养殖小区等，既保护了生态环境，又巩固了脱贫成果；青河县累计使用农牧民机械 214 辆，占比 51%，为当地农牧民增收 1 727.2 万元；利用农牧民家中牛羊粪进行生态修复，目前使用牛羊粪 1 010 m^3，为农牧民增收 3.8 万元；组织建档立卡贫困户参与治理区域的草籽采收、撒播、施工，增收 10.3 万元；阿勒泰市中水库区绿化项目的实施为阿勒泰地区绿化美化提供了大量优质苗木，强化了居民的绿化、环保意识，同时为周边乡镇村民、20 名南疆务工人员以及 10 个贫困户提供了务工机会，让当地群众通过参与项目建设增加收入，同时解决了 2020 年新冠肺炎疫情影响下内地务工人员返工难问题；吉木乃县与本地区科技型民营企业新疆旺源生物科技集团合作，利用水源工程优势打造“万驼园”，解决了 1 500 户游牧民族定居问题，通过骆驼养殖每户增加收入 5 000 元以上。

2）生态 + 产业发展模式

通过地质环境治理及生态修复项目系统、整体修复后，盘活了存量土地，提升土地节约集约利用水平，青河县计划利用修复后可盘活的约 1.4 万亩土地，用于发展壮大沙棘产业和驴产业，为下一步扩大养殖规模提供天然牧场；富蕴县可可托海镇把山水林田湖草生态保护修复项目与幸福美丽乡村建设结合起来，建成了一批幸福美丽乡村，其中“额河第一村”——塔拉特村 2019 年实现民宿收入 70 余万元；福海县渔民从打鱼到养鱼，从单一渔业到自主创业、“旅游 +”多产业致富，实现了“授之以鱼”到“授之以渔”的转变。

3）生态 + 乡村振兴模式

利用山水项目优势，结合农村环境综合整治工作，目前全地区完成农村人居环境整治村庄 316 个，超目标完成绩效任务，建设完善农村生活污水、垃圾处理、卫生厕所等基础设施，以及农田残膜回收治理、增绿等工程，着力治理农村垃圾乱倒、污水横流、生态破坏等脏乱差现象，改善农村水环境，布尔津县打造农村人居环境整治示范村 15 个、“四美两园”示范村 1 个，荣获“全国村庄清洁行动先进县”称号，有效助力美丽乡村建设；阿勒泰市利用中水库项目扩建及绿化，打造“以林养库”新模式，建设万亩苗圃基地，项目完成后，中水库的绿化面积将达到 1.45 万亩，通过这几年的发展，阿勒泰市做到了中水全利用，先后获得了“自治区青少年环境教育基地”“阿勒泰地区环境教育基地”等诸多荣誉，引起了国内外媒体关注，下一步将再建 1 座库容 200 万 m^3 的中水库，届时中水库的绿化面积将达到 3.45 万亩，利用中水库资源，把中水库打造成集徒步、自行车运动、摄影、休闲观光、环保教育为一体的旅游基地，为乡村振兴奠定良好的生态基础。

4）生态 + 教育 + 旅游模式

阿勒泰市利用切木尔切克镇黑白花岗岩矿区地质环境生态修复治理遗留下的废石块建造迷宫、巨石阵，栽种草坪，让千疮百孔的矿坑变成人人爱来、人人想来的旅游景点“网红打卡地”；青河县设置地质环境警示教育基地，通过室内展示馆横向宣传、室外纵向视觉对比修复前后生态环境变化，展示生态修复成效；福海县乌伦古湖国家湿地公园保护与修复工程将湿地系统修复与生物多样性宣传教育相结合，建设宣传教育基地，引领干部群众增强绿色发展人人有责、贵在坚持的行动自觉；富蕴县额河流域生态文明建设实践展示基地，将老旧厂房进行改造，打造生态文明实践展示基地，建设世界地质公园、绿色矿山、地质修复、森林公园、湿地公园等特色主题基地，进一步弘扬习近平总书记生态文明思想，传承功勋矿山的红色革命精神。

参考文献

[1] 包爱国，伊丽，杨秀华，等 . 2004. 典型草原退化草场围封禁牧、切根、免耕松土改良措施对比实验研究 . 农村牧区机械化，(1): 13-14.

[2] 包宗武，苗玉华 . 2008. 补播在草地植被恢复中的作用及其研究进展 . 安徽农学通报，(05): 71-72.

[3] 陈亚明，李自珍，杜国祯 . 2004. 施肥对高寒草甸植物多样性和经济类群的影响 . 西北植物学报，(03): 424-429.

[4] 陈子萱，田福平，时永杰，等 . 2011. 补播对玛曲高寒沙化草地物种丰富度和生物量的影响 . 南方农业学报，42(6): 635-638.

[5] 成湘，夏小伟，安沙舟 . 2016. 不同封育年限下伊犁绢蒿荒漠草地动态变化 . 新疆农业科学，53(8): 1507-1513.

[6] 侯钰荣，任玉平，魏鹏，等 . 2016. 天山北坡中山带退化山地草甸补播改良试验研究 . 中国草食动物科学，36(5): 45-47.

[7] 焦居仁 . 2003. 开展生态修复的启示与建议 . 中国水土保持，(03): 5-6+48.

[8] 李飞 . 2014. 退化草地土壤—大气不对称增温研究 . 长春：中国科学院研究生院（东北地理与农业生态研究所）.

[9] 李以康，杜岩功，张正芝，等 . 2017. 种子补播恢复退化草地研究进展 . 草地学报，25(6): 1171-1177.

[10] 卢建男，张琼，刘铁军，等 . 2017. 不同改良剂对盐碱地土壤及草地早熟禾生长的影响 . 草业科学，34(6): 1141-1148.

[11] 沈景林，谭刚 . 2000. 草地改良对高寒退化草地植被影响的研究 . 中国草地，(5): 49-54.

[12] 石宗维，杨天友，卢志宏 . 2019. 围栏封育对草地多样性的影响 . 草原与草业，31(04): 9-11.

[13] 孙金金，汪鹏斌，徐长林，等 . 2019. 不同施肥水平对果洛高寒草甸草地的影响 . 草原与草坪，39(04): 25-30.

[14] 王吉云，孙宗玖，安沙舟，等 . 2011. 补播对天然割草场植被恢复效果的初步研究 . 新疆农业科学，48(4): 690-695.

[15] 王堃 . 2001. 草地生态系统受损的耗散结构机制 // 中国科协 2001 年学术年会 . 中国吉林长春 .

[16] 王明玖，邢旗，王君芳，等 . 草地生态修复工程与发展趋势 . 中国畜牧业协会草业分会 . 第四届中国草业大会论文集 . 中国畜牧业协会草业分会：中国畜牧业协会，2016: 9.

[17] 吴占合，孙建东，段冬梅 . 2007. 退化草原机械化免耕补播、松土复壮改良工艺的实施条件及效果分析 . 农村牧区机械化，(04): 11-12.

[18] 谢文栋，刘志林，赫振明，等 . 2019. 那曲中部区弃耕草地的生态恢复制约因素 . 科技创新与应用，(30): 38-41.

[19] 徐海量，苑塏烨，徐俏 . 2020. 干旱区生态修复的实践——以古尔班通古特沙漠为例 . 科学，72(06): 14-18+4.

[20] 杨静，孙宗玖，马慧敏，等 . 2018. 封育对草地植被功能群多样性及土壤养分特征的影响 . 中国草地学报，40(4): 102-110.

[21] 杨增增，张春平，董全民，等 . 2018. 补播对中度退化高寒草地群落特征和多样性的影响 . 草地学报，26(5): 1071-1077.

[22] 殷国梅，阿拉坦其其格，刘思博，等 . 2019. 施肥对轻度退化草甸草原割草地植物群落特征的影响 . 畜牧与饲料科学，40(11): 53-56.

[23] 周学东，沈景林，高宏伟，等 . 2000. 叶面施肥对高寒草地产草量及牧草营养品质的影响 . 草业学报，(03): 14-23.

第10章

山水林田湖草保护修复可持续管理创新

10.1　山水林田湖草项目实施管理拟攻克难题

10.1.1　山水林田湖草项目覆盖区域大，项目管理难度大

2020 年 12 月底，新疆额尔齐斯河流域山水林田湖草生态保护修复工程试点项目需要完成 3 个片区 7 大类、44 个大项、167 个子项生态修复工程，覆盖阿勒泰地区所辖各县、市、景区。阿勒泰地区地形复杂，多为山地、丘陵河谷和沙漠荒滩，生态项目涉及区域较大、监控范围广，需要借助卫星遥感、无人机、移动监测和人工巡检等方式来管控项目，以便项目顺利实施；项目周期长、实施过程不确定因素较多；项目实施成效慢，需要在山水林田湖草项目有效周期内进行绩效评估，致使项目生命周期的各个阶段管理难度大。

10.1.2　山水林田湖草项目责任单位多，资金额度大，监管责任重

额尔齐斯河流域山水林田湖草生态保护修复工程试点项目总计投资 59.97 亿元，有中央资金、地方筹措还有贷款，每个项目都在千万元以上，为保障项目能够快速实施，项目会由不同县（市）的不同业务部门承担，涉及责任单位较多，山水办只对各个项目进行审批和确认，而项目资金则由财务部门统一发放，项目资金支出明细不能及时获取，无法形成项目资金申请、审批、支出、结算闭环管理，对资金异常使用不能及时发现和处理，造成山水办对项目资金管理难度重大，责任重。

10.1.3　山水林田湖草项目需多部门协同完成，网络复杂，数据整合难度大

额尔齐斯河流域山水林田湖草项目中需要获取自然资源、林业和草原、农业农村、水利、生态环境、运营商、重点监控企业、系统厂商等不同部门和单位的业务系统数据和视频信号，不同条线的系统和视频信号分属于不同网络、不同厂家、不同开放程度、不同标准，协调周期长、实施周期长、技术难度大。

10.1.4　山水林田湖草项目涉及边界流域，数据安全性处理要求高

山水林田湖草项目主体为额尔齐斯河流域，该流域为跨境流域，在生态保护修复工程中可达性目标明确需要将河流水质由Ⅲ类水提升至Ⅱ类，为达到该项目标，需要

借助原有流域监管的所有数据，并对其进行分析，找出关键信息，来帮助项目快速有效地推进，但该河流为跨境河流，所有数据安全级别较高，在数据获取、存储和展示时对数据安全性处理要求较高。

10.1.5 阿勒泰地区施工周期短，时间周期长，成效显现周期长，增加项目验收难度

阿勒泰地区属于温带大陆性气候区，冬季漫长而寒冷，施工周期每年只有 5 个月，对户外施工的工程，实施周期长，同时受气候影响，温度低、植被生长缓慢，对于生态植被恢复项目而言，拉长了从项目实施到项目成效显现的时间周期，会对山水林田湖草项目 2021 年目标实现造成不同程度的影响。

10.2 山水林田湖草项目实施管理可借鉴的制度经验

阿勒泰地区深入践行习近平“绿水青山就是金山银山”理念，牢固树立“山水林田湖草是一个生命共同体”理念，秉持高质量发展思路，在统筹考虑生态系统完整性、地理要素的关联性和经济社会发展可持续性的基础上，系统布局冰川、荒漠、河湖、水系，天上、地下、山上、水下生态要素治理。理顺治理能力、治理体系、生态模式，实现科学论证规划在前，项目督导督察在中，事后评价、绩效评估、经验总结在后。打破九龙治水的管理模式，有效克服生态治理碎片化问题，实现全项目、全生命周期的系统化管理。自始至终、自上而下地形成合力，努力实现习近平生态文明理念在阿勒泰大地上落地生根。

10.2.1 坚持系统治理与示范引领相结合，形成系统管理合力

新疆及阿勒泰地区找准着力点，努力促成区域联动、部门协同的系统统筹工作局面。一是构建自治区、地区、县（市、景区）及地直各相关部门（单位）三级联动的项目推进机制。在自治区层面，自治区成立了以自治区党委常委、政府副主席为组长的项目指导组。在地区层面，地区成立由地委书记、行署专员分别任指挥长、第一副指挥长的项目指挥部，下设 5 个办公室，抽调专职人员集中办公，整合了生态环境、自然资源、水利、住建、林业和草原、农业农村等多个部门的资源及力量，以国土空间用途管制为基础，统筹各类规划、资金、项目，对山水林田湖草进行一体化保护、

一体化修复，形成了“凉菜搭热菜，共摆一桌席”的局面（凉菜：地方配套资金项目，热菜：中央奖补资金项目），构建了“地委行署决策担责、县市部门协调推进”的指挥体系。地区指挥部“一旬一调度”，实行包联责任制，确保县（市）有关部门反馈的问题不积压、有人跟，开展经常性指导和专项督查，及时发现和帮助解决项目实施中存在的问题。县（市、景区）层面，县（市、景区）实行“五个一”工作机制（即“一个治理资金项目、一名包联领导、一家责任单位、一个工作专班、一个推进方案”），具体做好项目的推动和落实。二是加强模式总结和示范推广。积极总结项目中的经验亮点，定期发行简报及专报，开展山水项目专题培训及宣传评比活动，强化各部门之间、各县（市）之间的协同和信息共享，做到目标统一、任务衔接、纵向贯通、横向融合，提高山水林田湖草一体化保护修复的效率。利用媒体持续开展生态理念宣传，让干部群众及时掌握实施项目动态，树立生态保护理念，提高公众知晓率、满意率；在工程实施过程中真正让群众成为参与主体、实践主体、受惠主体，形成百姓主动维护的氛围。委托第三方公司制作项目宣传片，在重点地质环境修复项目试点设计具有山水项目特色的宣传牌。将生态环境保护示范区创建纳入生态文明建设总布局，其中布尔津县、哈巴河县成功创建为第三批、第四批国家生态文明建设示范县（市）。

10.2.2　坚持科学规划与因地制宜相结合，实现标准引领推进

阿勒泰注重整体科学规划设计。与中国环境科学研究院、中国科学院地理科学与资源研究所、生态环境部环境规划院、生态环境部华南环境科学研究所、中国科学院新疆生态与地理研究所、新疆环境保护科学研究院等科研院所开展技术合作，对阿勒泰地区境内的生态环境进行前期整体勘测、诊断、识别、设计，根据区域生态环境问题的不同形态特点，采取多种治理模式，因地制宜、因害设防、因势利导，形成了系统的修复保护实施方案。项目实施结合阿勒泰地区生态环境实际，充分聚焦区域内面临的生态问题，依据山水林田湖草生态保护修复思路，充分考虑项目的合理性、可行性、重要性、效益性，在前期规划上，将项目按不同生态功能，划分为 3 个片区、7 大类、44 个大项、167 个子项：北部阿尔泰山生态涵养功能区，重点实施受损地质环境治理、林草植被修复、资源枯竭型矿山治理等 19 项工程；中部“两河一湖”生态安全维护区，重点实施绿洲生态功能提升、河湖生态修复与生物多样性保护、荒漠绿洲交错带生态屏障建设等 17 项工程；南部荒漠草原生态保育区，重点实施荒漠化治理、矿山生态修复、生物多样性维护 8 项工程。建立了以中国工程院邓铭江院士和吴丰昌院士、中国科学院周成虎院士为首的专业技术指导委员会，适时召开专家座谈会，指导完善各项技术工作标准。在项目实施前，组织专家通过“十一上十一下”反复论

证的方式，实地调研论证、逐个项目讨论评审，对项目有针对性地提出修改意见。采取专家包干的方式保证项目质量，个别重点项目由院士亲自参与项目的论证、评标，确保方案科学可行、措施精准。对重点项目、重大工程的施工设计方案，由地委、行署领导组织相关专家进行论证，遵循生态系统内在的机理和规律，科学规划、因地制宜、分类施策，打造与区域特征相适应的多样化的生态系统，坚持以水定绿、量水而行，以多样化乡土树种、草种为主，科学造林种草，合理配置林草植被，着力提高生态系统自我修复能力，增强生态系统稳定性，促进自然生态系统质量的整体改善和生态产品供给能力的全面提升。项目科学开展了 3 项课题研究、17 项专题研究、4 个平台监测，对生态修复技术、区域复合生态系统机制与生态安全格局构建等进行研究，总结提炼生命共同体保护修复模式，及时跟踪评价生态保护修复工程成效，为西北干旱半干旱地区生态保护修复提供经验借鉴。

10.2.3 坚持制度监督与全程审计相结合，保障工程合法、合规

阿勒泰地区坚持系统思维、创新思维，统筹各项制度措施，实行全过程、全流程监督，有效推动山水林田湖草修复工作。一是建立健全资金管理、项目管理、绩效评价等 8 项制度，对项目建设实行目标管理；各项目县（市、景区）结合实际制定了相应的制度和办法，让试点工作有章可循。二是搭建“1 平台 1 站台”，在重点区域对重点项目建设千里眼高空远程瞭望监测系统，搭建大数据一体化服务平台，实现科学高效、综合灵敏、方便实用的信息采集，系统化、网络化、智能化的信息管理与服务，全面提升信息采集处理能力、综合评价能力、适时监控能力、快速应对能力和预测预警能力，动态实时监测生态治理工程进展。三是深入开展项目资金绩效评价，招标引入第三方机构参与项目全周期资金绩效评价，改变以往资金使用主管部门、使用单位开展自评，再由财政部门对自评质量进行评估的政府内部评价方式，完成年度绩效目标设定和监控。四是建立“双重审计”制度，招标选定若干第三方审计公司重点对山水工程规划目标、资金投入及工程的实施情况进行全过程跟踪审计，充分发挥全过程跟踪审计强化从源头规范管理、发现问题立查立改、及时纠正偏差的作用，有效保障项目建设程序合法、合规，建设成本控制严格，资金使用安全高效。

10.2.4 坚持生态修复与高质量发展相结合，多种模式改善民生

阿勒泰地区坚持原则性和灵活性相结合，将山水林田湖草生态保护修复工程试点项目与脱贫攻坚、乡村振兴战略和农村人居环境改善等统筹结合、扎实推进。

生态＋脱贫攻坚模式。阿勒泰地区利用生态移民项目，搬迁保护区核心区牧民，建设现代化牧业集中养殖区，配套污水处理厂等措施，既保护了生态环境，又巩固了脱贫成果；青河县通过使用农牧民机械、收集农牧民牛羊粪、组织贫困户参与治理区域生态修复施工等方式，当地用工比例达到 51%，为当地农牧民增收贡献力量；吉木乃县与新疆旺源生物科技集团合作，利用水源工程优势打造“万驼园”，解决游牧民定居、安居、稳居问题。

生态＋产业发展模式。地质环境治理及生态修复项目系统整体修复后，盘活存量土地，提升土地节约集约利用水平，青河县计划利用修复后可盘活的约 1.4 万亩土地，发展壮大沙棘产业和驴产业，为下一步扩大养殖规模提供天然牧场；富蕴县把山水林田湖草项目与幸福美丽乡村建设结合起来，建成了一批幸福美丽乡村。

生态＋乡村振兴模式。大力开展农村人居环境整治，完善农村生活污水、垃圾处理、卫生厕所等基础设施建设，开展农田残膜回收、增绿等工程，有效改善农牧区人居环境，集中式饮用水水源地水质达标率为 100%，美丽乡村建设迈上了新台阶；阿勒泰市利用中水库项目扩建及绿化，建设万亩苗圃基地，致力把中水库打造成集徒步、自行车运动、休闲观光、环保教育为一体的旅游基地，探索出“以林养库”模式，带动周边乡镇发展。

生态＋教育＋旅游模式。阿勒泰市利用切木尔切克镇黑白花岗岩矿区遗留废石块建造迷宫、巨石阵，让千疮百孔的矿坑变身人人爱来、人人想来的旅游景点“网红打卡地”；青河县、福海县、富蕴县打造地质环境修复、湿地系统修复与生物多样性、矿山修复生态文明实践展示基地，通过室内展示馆横向宣传、室外纵向视觉对比，展示生态修复成效，进一步弘扬习近平生态文明思想，传承功勋矿山的红色革命精神，引领干部群众增强绿色发展人人有责、贵在坚持的行动自觉。

10.3　山水林田湖草项目可借鉴的全生命周期项目管理技术与平台模式

10.3.1　全生命周期项目管理平台的设计

（1）构建山水林田湖草项目建设全过程管理

山水林田湖草项目涉及子项和细项较多，涉及范围广、金额大，加之特殊的地域环境，将项目按对生态环境的影响度、关注度不同，分不同等级进行管理，如对重点项目进行高频次、多方位、多维度监测，对等级不高的项目适当降低监测频次和维度，但所有项目都需要进行管理。为保障项目建设全过程得到有效管理，需要将项目分等级从项目申请到验收全生命周期进行全程管控，并形成项目全过程的项目档案资料库，结合视频信号接入、专题分析数据，按时间轴方式实现项目全过程的监管。

（2）实现山水林田湖草项目全周期的监督检查信息化管理

项目涉及金额较大、时间周期长、资金申请和拨付不在同一部门进行管理，造成项目资金管理不到位、资金挪用等风险。为了保障项目资金能够正确使用，需要实现项目资金从申请、审批、拨付到资金执行明细、执行时间的管理，周期性获取拨付明细的数据，与资金申请和审批进行比对，形成项目资金执行报表，为项目资金检查、审计提供数据支撑。

（3）满足山水林田湖草项目情况汇总数据上报

借助报表工具，根据上级部门数据统计要求，平台系统上线前预制报表格式、配置数据来源，实现数据上报时，通过人工操作系统会抽取项目建设进度数据、资金拨付和付款数据，形成按月、季、年为周期的项目情况汇总报表，同时系统也能够支持临时报表的自定义，实现上级部门对山水林田湖草项目的日常监管，同时满足项目不同部门和条线的管理要求。

10.3.2 全生命周期项目管理的具体应用

（1）健全的组织管理体系，奠定了项目成功的基石

全生命周期项目管理是构建一个由项目参与主体［地区项目指挥部、各县（市、景区）项目指挥部、建设单位、施工单位、监理单位、审计单位、财政单位］组成的联合交叉动态组织，依托现代信息技术建立的全生命周期项目管理平台，在动态中加强沟通和联系，完成项目的既定目标。

1）地区项目指挥部

负责项目的任务下发，对全地区山水林田湖草试点项目的质量、安全、进度、成本及文明施工控制，通过项目管理平台向各县（市）下达建设任务，及时掌握项目的进度、各阶段档案、施工影像、现场巡检记录和审计督查情况，变更审批、竣工验收审批。

2）各县（市、景区）项目指挥部

负责自己辖区山水林田湖草试点项目的质量、安全、进度、成本及文明施工控制，通过项目管理平台及时掌握项目的进度、各阶段档案、施工影像、审计督查情况，提交项目变更申请、竣工验收申请。

3）建设单位（各行业局）

负责项目立项前期阶段、项目规划设计阶段、项目审批报建阶段、项目招投标阶

段、项目开工前阶段、项目施工阶段、项目竣工验收阶段的各项工作，包括编制可行性研究报告、实施方案、项目初步设计方案等并组织专家评审，进行用地预审及建设工程规划许可证的报审，组织招标、评标、合同签订、开工前手续办理，监督项目施工进度、质量等，组织项目验收等工作。通过项目管理平台上报各阶段进度、上传阶段成果文件。

4）施工单位

负责项目施工阶段、竣工验收阶段的各项工作，包括施工进度、质量、安全、形象等记录与上报，竣工验收材料组织等工作；通过项目管理平台上传施工阶段、竣工验收阶段的文件。

5）财政局

山水执行办在项目建设任务公文下发后，由山水林田湖草项目指挥部发文至地区财政局，财政局根据文件要求，拨付项目款至县（市）财政局，地区财政局需要上传电子版公文和资金拨付情况表，供后期资金审计使用。

6）监理单位

根据法律法规、工程建设标准、勘察设计文件及合同，在项目施工阶段对建设工程质量、造价、进度进行控制，对合同、信息进行管理。通过项目管理平台上传监理日志。

7）审计单位

根据审计法律法规、规章制度，在项目的全生命周期严格执行审计工作，对各项目特别是中央奖补资金项目进行合规审查和跟踪审计；对各县（市、景区）试点项目重要领域、关键环节开展合规监察，制定监督约束机制，对重大变更、重要工作部署及各项重点工作督察督办，对重大事项监督检查，对责任人进行追究，确保试点项目合法合规。

（2）高效的资金管理体系，使得资金管理规范有序

有效地对山水林田项目进行资金控制。设立专门的资金管理机构，建立管理制度，使资金管理有章可循、规范有序。

1）资金管理机构

项目指挥部下设财政绩效办，负责中央资金与地方资金的协同保障、事先审批与审核拨付，组织绩效管理考核，配合自治区财政厅向财政部报送相关材料。全面负责绩效管理工作的具体组织协调，与各县（市、景区）财政绩效办沟通联系，绩效管理的组织实施、审核督导和协调服务，绩效管理工作的分解、分配、全程跟进及督察督办。

财政局经济建设科负责山水林田湖草项目资金拨付，并在资金下发后告知建设单位。将拨付款的证明材料和付款信息上传至项目管理平台中，形成项目档案库，供项

目审计使用。

2）资金管理流程

山水林田湖草项目资金管理流程涉及4家单位。首先，由地区项目指挥部下达项目启动通知；其次，地区财政局根据文件要求，拨付项目款至县（市）财政局；再次，县（市）财政局收到款项后，在自治区支付大平台中下发指标，并告知建设单位项目款项已到位；最后，建设单位准备付款材料，提交申请，县财政局将资金拨付至建设单位。以上过程产生的文件均上传至项目管理平台，形成项目档案库，供项目审计使用。

3）资金变更管理

资金变更是项目全生命周期中的重要环节，当项目发生资金变更时，由县（市）财政局查询项目的结余资金，建设单位申请追加或退还资金，必须经过两层审批，先由县（市、景区）项目指挥部审核，再上报至地区项目指挥部审批、备案，最终资金才能变更。变更过程产生的所有文件均上传至项目管理平台中，形成项目档案库，供项目审计使用。

（3）完整的过程监管体系，实现全生命周期项目管理

山水林田湖草项目基于全生命周期管理理念，搭建全生命周期项目管理平台，借助信息化手段，实现工程项目全生命周期过程管理，优化项目管理工作流程，监督项目施工进度质量，保障项目资金使用规范。

1）项目任务下发阶段

地区项目执行办将确认后项目在信息平台进行下发处理，目前，项目任务下发只能以公文的形式下发至县（市）人民政府，然后由县（市）人民政府告知建设单位，地区执行办在进行任务下发时，需要上传所发公文盖章后的公文信息，确认项目下发状态。

项目下发后，县（市、景区）指挥部执行办需要根据公文内容和平台系统项目任务列表进行比对，确认项目正确，不一致的情况需要由地区执行办修改；核对一致的，县（市、景区）指挥部执行办确认领取任务，建设单位登录平台系统可查询自身的项目建设任务，并完成项目任务工作。

2）项目计划监控

为方便地区和县（市）项目指挥部对山水林田湖草项目的总体实施计划的掌握，平台对入库的项目通过表格或甘特图形式提供完整的项目实施计划，并提供查询功能，该项目计划在项目下发时全部导入平台，然后在工程项目立项后由建设单位或平台实施单位完成计划导入，形成项目实际实施计划，并与项目下发时计划进行比对，统计偏差，为项目实施决策提供数据依据。

3）项目立项前期阶段

① 项目申报。项目计划下发至各建设单位后，责任单位在规定的时间内申报项

目，填写项目申报材料，包括可行性研究报告、项目预算、项目周期、项目范围等。项目办经过初审完成后，需要提交上级部门审批的，则走审批流程，不需要审批的在项目办审批完成后，由责任单位择日立项，进行招标流程；项目申报考虑到责任单位可能不在专网上，则通过对外服务门户和移动端完成申请，对专网责任单位可直接通过专网进行申请。

② 项目审批。建设单位提交的项目申请，按项目类别包括可行性研究报告、项目批复文件、工程造价预算等信息。对于县（市）项目，由地区行业部门组织行业评审，出具行业评审意见；对于地直单位项目，由地区指挥部组织行业评审，出具行业评审意见；科技专家可通过网上预览申报材料，线下评审，完成项目申请评审，县（市）项目执行办将审批结果录入系统中。

③ 项目立项。项目审批通过后，在规定时间内进行立项，补充立项材料、调整资金预算和明确项目执行计划。立项完成的项目进入执行项目库，进入项目实施管理流程，立项成功后由县（市）级项目执行办进行项目备案，同时平台告知县（市）财政局。

4）项目规划设计阶段

项目立项完成后，进入项目设计阶段。由建设单位组织项目规划设计，上传项目初步设计报告、设计图册、踏勘证明、项目规划图等材料，对于 2018 年率先启动的“凉菜项目”（即地方配套资金项目）初步设计和可研究性报告只做一个即可，2019 年新启动的项目需按照要求初设和可研分开做。

5）项目审批报建阶段

项目规划设计完成后，需将项目提交至国土部门、规划部门等相关部门审查，出具用地预审意见、项目规划意见等文件，以及建设用地规划许可证、项目建设工程规划许可证等证书。建设单位需上传工程报建材料，同时建设单位上传上报实施方案请示、实施方案、实施方案批复等材料。

6）项目招投标阶段

① 制订招标计划。各项目建设单位在项目办规定时间内提交招标计划，由项目相关办公室进行审核，项目办领导确认后，由责任单位进行项目处理。

② 项目组织招标。建设单位在组织招标时，供应商需要在平台上报名、填写供应商信息、建设单位需上传招标公告和招标文件。招标分为监理招标、设计招标、施工招标等。

③ 项目开标。在项目开标前，参与投标的供应商需要完善相关资料，通过平台上传投标文件。

④ 项目评标。建设单位在项目招标过程中，需要记录招标公司、评标专家、专家

评分、评标结果，可现场录入平台，也可招标完成后统一录入。

⑤ 项目中标。责任单位在招标完成后，需详细记录项目中标信息，包括招标方式、招标时间、招标单位、招标书、分包情况、参与投标的单位、报价情况（包括初始报价到最后成交价格）、电子版标书、专家评分明细、中标单位、中标价格等。

⑥ 合同管理。项目招标完成后，建设单位与承接单位签订合同，责任单位上传合同基本信息（合同编号、合同名称、签订日期、合同方、执行周期、合同金额等）、合同执行计划、付款计划、合同正文、处罚约定，补充协议等。签订的合同，县（市）财政局可进行查询，以便财政拨款。

7）项目开工前阶段

项目招标完成后，开工前，需要获得相关部门（如勘测、设计、安全、建设、监理、环评、国土等）的批复文件，在平台需要完成相关文件的上传，同时需要上传项目开工申请书等，方便项目审计时使用，保障项目资料完整。

8）项目施工阶段

项目工程施工管理需要记录项目施工过程中进度、安全、形象、质量等方面的材料并上传，主要分为以下几类：

工程项目：结合人工现场采集、视频监控、无人机拍摄、卫星遥感、监理单位等手段完成项目工程进度、安全、质量、形象管理等方面的记录并上传，提供项目施工状态查询功能。

补偿性项目：则通过直接通过责任单位上报项目明细，补偿的方式、金额、时间、补偿人签字确认，同时通过走访完成项目执行情况排查，保障项目经费真正落实。

奖励性项目：对于立项但已经完成的项目，则通过提交项目执行情况证明材料，由科技专家审批完成后确认。

9）项目竣工验收阶段

项目执行完成后进行项目验收，建设单位提交验收申请、编制验收材料、组织专家评审、确认验收结果，所有材料全部计入项目验收管理中，验收通过的项目材料归档形成项目档案库数据。

10）项目现场巡检

地区指挥部在项目实施期间，每月前往施工地点开展现场巡检，检查项目施工进度、档案等是否合规，拍摄照片及影像资料，并通过平台管理巡检相关资料。

11）项目审计督察

① 项目监督检查。项目督察督办从项目计划开始一直到项目终结，对项目立项、资金、进度、质量和安全、绩效评估等关键环节进行督察督办，可通过现场检查、遥感、实时视频监控等方式进行检查。

② 督查工作登记。在监督检查过程中，记录督察计划、方式、时间、项目、参与人员等，对未达标项目提出整改意见，系统登记督察记录、督察结果以及整改状态、复核情况，并提供多维度查询功能。

③ 督察统计。按周期统计督察工作开展情况、督察结果情况、需要整改的情况等形成统计报表，向上一级领导小组汇报。

12）项目变更

项目实施过程中可能需要对项目实施范围、内容、资金等进行变更，变更需要经过项目申请、审批、确认后才可以进行，平台系统需要登记变更过程产生的文件资料，保障项目资料的完整性。

（4）多手段的成果监控体系，掌握项目生态变化情况

山水林田湖草项目多在山区、湿地、流域、矿山、荒漠，分布面广、范围大，为了在项目建设之初、建设过程中、建设完成后不同阶段能够全面掌握项目情况，需要引进基于 GIS 平台的生态遥感和地理信息技术，通过加载不同时期的地形地貌图和人工处理，实现项目建设周期内不同时段间的进展比对，完成对全区和重点区域的生态变化监控。

1）重点工程监控

借助原有的布尔津县额河东桥、富蕴大桥、华泰黄金矿业、鑫旺矿业、阿舍勒铜矿尾矿库 5 个高空瞭望塔“千里眼”监控视频信号，接入实时视频信号，实时查看重点工程视频监控，调阅时将系统按周期抓取的视频信号通过现场人工采集方式形成重点工程现场节点记录，存入项目库中。

2）项目形象进度监测

项目在实施过程中，对覆盖区域较大的项目，为监测项目进度，系统获取高分 1 号卫星、高分 2 号卫星、谷歌、水经注平台的遥感影像数据，无人机拍摄 360° 全景现场视频和施工过程中同一点位不同时期的人工现场采集影像资料，通过这些资料实现对工程形象进度的监测，保障项目按计划进行。

3）项目生态变化监测

环境修改和保护性项目时间周期较长，需要对项目范围内进行全面监测，同时阿勒泰地区生态恢复速度缓慢，需要借助卫星遥感影像对比分析、三维地理信息建模等手段完成项目生态变化监测。

4）重点区域移动监测

对重点区域在项目建设期间采用移动设备监控，移动设备监控可用于现场巡检和临时现场视频信号采集，平台实时对接监控视频信号，与固定视频监控信号源同步，完成项目的实时监控和巡检，同时在项目实施完成后，对需要长期监控的则转为固定

监控，如果不需要，移动监控设备则进行二次利用。

10.3.3 全生命周期项目管理应用成效

（1）通过建立山水林田湖草项目库，实现项目全覆盖

将全部7大类、44个大项和167个子项目纳入全生命周期项目管理平台，涉及资金59.97亿元。

（2）根据项目管理要求，实现项目生命周期全过程覆盖

严格执行国家发改委、财政局、审计单位要求的项目阶段过程管理标准。管理覆盖项目建设生命周期全过程，贯穿工程5大阶段37项管理事项。

（3）通过过程和资金管理，防控资金使用风险

通过过程和资金支出两条线，开展精细化管理，严把资金支出关，防范资金使用风险。

（4）通过多种现代化手段，实现“天空地”一体化防控

通过移动哨兵、高空瞭望、卫星遥感、无人机航拍等现代化手段，建立“空天地”一体化立体防控措施，防止盗挖盗采事件发生。

（5）项目全过程审计和督查，规避审计风险

将审计和督查要求与信息化相结合，及时发现问题、及时整改，为跟踪审计提供数据保障，规避审计风险。

（6）结合遥感和三维地理信息技术，为全域生态评估提供支撑

结合高分卫星遥感分析、三维地理信息建模技术、环境质量评估模型，为阿勒泰全区的生态环境管理提供技术支撑。

10.3.4 全生命周期项目过程跟踪审计

（1）审计目标

跟踪审计的目的是认真贯彻执行国家投资政策，真实反映并有效控制工程造价，降低工程建设成本，促进建设工程管理，保障资金使用安全，避免损失浪费，维护国家、建设单位、施工单位的合法权益，切实提高建设资金投资效益，促进廉政建设。县（市、景区）审计机关和各协审中介机构要紧紧围绕地委、行署关于山水工程试点项目的重大决策部署，全力做好跟踪审计工作，实现以下主要目标：

1）规范建设程序。监督投资建设的各环节，保障项目建设合法、合规，推动地委、行署决策部署的贯彻落实。

2）强化成本控制。在保证工程质量的前提下，节约建设资金，推进建设项目如期完成。

3）确保资金效益。及时发现问题、纠正偏差、反馈信息，提高资金使用效益，为地委、行署科学决策提供服务。

（2）组织保障和审计方式

1）组织保障。为加强审计工作的统筹协调，优化审计资源配置，强化对各股审计力量的领导，形成审计工作“一盘棋”的格局，地区审计局成立试点项目跟踪审计工作领导小组，下设办公室，负责组织协调跟踪审计工作的具体事务。办公室每月须向跟踪审计领导小组汇报工作动态及项目进展情况以及跟踪审计工作开展情况。如遇重大事项，须及时向领导小组汇报请示。为严格规范投资审计，保障审计质量，地区审计局结合试点项目实际情况，印发《跟踪审计协审任务分配办法（试行）》《跟踪审计协审工作考核办法（试行）》《协审服务费用管理办法（试行）》《关于进一步规范新疆额尔齐斯河流域山水林田湖草生态保护修复工程试点项目跟踪审计工作的通知》等规章制度，解决审计任务如何分配、跟踪审计如何开展、中介机构如何管理和委托费用如何支出等一系列问题。

2）审计方式。按照习近平总书记关于“调动内部审计和社会审计的力量，增强审计监督合力”的重要指示精神，采取地区审计机关牵头负责，聘请社会中介机构协助审计方式实施跟踪审计工作。通过公开招投标方式，择优选聘了 27 家社会审计机构承担跟踪审计任务。社会审计机构必须对审计机关负责，主动接受审计机关的监督、检查。一是社会审计机构须根据本方案制定年度审计方案，报审计机关批准后实施。对跟踪审计职责范围内发现的问题，应督促被审计单位及时进行整改。二是社会审计机构须选派具有相关专业能力的固定人员，深入施工现场，掌握工程进展情况及相关技术问题，确保审计工作质量。三是社会审计机构在跟踪审计过程中，应尽量减少项目竣工结算审计工作量，将平时可以核定的工作量以及审计内容中所列事项等最大限度地在平时审核中完成，做到项目结束，审计基本结束，归档基本到位。四是社会审计机构须在建设单位完成竣工财务决算报告编制后 3 个月内，完成竣工结算审核工作并出具审核结果。

（3）审计内容和审计重点

1）项目前期准备阶段

①项目建议书、可行性研究报告、初步设计、概算批复、环境影响评估报告、环保及消防批准文件、工程设计及设计图审核文件、建设规划及施工许可证等是否按程序审批和办理，相关审批文件是否齐全。

②项目概算编制的建设规模、建设标准和建设内容是否与批复的设计文件相符，

有无超规模、超标准和高估冒算等问题，概算编制是否严格执行国家有关概算的编制规定和费用标准。

③工程招标范围、招标组织形式和招标方式是否与计划审批部门核准意见相符，并对招标控制价进行严格审核把关，包括暂估价及暂列项目的二次招标。

④对施工、重要设备材料供应以及勘察设计、监理等咨询服务合同草案的合法合规性进行审查。

⑤各参建单位是否具备相应资质，项目经理、项目总监和技术负责人是否具备相应资格。

⑥监督、检查相关部门履行职责的情况，并将此内容贯穿到整个项目建设。

2）项目实施阶段

① 检查履行合同情况。重点审查合同各方是否认真履行合同条款，有无违法分包、转包等情况。

② 检查项目概算执行情况。有无超概算和不按批准的概算购置自用固定资产，挤占或者虚列工程成本等问题。

③ 检查内控制度建立、执行情况。建设单位是否具有建立健全的内控制度，并按规定执行。

④ 隐蔽工程跟踪。参加工程重要数据的实地测量、工程例会、工程设计变更评审会、隐蔽工程和分部分项工程验收等与审计事项有关的会议或验收，隐蔽工程跟踪审核必须做好包括纸质档案、电子数据和影像资料的记录和收集存档等。

⑤ 工程变更的审核。重点审查建设单位及监理单位是否及时把关，工程设计变更、施工现场签证手续是否合规、及时、完整、真实。

⑥ 检查工程进度款申请资料是否齐全并及时报送。进度款申请资料应附带相应的原始测量数据、隐蔽工程影（音）像资料、隐蔽工程验收记录、现场会议纪要、监理联系单、设计变更及经济签证单等原件，并抄送社会审计机构备案。

⑦ 检查工程项目会计核算和财务管理是否符合相关规定，是否有利于建设项目的管理及竣工决算的需要。

⑧ 检查建设资金到位情况是否与资金筹集计划及投资进度相衔接，有无大量资金闲置或因资金不到位而造成停工待料等损失浪费现象。

⑨ 检查建设资金是否专款专用。是否按照工程进度付款，有无挤占、挪用建设项目资金或者外借使用等问题。

⑩ 检查建设单位管理费的计取范围和标准是否符合有关规定，费用支出是否符合“必须、节约”原则，有无超出概算控制金额，并审查其真实性和合法性。

⑪ 检查设备、材料的采购价格。尤其要对建设单位关联企业所供设备、材料的价

格进行检查，防止从中加价。

⑫ 检查建设项目环境保护情况。重点检查环境保护设施与主体工程建设的同步性以及实施的有效性。

3）项目竣工决算阶段

① 检查工程结算和工程财务资料，核对甲乙双方材料决算表，超、欠供材差计算是否正确、结算凭证是否合法。

② 检查工程库存物资的财务处理是否合规。

③ 检查待摊投资的真实性、合法性。工程建设配套设施费支出、贷款利息和资金占用费是否真实，分摊是否合理，有无挤占工程投资支出。审查各种非正常损失费用的真实性，以及其有无经过有权部门审核批准。

④ 检查建安工程投资的真实性和合法性。重点是审查竣工图纸及相关资料的真实性，审查竣工资料与实物是否一致，确保工程量的真实性以及应用投标单价或新增单价的准确性。审查合同中关于工期、质量等奖惩条款的实际执行情况。

⑤ 检查建设项目基建收入、节余资金情况。重点检查建设期间收入的形成和工程投资、节余资金分配比例的真实性和合法性。

⑥ 检查建设项目交付使用资产。重点核实交付使用的固定资产是否真实，是否办理验收手续和交付的递延资产情况等。

⑦ 检查尾工工程。重点检查建设单位预留建设项目未完工程投资的真实性和合法性。

10.3.5 未来目标和期望

从项目的角度来看，阿勒泰地区通过实施生态保护修复重大工程，重点解决了矿山生态破坏严重和生态风险突出、“两河一湖”生态健康水平低、阿尔泰山生态涵养功能退化、农田草地承载力超载、生态系统人工化破碎化严重、生物多样性下降等重点问题，努力实现重点区域生态环境明显改善、区域生态安全显著提升以及区域生态产品供给和保障能力大幅提升，构建起比较完善的生态系统保护、修复和管理的体制机制，形成一套西北干旱地区可复制、可推广的生命共同体生态保护修复技术模式，筑牢祖国西北边疆生态安全格局体系，确保北疆“水塔”生态安全，打造“丝绸之路经济带”生态文明示范区，提升各族人民生态福祉，为谱写美丽中国新疆篇章、实现新疆社会稳定和长治久安提供生态支撑和示范引领。

前期开展了基础项目，打造了重点示范项目，为区域生态环境质量的改善打下了坚实的基础。中后期全面推进系统工程治理，通过系统保护修复，主要实现以下四项目标：

（1）“两河一湖”生态健康水平显著提升

主要河流水质稳定达到或优于地表水Ⅲ类标准，乌伦古湖水质由劣Ⅴ类提升为Ⅳ类，流域水生态风险得到有效控制；科克苏等重要湿地得到恢复，主要河湖实现系统的水系连通，主要土著鱼类生境和种群得到恢复，生态需水得到保障，水安全保障水平与水资源战略储备区要求相适应。

（2）阿尔泰山生态服务功能明显提高

完成矿山环境综合治理面积 50.46 km^2，地质灾害得到有效控制；森林覆盖率提高到 22.76%，森林蓄积量达到 1.17 亿 m^3 以上，水土流失治理率达到 16%，野生动植物栖息地质量和生态系统服务功能明显提高，阿尔泰山地森林草原国家重点生态功能区建设取得重大进展。

（3）农牧民生态福祉大幅增强

人居环境全面改善，完成农村人居环境整治村庄 190 个，农田废旧地膜回收率达到 80% 以上，新增退化草原改良修复 75 万亩，草原综合植被盖度达到 42.2%，农牧业综合生产能力稳定提高，农牧区生态环境质量与全面建成小康社会相适应，农牧民获得感和幸福感显著增强，成为全疆生态惠民典范。

（4）人类活动导致的生态风险明显降低

额尔齐斯河入河断面达标率达到 100%；城镇污水集中处理率达到 98%；生活垃圾集中处置率达到 100%，城乡生态环境基础设施与污染治理能力得到明显改观；生态移民 413 户，生态系统破碎化、人工化得到明显改善，金山、银水、雪都、草原、绿洲相得益彰。

从项目管理与成效综合评估的角度来看，回顾山水林田湖草项目全生命周期，地委、行署高度重视项目管理，从严从紧把好项目决策、项目审批、资金管理和项目竣工验收、督查审计等关口，使得山水林田湖草项目总体呈现良好局面。但也存在很多问题：一是项目监管有待加强，在建设过程中，有项目出现了调整设计方案，但未上报原审批部门，擅自变更，虚增造价上百万元，后经审计发现，分管指挥部追根溯源，由施工单位按照原方案整改，并未造成严重后果。二是前期工作质量不高，在项目前期，不少单位对山水林田湖草项目认识不足，项目管理意识薄弱，造成前期手续办理进度缓慢，资料上报混乱，经地委、行署建立相关制度，多渠道、多层次、多部门地重点协调解决项目前期工作推进中遇到的困难和问题，在 2019 年年底所有项目均已开工。通过全生命周期项目管理，在项目启动、计划、执行、监控、收尾环节实施试点工程，实现“两河一湖”生态健康水平显著提升、阿尔泰山生态服务功能明显提高、农牧民生态福祉大幅增强、人类活动生态风险明显降低、丝路通道生态安全得到有效保证、生态文明建设水平达到全疆领先水平。

10.4 山水林田湖草项目组织机构设置

10.4.1 组织实施

（1）地区统一领导

地区行署是方案实施的责任主体，成立阿勒泰山水林田湖草生态保护修复专办，下设协调领导组、监督执行组、专家咨询组，由行署专员担任组长，领导小组办公室设在自然资源部门。协调领导组由行署专员牵头，由各部门和市县负责人组成，负责顶层设计、任务落实、工作部署、督导问责、考核总结、宣传推广等工作，协调解决工程实施过程中的重大问题；监督执行组聘请第三方组成，负责工程的进度监测、效果评估、质量监督、考核验收，确保工程按时间、按进度、按要求推进；专家咨询组由知名专家组成，负责战略决策、项目设计、技术咨询、考核评估、质量提升、环节把控等。加快形成"党委政府组织领导、部门统筹协作、跨区域协调推进、全社会共同参与"的体制机制新格局。

（2）县（市）协调推进

县（市）级政府作为项目实施的责任主体，负责落实本辖区内项目工作，包括制定实施方案和项目实施时间表，并建立本辖区目标责任，按照"党政同责""一岗双责"，明确落实地方政府在生态保护修复工程实施过程中的主体责任。成立县（市）山水林田湖草生态保护修复领导小组，由各县（市）主要领导担任组长，统筹协调推进辖区内山水林田湖草生态保护修复工作。

（3）部门协作联动

行署各有关部门按照责任分工，指导、协调和落实方案中涉及本部门的工程项目，加强协调联动，形成合力，统筹协调、指导、推进生态保护修复试点工作的实施，协助方案中项目资金的落实、管理、考核，解决项目实施过程中的问题。财政局负责项目资金的使用监管；自然资源局负责总体实施，同时负责方案中矿山环境治理恢复、土地整治与修复类工程的资金落实、管理和考核；生态环境局负责落实流域水环境保护与治理项目中水污染治理专项资金和对污水、垃圾等环境基础设施运行的监督管理；国家发改委负责项目的审批；水利局负责落实水土保持工程、水源地保护工程的项目管理；林业部门负责生物多样性保护、森林保护与修复类工程的资金落实和项目管理；畜牧部门负责草原生态保护修复的资金落实和项目管理；农业农村局负责农业面源污染防治、土壤质量改良类工程的资金和管理；住建局等其他部门依照各自职责做好方案中项目实施的相关配合工作。

（4）严格工程管理

一是建立领导小组定期推进机制。把山水林田湖草工作作为“一把手”工程，建立“一把手”负总责、分管领导具体抓、一级抓一级、层层抓落实的领导机制。定期召开领导小组会议，组织推进山水林田湖草生态保护修复项目，落实工作责任，统筹协调解决重大问题。

二是建立工程实施定期报送机制。加强项目实施监管，县（市）项目实施责任单位每月将项目进展总体情况、资金使用情况、存在的问题和后续安排与建议等内容总结上报至本辖区领导小组和上级主管部门。县（市）领导小组、地区责任单位每月将有关情况报送至地区领导小组。

三是建立工程实施督导督办机制。将项目实施情况纳入效能督查工作，建立常态化督查机制，由绩效办对工作进展情况进行检查督导，实行月督查月通报制度，以督查通报、督办通知等形式，督促、协调各区、各部门解决突出问题。

四是强化工程实施全过程管理机制。加强工程项目立项论证工作，履行项目建议书、可行性研究报告和初步设计及概算等关键的科学决策立项程序，开展广泛的民主参与、多部门意见交流和深入的专家论证，确保技术路线和实施过程的合理性。建立事前联合评审论证、事中联合指导督导、事后联合检查评价的考核评价制度。

（5）加大技术研发力度，强化科技支撑

一是建立生态文明专家咨询委员会。积极邀请生态环境领域院士、知名专家以及国内相关领域研究机构、大学的专家、学者，组建阿勒泰地区生态文明专家咨询委员会，为阿勒泰地区生态文明建设提供顶层设计、战略决策等方面的咨询，并在工程设计、政策制定、监测评估等方面提供技术支持。同时，以项目为契机争取在阿勒泰地区建立2～3个院士工作站。

二是加快建立生态保护修复科技支撑平台。加强与中国科学院地理科学与资源研究所、中国环境科学研究院、清华大学、首都师范大学、水利部水电水利规划设计总院、中国水利水电科学研究院、生态环境部华南环境科学研究所、中国科学院新疆生态与地理研究所、新疆大学、新疆农业大学、石河子大学等的合作。支持相关机构在阿勒泰地区建立野外台站、技术基地，定期邀请相关机构召开技术咨询会、项目对接会，搭建产学研用科技支撑平台。

三是加大干旱荒漠地区山水林田湖草保护修复关键技术研发。针对独立工矿区生态治理、农牧区人居环境改善、荒漠河谷林保护恢复、流域水环境治理、干旱区内陆湖泊湿地保护、生态功能协同提升、气候变化应对等关键问题，加大核心技术研发力度，形成关键技术体系，推动科研成果与实用技术的转化应用，为其他区域开展生态保护修复提供借鉴。

10.4.2 资金筹措与监管

2017 年阿勒泰地区完成地方财政收入 37 亿元，取得上级财政补助收入 160 亿元、完成财政支出 179.1 亿元，2018 年支出 197 亿元。按阿勒泰地区近几年地方财政收入年均增长率达 7.8% 计算，预计到 2021 年地方财政收入可达 51.57 亿元。项目所需的资金大部分已有中央、自治区、阿勒泰政府、企业投入渠道，尚需筹措 20 亿元左右，按照实施 4 年，地方财政年需年均支付资金 5 亿元，仅占地区年财政支出的 2.5%～3%，在阿勒泰地区的财力范围，足以保障试点工程建设。同时将进一步强化资金筹措与监管。

（1）整合使用各级财政现有相关专项资金

加大财政对山水林田湖草生态保护修复工程的投入力度，项目实施地的县（市、区）财政安排预算资金，从征收的城市维护建设税、城市基础设施配套费、国有土地出让收益、排污费中安排一定比例的资金用于山水林田湖草生态保护修复工程，确保项目资金得以落实。

积极争取国家、自治区财政、环保、国土、水利、农业、林业等方面的专项资金的支持力度，整合使用各级财政现有相关专项资金。各级财政用于矿山生态修复、土地整治、高标准基本农田建设、农业综合开发、中小流域治理、生态林建设、农村环境综合整治等相关专项资金，按照“职责不变、渠道不乱、资金整合、打捆使用”的原则，优先支持或向山水林田湖草生态保护修复项目倾斜。

（2）积极利用市场机制

一是撬动市场资金投入。改变过于依赖行政手段治理生态环境的体制模式，充分调动企业和社会参与治理污染的积极性。通过政府和社会资本合作、政府购买服务、贷款贴息、设立发展基金等有效方式，充分发挥财政资金引导作用和杠杆作用，撬动更多金融资本、社会帮扶资金参与山水林田湖生态保护修复。对于责任主体明确的生态环境问题，采用“谁污染、谁治理”或委托第三方治理模式；对于责任主体不确定的，鼓励采取建设—经营—转让（BOT）、建设—租赁—转让（BLT）、政府和社会资本合作（PPP）模式进行修复和治理。

二是逐步建立生态产品交易市场。逐步探索建立碳汇核算体系，推行碳排放权交易制度，吸引社会资本投入生态保护与修复区域内生态环境保护。积极开展排污权交易试点，实现环境资源市场化配置方式并提高配置效率。推行生态保护修复区环境污染第三方治理。创新土地整治融资机制，将已纳入建设用地的整治后土地进行上市。加大绿色有机生态农产品的认证，提升农产品质量和效益。

三是积极构建绿色金融体系。创新绿色金融产品，促进绿色信贷产品开发、鼓励发行绿色债券、促进绿色信托发展。创新绿色金融服务，完善绿色信贷业务、扩大绿色保险应用范围、发展绿色金融租赁业务、创新抵押担保服务。健全绿色金融政策，健全绿色金融制度、建立绿色金融监管体系、健全绿色金融鼓励政策。逐步构建“中央资金引导、地方资金配套、吸引社会资金投入”的多元融资模式，生态保护修复工程投入由“政府埋单”逐步向“谁破坏、谁治理”“谁受益、谁补偿”的市场化模式转变。

（3）大力争取社会渠道资金

一是推动自治区协调建立流域补偿机制。坚持“谁受益、谁补偿”原则，建立多渠道资金筹措机制，完善对生态保护区的生态补偿机制。推动自治区协调建立流域补偿机制，遵循成本共担、效益共享、合作共治的思路，通过资金补助、对口支援、产业转移、园区合作、技术分享、税收共享等方式建立跨行政区的横向生态补偿机制，共同分担生态保护任务。

二是推动企业履行生态环境保护责任。发挥政策引导和约束作用，强化企业为治理责任主体的资金投入，支持、鼓励相关企业通过资本运作等多种渠道筹措治理资金。健全生态环境损害赔偿制度，推动大企业主动承担更多的环境治理与生态保护责任，投入资金用于生态环境修复和保护。通过市场化、社会化多途径多渠道筹措资金，吸纳社会资本投入生态保护与恢复，逐步形成政府引导、市场推进、社会参与的生态保护投融资机制。

三是引导社会公益组织投入。在做好现有世界银行、亚洲开发银行等机构资助项目的基础上，积极争取全球环境基金（GEF）、世界自然保护联盟（IUCN）、世界自然基金会（WWF）等国际公益组织，以及阿拉善SEE生态协会、中国生物多样性保护与绿色发展基金会等国内公益组织的资助，规范引导社会公益组织参与支持流域山水林田湖草生态保护修复工程。

（4）强化资金使用监管

研究出台了《额尔齐斯河流域山水林田湖草生态保护修复资金管理暂行办法》《额尔齐斯河流域山水林田湖草生态保护修复资金绩效考评暂行办法》，对资金申请、审批、使用、监管、验收和违规处理等进行规范，强化资金使用监管制度建设。实行山水林田湖草生态保护修复资金专账管理，严禁挤占或挪用专项资金。对于各县（区）和项目实施单位上报的资金申请报告，山水林田湖草办公室按照相关程序，组织人员审核资金申请报告，并到项目实施现场核实项目进展情况，审批下拨资金。加大对资金使用的监督和管理，减少重复投入，避免资金使用“碎片化”，提高财政资金使用效率，为西北地区生态环境保护资金管理与使用提供示范。

10.4.3　制度创新与保障措施

（1）落实主体责任，强化绩效考核

一是落实政府主体责任。坚持“党政同责”“一岗双责”，全面推行河（湖）长制，并借鉴其经验，将工程实施主体与监管主体分开，各县（市）人民政府是生态保护与修复工程的责任主体，地区国土、环保、矿管、林业、住建、农业、水利等部门负责对工程进行监督管理。建立健全额河流域生态环境功能分区管理体系，整合地级层面流域管理职能，对流域开发与保护实行统一规划、统一监测、统一管理。

二是建立工程绩效考核制度。成立绩效考核工作组，建立可监测、可统计的绩效评估指标体系，定期对工程推进及成效进行考核，明确评定结果档次，并向社会公开发布。根据考核评价结果，对成绩突出的个人、单位予以表彰奖励。强化目标责任考核及问责机制，考核评价结果与后续项目和资金安排直接挂钩。

三是强化目标责任考核及问责。加快推行党政领导干部生态环境损害责任追究制度，严格责任追究，对推动生态保护修复工程不力、工程资金使用不合规等问题，实行追责。对推动工作不力的，要及时诫勉谈话；对履职不力、监管不严、失职渎职的，要依纪依法追究有关人员的监管责任。

四是加快推行生态文明绩效考核制度。根据国家和自治区有关生态文明和绿色发展的考核要求，研究制定阿勒泰地区生态文明建设绩效考核制度。综合考虑自治区各县（市）的主体功能定位、发展基础、自然禀赋、产业结构、区位优势和工作侧重等因素，设立合理、差异化的生态文明建设目标评价考核体系，实行差异化政绩和绩效评价考核，提高生态文明建设评价考核权重。建立生态文明评价考核的评估报送制度，完善动态评估机制。建立评价考核的评估反馈机制，重点对规划目标、资金投入及重点工程的实施情况进行跟踪反馈。

（2）完善配套政策，形成长效机制

一是全面建立、推行河（湖）长制和流域水质目标管理体系。建立地区、市县、乡镇、村连四级河长体系，由各级党政主要负责人担任河湖长，形成“纵向到底、横向到边”的责任体系。制定出台河（湖）长制工作考核办法、督察督办制度、责任追究制度，进一步细化责任、强化考核，落实水资源保护、水域岸线管理、水污染防治、水环境治理等职责，加强协同联动执法机制建设。实施“两河一湖”入河入湖水质目标管理，加快建立流域—控制区—控制单元的多级水污染物容量总量控制体系，实施基于水环境容量总量的排污许可证管理制度，尽快整合水资源管理与水环境保护的总量控制要求，建立流域统筹协调的容量总量控制方案。

二是全面实施生态环境网格化管理。落实环境保护管理目标“一张表”，明确责任到人。建立各级网格内环保监管“五定”机制，即对网格内所有污染源实行定区域、定人员、定职责、定任务、定奖惩的“五定”监管，确保网格边界清晰、责任主体明确、目标任务具体、考核评价客观，相关内容应向社会公开公示。建立网格化管理制度，明确各级网格责任主体，细化巡查报告、调查处理、沟通反馈的具体要求和完成时限，制定工作流程，明确相关部门在网格化环保监管中的职能，出台考核评价办法及奖惩措施，保障各级网格的高效运转。建立健全联席会议和联合执法制度、信息报告和信息公开制度，有效解决环保重点、难点、热点问题，有效提高环保监管效能。

三是健全自然资源和国土空间用途管制制度。统筹额尔齐斯河干流中下游区域绿洲与荒漠水资源配置，以水资源承载力确定绿洲规模，严格控制农田面积，禁止无序开荒，大力推进额尔齐斯河流中下游区域的退耕还草和退耕还林工程，严禁挤占生态用水、超采地下水和挤占湿地。将空间管制扩大到所有自然生态空间，建立国土空间开发与保护“一张图”。分类分区制定空间管制措施，引导人口和产业向适宜开发的区域转移，保护生态空间。推动实施生态用地总量控制制度。研究制定河湖、森林等生态空间划定技术，划定水域、岸线等生态空间的范围，研究不同生态空间监管措施，明确分区用途和管理要求。进一步完善建设项目和开发活动审批制度，根据保护目标与管理要求，分类型、分区域制定差别化产业准入环境标准。

四是探索建立运行管护长效机制。按照管护主体、管护责任与管护经费“三落实”的要求，探索推广具有共性、可复制的运行管护模式，加强后期管护。项目建成后，应落实项目管护责任人，并签订管护合同，明确双方责任和义务；制定管护标准，建立管护基金，确保项目运行效率。明确项目建设设施的所有权，对水利设施、公路等形成的公益资产，由地方政府按照所制定的管理标准，筹集管护经费，确保管护落实到位，发挥项目长效效益。

（3）创新体制机制，提升项目成效

一是创新山水林田湖草生态价值实现机制。在林区建立社区共管机制。各管护所站与辖区的乡镇村、武警边防等单位组成社区共管委员会，定期召开“社区共管联席会”，加强沟通合作，共同管理林区的事务。积极引导林区农牧民开展生态旅游、加工手工艺品加工等产业。加强与新疆山水等NGO组织的合作，在保护地友好产品、绿色唯品会等平台上推动生态友好型产品、生态旅游产品的开发与市场开拓；以地区“千里花海”建设为契机，引导牧民在旅游道路两侧季节性禁牧。学习塞罕坝森林经营的成功经验，以森林的经济效益和产生的就业岗位换取草原使用权，选择能够成片退出的草场，用于造林和生态建设。

二是理顺流域管理体制。强化额流域管理机构职能，理顺流域管理与行政区域管理事权，积极推进涉水事务一体化管理，建立分级管理、职责明确、运转协调、行为规范的水务管理体制。协调好流域上下游的关系，统筹好三县与兵团等多个部门之间生活、生产、生态用水需求，改善流域和区域水环境。创新构建生态环境保护联动机制，突出抓好部门联动、区域联动、跨市联动，探索实现统一规划、统一标准、统一环评、统一执法。构建流域内生态修复与环境保护相关部门参加的协作机制和风险预警防控体系。

三是实施山水林田湖草保护利用全周期管理。统筹考虑自然资源开发涉及的各类环节，培育生命周期管理意识，形成链条式一体化的管控机制。加快研究编制自然资源资产负债表、生态系统生产总值、绿色GDP，统一台账管理、统一确权登记、统一红线管控、统一负债清单考核，实行第三方评估机构按等级设定年度等级评价清单。整合源头防控、过程控制、损害赔偿、责任追究等机制，整体管控自然资源开发及其产生的环境效应，形成完善的自然资源开发生命周期的一体化管控体系。

四是构建一体化山水林田湖草生态环境监测预警体系。整合现有农、林、水、土、环境、畜牧等资源环境监管部门的监管力量，完善监测网络，加强信息共享，建立生态保护“空天地”一体化监管平台，监控人为活动，及时预警生态风险。对监控发现的问题，及时进行现场核查，并通报地方政府和行业主管部门，提出处理建议。定期或不定期地开展联合执法检查，统一生态保护区域行政执法权限，严厉查处生态保护区内各种破坏生态环境和有损生态功能的不法行为。加强日常巡护，开展例行监测，严密监控违法违规活动，严格执法。健全覆盖所有资源环境要素的监测网络体系，完善各项应急预案，健全突发环境事件应急机制，健全环境调查、监测和风险评估制度。加强成效总结、问题分析，为改进和提升工程效益提供支撑。

10.4.4 加强模式总结和示范推广

（1）加强模式总结

建立健全项目管理档案制度，并由专职或兼职人员管理档案，每年年底对档案进行目标责任制考核，把具体目标和任务层层量化分解到各级政府、各部门、各单位，逐一落实。制定并规范项目年度总结报告的模式、提交节点，编制年度计划，监督和检查计划完成情况。通过定期召开年度总结、中期总结，对工程实施见效快、运作好的区域和部门及时总结经验，不断积累、集成形成一套完整、有效的生态保护修复工作管理模式。及时向财政、自然资源、生态环境三部委汇报，为其他区域生态文明建设和生态保护修复工程实施提供有益的探索经验。

（2）促进地区及全疆的推广应用

按照成熟一个、推广一个的思路，率先在阿勒泰地区对山水林田湖草生态保护修复工程中形成的技术模式进行推广，全面提升流域生命共同体生态保护修复治理水平。编制提炼山水林田湖草生态保护修复关键技术模式手册和总结，及时向自治区财政厅、自然资源厅、生态环境厅提交汇报。适时举办山水林田湖草生态保护修复培训班，邀请全疆其他地州相关部门参加，将成功模式和典型经验，通过现场考察、座谈交流、课堂讲解、专家讲座等形式进行培训和宣传推广。

（3）积极做好"一带一路"沿线示范带动

利用阿勒泰"一带一路"桥头堡的地位，邀请环阿尔泰山次区域经济合作区四国十二方以及"一带一路"沿线的其他国家和地区，同时邀请甘肃、陕西、宁夏、内蒙古等西北干旱地区省（区），适时举办"一带一路"山水林田湖草生命共同体保护修复国际研讨会。推广山水林田湖草生命共同体保护修复理念和技术，展示生态保护修复成效，为绿色丝绸之路建设贡献中国智慧、中国方案的阿勒泰样本。

后 记

山水林田湖草系统治理是党的十九大提出的目标任务，是新时代农业农村经济健康可持续发展的必然要求。为有效推动山水林田湖草系统治理，切实落实“绿水青山就是金山银山”理念，阿勒泰地区以“山水林田湖草生命共同体”为指引，通过实施试点工程，将实现“两河一湖”生态健康水平显著提升、阿尔泰山生态服务功能明显提高、农牧民生态福祉大幅增强、人类活动生态风险明显降低、丝路通道生态安全得到有效保证、生态文明建设水平达到全疆领先水平等目标。试点工程为维护好阿尔泰山地森林草原国家重点生态功能区和额尔齐斯河生态安全、保护好“丝绸之路经济带”核心区绿色屏障、确保边疆地区社会稳定和长治久安提供了重要支撑。试点工程努力探索形成了西北干旱地区山水林田湖草生态保护修复的典型模式，为我国西北干旱地区和“一带一路”沿线提供示范，为建立负责任的生态大国形象及支撑北冰洋权益提供了有力保障。

具体来说，阿勒泰地区通过实施生态保护修复重大工程，重点解决矿山生态破坏严重和生态风险突出、“两河一湖”生态健康水平低、阿尔泰山生态涵养功能退化、农田草地承载力超载、生态系统人工化破碎化严重、生物多样性下降等重点问题，努力实现重点区域生态环境明显改善、区域生态安全显著提升以及区域生态产品供给和保障能力大幅提升，构建了比较完善的生态系统保护、修复和管理的体制机制，形成了一套西北干旱地区可复制、可推广的生命共同体生态保护修复技术模式，筑牢了祖国西北边疆生态安全格局体系，确保了北疆水塔生态安全，打造了“丝绸之路经济带”生态文明示范区，提升了各族人民生态福祉，为谱写美丽中国新疆篇章、实现新疆社会稳定和长治久安提供了生态支撑和示范引领。

但是，首先，阿勒泰地区地形复杂，多为山地、丘陵河谷和沙漠荒滩等，受环境背景的影响，山水林田湖草项目管理、实施等仍存在一定的难度；其次，山水林田湖草项目需多部门协同完成，网络复杂，数据整合难度较大；再次，阿勒泰地区的山水林田湖草项目涉及国际的边界问题，对数据安全性处理要求较高；最后，阿勒泰地区气候条件拉长了项目实施到项目成效的时间周期。这些因素都对山水林田湖草项目实施造成了不同程度的影响。

针对上述问题，阿勒泰地区将深入践行习近平总书记“绿水青山就是金山银山”

理念，牢固树立“山水林田湖草是一个生命共同体”理念，秉持高质量发展思路，在统筹考虑生态系统完整性、地理要素的关联性和经济社会发展可持续性的基础上，系统布局冰川、荒漠、河湖、水系，天上、地下、山上、水下生态要素治理。理顺治理能力、治理体系、生态模式。实现科学论证规划在前，项目督导督察在中，事后评价、绩效评估、经验总结在后。打破“九龙治水”的管理模式，有效克服生态治理碎片化问题，实现全项目、全生命周期的系统化管理。自始至终、自上而下地形成合力，努力实现习近平生态文明思想在阿勒泰大地上的落地生根。

编委会

2021 年 6 月